U0230265

离散数学

微课视频版

刘香芹　郑志勇　范纯龙◎编著

清華大学出版社
北京

内容简介

本书是一部系统化介绍离散数学理论、方法、在后续专业课中的奠基，以及利用离散数学理论和方法解决实际问题的立体化教材(含纸质图书、电子书、教学课件、基于工程认证版教学大纲、微课视频)。全书共分为四篇：第一篇数理逻辑(第1、2章)，介绍了命题逻辑和谓词逻辑；第二篇集合论(第3、4章)，介绍了集合与关系、特殊关系及应用；第三篇代数系统(第5、6章)，介绍了代数结构、格与布尔代数；第四篇图论(第7、8章)，介绍了图论基础和树。

为便于读者高效学习，快速掌握离散数学理论与方法，本书作者精心制作了完整的教学课件(8章PPT)与相关知识点的微课视频教程(200分钟)。

本书可作为各类高等院校计算机等相关专业的"离散数学"课程教材或教学参考书。

图书在版编目(CIP)数据

离散数学：微课视频版/刘香芹，郑志勇，范纯龙编著．—北京：清华大学出版社，2022.6
ISBN 978-7-302-59862-6

Ⅰ．①离… Ⅱ．①刘… ②郑… ③范… Ⅲ．①离散数学－高等学校－教材 Ⅳ．①O158

中国版本图书馆CIP数据核字(2022)第002919号

责任编辑：赵　凯
封面设计：刘　键
责任校对：李建庄
责任印制：朱雨萌

出版发行：清华大学出版社
网　　址：http://www.tup.com.cn，http://www.wqbook.com
地　　址：北京清华大学学研大厦A座　　**邮　　编**：100084
社 总 机：010-83470000　　**邮　　购**：010-62786544
投稿与读者服务：010-62776969，c-service@tup.tsinghua.edu.cn
质量反馈：010-62772015，zhiliang@tup.tsinghua.edu.cn
课件下载：http://www.tup.com.cn，010-83470236
印 装 者：三河市铭诚印务有限公司
经　　销：全国新华书店
开　　本：185mm×260mm　　**印　　张**：13.5　　**字　　数**：329千字
版　　次：2022年7月第1版　　**印　　次**：2022年7月第1次印刷
印　　数：1～1500
定　　价：59.00元

产品编号：090776-01

前言

PREFACE

离散数学是计算机数学、计算机科学大类的专业基础课，为后续专业课提供数学基础、理论奠基，如数据结构、算法分析、编译原理、网络原理、形式语言、人工智能、容错诊断等课程都以离散数学为先修课。不仅于此，还可以利用离散数学的理论、方法为解决工程领域实践问题建立数学模型，如暖气管道设计问题、模糊群决策专家分类问题等。离散数学是以研究离散量的结构和相互关系为主要目标，研究对象一般是有限个或可数个元素，因此它充分描述了计算机科学离散性的特点。目前，离散数学教材大多有定义定理繁多、理论性强、抽象性强的特点，学生从学习离散数学知识到后续专业课的奠基、迁移、转换会出现障碍等情况，针对此现状，我们根据多年教授离散数学的实践经验，编写了本书。它适用于普通理工科院校计算机专业，也可以作为其他相关专业的教学用书。

本书有如下特点：

本书融入了离散数学理论、方法的应用，如利用离散数学理论、方法解决具体工程建模的案例等。降低离散数学理论到后续专业课迁移、转换的障碍，使学生能体会到理论、方法的应用价值。

本书每章均配有习题及答案，习题很好地体现了离散数学理论知识的阶梯性、递进性。习题电子版已经在校内试用了三届，效果很好，对学生学习与理解离散数学理论有很大帮助，学生考试成绩有很大提升。

本书撰写主要由刘香芹、郑志勇、范纯龙完成，其中数理逻辑、集合论、代数结构由刘香芹完成，格与布尔代数由范纯龙完成，图论由郑志勇完成。前两章习题及答案由刘香芹完成，后六章习题及答案由郑志勇完成。刘香芹、郑志勇和滕一平完成了文稿的校对工作，本书由刘香芹整理、统稿。本书部分章节参考了文献 1～16 中的内容，对文献作者表示衷心感谢。

本书电子版曾在沈阳航空航天大学作为辅助教材、教材多次使用。由于编者水平有限，书中错误和疏漏在所难免，希望使用本书的教师和读者不吝指正。

教学大纲

习题答案

教学课件

编　者

2022 年 2 月

目录

CONTENTS

第一篇　数理逻辑

第二篇 集 合 论

第三篇 代数系统

第四篇 图 论

第一篇

数理逻辑

数理逻辑既是数学的一个分支，又是逻辑学的一个分支。数理逻辑又称为符号逻辑、理论逻辑，它是用数学方法研究推理的规律。所谓数学方法就是引进一套符号体系的方法，其最基本的内容包括命题逻辑和谓词逻辑。

德国哲学家、数学家莱布尼茨(G. W. Leibniz)提出用一种像数学一样的表意符号体系来研究思维形式和规律，能简洁地表达出各种推理的逻辑关系，使得推理过程就像数学一样可以利用公式来进行计算，以便用计算来解决争论。莱布尼茨为此进行了许多开创性的研究工作，对后来数理逻辑的创建起到了重要作用，所以被公认为数理逻辑的创始人。

1847 年，英国数学家乔治·布尔(G. Boole)，出版了《逻辑的数学分析》。1854 年，他出版了《思维规律的研究》，这是他最著名的著作。这本书里介绍了以他的名字命名的布尔代数，并创造了一套符号系统，利用符号来表示逻辑中的各种概念。不仅如此，布尔还建立了一系列的运算法则，利用代数的方法研究逻辑问题，为数理逻辑奠定了基础。

19 世纪末 20 世纪初，数理逻辑有了较大发展。德国数学家、逻辑学家、哲学家弗雷格(德语：Gottlob Frege)，著有《概念演算——一种按算术语言构成的思维符号语言》《算术的基础——对数概念的逻辑数学研究》等著作，后人称其是数理逻辑和分析哲学的奠基人。

数理逻辑的主要分支包括：逻辑演算、模型论、证明论、递归论和公里化集合论。模型论主要研究形式系统和数学模型之间的关系；证明论又称元数学，它研究数学的最基本活动——证明的合理性问题；递归论主要研究可计算性的理论，它和计算机的发展与应用有密切的关系；公里化集合论是用公理化方法重建集合论的研究，以及集合论的元数学和集合论的新的公理研究。

近年来，数理逻辑有了很大发展，对于数学及其他分支，如集合论、数论、代数和拓扑学等的发展均有重大影响，特别是对计算机科学起到推动的作用，我国人工智能已经取得了令人瞩目的成就。反过来，其他学科的发展对数理逻辑也起了推动性作用。

本篇主要介绍数理逻辑的基本内容：命题逻辑和谓词逻辑，目的是让读者了解数理逻辑的基本理论知识、基本思想和基本方法，并希望读者能利用数理逻辑基本理论和基本方法去解决实际问题。

第1章 CHAPTER 1 命题逻辑

本章主要内容介绍命题定义、常用的五个联结词、命题符号化、真值表、命题公式基本等价式、命题公式等价式证明、命题公式化简、命题公式的范式(主析取和主合取范式、编码转换方法)、命题推理(P、T 规则,命题推理方法:直接推理、反证法、CP 规则)。本章难点是范式的求取、命题推理和命题逻辑的实际应用,本章内容为谓词逻辑的理论基础。

1.1 命题及其结构

博大精深的自然语言有着二义性和不确定性的属性,如教师上课用红色粉笔在黑板上写了一个“蓝”字,那么大家的理解到底是红字还是蓝字?这显然是自然语言的二义性。又如,$x=2$ 是对还是错呢?显然这要根据上下文环境判断正确与否,这就是自然语言的不确定性。

为避免自然语言的二义性及不确定性,因此需要限定所要研究的自然语言的范畴,这就是要引入目标语言。所谓目标语言即研究对象,是无二义性的表达判断的一些语言集合。而判断就是明确是非,对事物肯定或者否定的一种思维形式。

定义 1.1 命题。

能表达判断的具有明确是非的陈述句称为命题。

例 1.1 判断下列句子中哪些是命题,哪些不是命题。

(1) 离散数学是计算机专业的核心课。

(2) 欧洲比亚洲大。

(3) 我正在说谎。

(4) 生命是有限的,而思想是无限的。

(5) 起立!

(6) 你们听到了吗?

(7) 哎,乱了!

(8) $x=4$。

【解】 (1)、(2)和(4)都是命题。(3)是悖论,自相矛盾。(5)、(6)和(7)不是陈述句。(8)需要根据上下文语境,不确定,故不是命题。

本部分内容微课视频二维码如下所示:

命题定义

定义 1.2 命题真值。

对命题语义判断的结果称为该命题的真值。

命题真值只能取两个值:真不可兼或假。其中真用"1"或"T"表示,假用"0"或"F"表示。

【提示】 判断一个句子是否为命题,首先判断它是否为陈述句,其次判断其是否有唯一真值。判断其真值唯一并不是说一定要知道该命题真值是真还是假,所谓唯一真值是其客观存在的真值是真不可兼或假。

例 1.2 判断下列命题真值。

(1) 离散数学是计算机专业的核心课。(T)

(2) 欧洲比亚洲大。(F)

(3) 太阳系外有宇宙人。(真值待定)

尽管目前人们无法知道太阳系外是否有宇宙人,但客观事实上句子本身存在唯一真值。

定义 1.3 原子命题与复合命题。

原子命题:不能再分解为更简单陈述语句的命题。

复合命题:由联结词、标点符号和原子命题复合构成的命题。

一般来说,联结词表示并列、递进、转折、假设、条件、双条件等自然语义。

例 1.3 判断下列命题是原子命题还是复合命题。

(1) 中国人民是伟大的。(原子命题)

(2) 中国人民不仅伟大而且勇敢。(复合命题)

(3) 虽然天气很冷,但是大家都来了。(复合命题)

(4) 张三和李四是朋友。(原子命题)

定义 1.4 原子命题符号化。

为了表示和研究方便,原子命题通常用大写英文字母表示,即原子命题符号化。

如,P:亚洲比欧洲大;Q:办公自动化应用软件。

定义 1.5 命题变元与命题常量。

命题变元:表示原子命题的符号,类似于程序设计语言中的标识符,用大写的英文字母来表示,如 P、Q、R 等。因命题变元可表示任意命题,无所谓真假值,所以它不是命题。

命题常量:利用命题变元表示确定的原子命题,即原子命题符号化。

如,P:"中华民族是伟大的民族";Q:"辽宁的冬天很热"。

此时 P 和 Q 都为命题常量,它们具有了自己所表示的命题的真值,若 P 真值为 1,Q 真值为 0,此时称对命题变元 P 和 Q 进行了真值指派。

所谓真值指派是指当命题变元用特定命题取代时，该命题变元才能有真值，称为对该命题变元指派真值或者称对该命题变元赋予确定的命题。

1.2　联结词与命题公式

在自然语言中，人们常使用"和""或者""如果……那么……""只要……就……"等，一些起联结作用的词语。在数理逻辑中，联结词是构成复合命题的要件，为了便于表示、运算和研究，必须对联结词做出明确规定和符号化。

1.2.1　联结词及翻译

常用的联结词一共有五个，分别是否定联结词、合取联结词、析取联结词、条件联结词和双条件联结词，下面依次展开介绍。

定义 1.6　命题符号化。

把自然语言表示的命题，划分为原子命题和常用的五个联结词，并对它们符号化，称为自然语言的命题符号化。

原子命题符号化属于命题符号化特殊形式，可见命题符号化的对象是命题，命题集合是目标语言，符号的集合是目标语言符号化体系。

定义 1.7　否定联结词（$\neg$）。

设 P 为一命题，P 的否定构成一个新的命题，记为 $\neg P$，表达对 P 的否定。"$\neg$"与自然语言的关系相当于自然语言的否、不的自然语义。$\neg P$ 读作"非 P"。若 P 为 T，则 $\neg P$ 为 F，若 P 为 F，则 $\neg P$ 为 T。

为了更好地表示联结词所代表的逻辑含义，引入了联结词真值表。否定联结词真值表如表 1.1 所示。如，P：英语很难学；$\neg P$：英语不难学。也可翻译为：英语容易学。

表 1.1　否定联结词真值表

P	$\neg P$
T	F
F	T

因为在汉语中这两个命题具有相同语义。

【提示】　否定的意义仅是修改命题的内容，但仍可以把它看作联结词，它是一元逻辑运算，优先级最高。另外，也可以把否定意义的命题直接作为原子命题，不引入否定联结词。如，P：英语不难学。

定义 1.8　合取联结词（$\wedge$）。

"$\wedge$"是二元逻辑运算，两个命题 P、Q 的合取构成一复合命题，记为 $P\wedge Q$，读作"P 合取 Q"。当且仅当 P、Q 真值同时为 T 时，$P\wedge Q$ 为 T，其他情况都为 F。合取联结词真值表如表 1.2 所示。

表 1.2　合取联结词真值表

P	Q	$P\wedge Q$
T	T	T
T	F	F
F	T	F
F	F	F

“∧”与自然语言的关系相当于与、并且、和等，常表示递进、并列、转折这样的自然语义，但是未必遇到所有这样的词都一定要翻译为合取，还要考虑自然语言语义。

例 1.4 将下列命题符号化。

(1) 这里山美水也美。

(2) 虽然天气很冷，但是大家都来了。

(3) 小芳和王阿姨是母女。

(4) 我们不能又划船又跑步。

(5) 小张和小王是同学。

(6) 离散数学是计算机专业必修专业基础课，在大一开课，为考试课。

解 (1) P：这里山美；Q：这里水美。

符号化：$P \wedge Q$。

(2) P：天气很冷；Q：大家都来了。

符号化：$P \wedge Q$。

(3) 原子命题。

(4) P：我们划船；Q：我们跑步。

符号化：$\neg(P \wedge Q)$。

(5) 原子命题。

(6) P：离散数学是计算机专业必修专业基础课；Q：大一开课；R：考试课。

符号化：$P \wedge Q \wedge R$。

定义 1.9 析取联结词(∨)。

“∨”是二元逻辑运算，两个命题 P、Q 的析取构成一复合命题，记为 $P \vee Q$，读作“P 析取 Q”。当且仅当 P、Q 真值同时为 F 时，$P \vee Q$ 为 F，其他情况均为 T。析取联结词真值表如表 1.3 所示。

表 1.3 析取联结词真值表

P	Q	$P \vee Q$
T	T	T
T	F	T
F	T	T
F	F	F

“∨”与自然语言的关系相当于选择或，常表示可兼或这样的自然语义。

例 1.5 将下列命题符号化。

解 (1) 明天下雨或刮风。

P：明天下雨；Q：明天刮风。

符号化：$P \vee Q$。

(2) 今天下午，综合楼 A 座 201 教室 5、6 节是离散数学课或大学英语课。

因为相同时间和相同地点只能上一门课，所以本命题是排斥或。

P：今天下午，综合楼 A 座 201 教室 5、6 节是离散数学课；

Q：今天下午，综合楼 A 座 201 教室 5、6 节是大学英语课。

排斥或自然语言符号化方法需要列出该命题语义真值表，然后再符号化，详见后面真值表应用 1.3.1 节的例 1.13。

(3) 我做了 20 道或 30 道数学题。

本题自然语义表示大约数量，原子命题。

本部分内容微课视频二维码如下所示：

逻辑联结词——否定、合取、析取

【总结】 自然语言中“或”的含义可以是“可兼或”，也可以是“排斥或”，还可以是“大约数量”，但数理逻辑中的析取表示的“或”指的是“可兼或”。

定义 1.10 条件联结词(→)。

“→”是二元逻辑运算，两个命题 P、Q 的条件命题构成一复合命题，记为 $P\rightarrow Q$，读作“如果 P 那么 Q”或“若 P 则 Q”，其中 P 称为条件的前项，Q 称为条件的后项。当且仅当 P 为 T 且 Q 为 F 时，$P\rightarrow Q$ 为 F，其他情况均为 T。条件联结词真值表如表 1.4 所示。

表 1.4　条件联结词真值表

P	Q	$P\rightarrow Q$
T	T	T
T	F	F
F	T	T
F	F	T

“→”与自然语言的关系相当于“如果……，那么……”“若……则……”等，常表示为自然语言假设的语义。

例 1.6 将下列自然语言符号化。

(1) 如果上课不认真听课，考试会不及格。

(2) 如果明天天气晴朗并且我心情好，那么我去逛街。

(3) 如果明天天气晴朗，那么我去逛街或者去图书馆。

解 (1) P：上课不认真听讲；Q：考试会不及格。

符号化：$P\rightarrow Q$。

$P\rightarrow Q$ 有三种表现形式，分别如下：

① $P\rightarrow Q$ 的逆换式：$Q\rightarrow P$，如果考试会不及格，那么上课没认真听讲。

② $P\rightarrow Q$ 的反换式：$\neg P\rightarrow \neg Q$，如果上课认真听讲，那么考试会及格。

③ $P\rightarrow Q$ 的逆反式：$\neg Q\rightarrow \neg P$，如果考试及格了，那么上课认真听讲了。

(2) P：明天天气晴朗；Q：我心情好；R：我去逛街。

符号化：$(P\wedge Q)\rightarrow R$。

(3) P：明天天气晴朗；Q：我去逛街；R：我去图书馆。

符号化：$P\rightarrow(Q\vee R)$。

例 1.7 求下列复合命题逻辑真值。

(1) 张三(男)对李四说：“如果我是女孩那么我肯定嫁给你”。

(2) 如果雪是白的，那么煤是白的。

(3) 如果雪是黑的，那么煤是白的。

(4) 屋子里有十张桌子，外面正在下雨。

解 (1) 因为前项真值为 0,所以根据条件联结词真值表该命题公式真值为永真。

(2) 因为前项真值为 1,后项真值为 0,所以根据条件联结词真值表该命题公式真值为永假。

(3) 因为前项真值为 0,所以根据条件联结词真值表该命题公式真值为永真。

【注】 自然语言中"如果……那么……"这样的语句,当前项为假时,不管结论真假,整个语句的意义往往无法判断,但在条件命题中,当前项为假时,条件命题逻辑值为真,称为"善意的假定"。命题公式永真和永假定义见 1.3.1 节定理 1.2。

(4) P:屋子里有十张桌子;Q:外面正在下雨。

如果命题 P 和 Q 都为真,则该复合命题真值为 1,否则为 0,该命题真值得根据客观事实判断。

【注】 此类语言表示在自然语言里没有意义,但是在命题里有逻辑意义,有真值。

定义 1.11 双条件联结词($\leftrightarrow$)。

两个命题 P、Q,其双条件命题是复合命题,记为 $P\leftrightarrow Q$ 或 P iff Q,读作"P 当且仅当 Q",当 P、Q 真值相同时,$P\leftrightarrow Q$ 为 T,其他情况为 F。双条件联结词真值表如表 1.5 所示。

表 1.5 双条件联结词真值表

P	Q	$P\leftrightarrow Q$
T	T	T
T	F	F
F	T	F
F	F	T

"$\leftrightarrow$"与自然语言的关系相当于"当且仅当",用于表达充分必要条件。

例 1.8 将下列自然语言符号化。

(1) 万物生长,当且仅当有阳光普照。

(2) 我去唱歌当且仅当张三或者李四伴奏而定。

解 (1) P:万物生长;Q:阳光普照。

符号化:$P\leftrightarrow Q$。

(2) P:我去唱歌;Q:张三伴奏;R:李四伴奏。

符号化:$P\leftrightarrow(Q\vee R)$。

本部分内容微课视频二维码如下所示:

逻辑联结词——条件、双条件

【总结】 命题符号化方法。

(1) 设置原子命题。

(2) 选择联结词。

(3) 对于联结词不确定情况，可以用构造语义真值表的方法来对命题符号化，详见1.3.1节真值表应用部分。

(4) 对命题符号化。大家不仅要知道自然语言翻译成符号语言，还要会把符号语言翻译成自然语言。符号语言翻译成自然语言相对简单，利用联结词自然语义把命题代表的自然语义联结起来，翻译通顺即可，见例1.9。

例 1.9 P：张三学习好；Q：张三身体好。

$\neg P, P \wedge Q, P \wedge \neg Q, P \vee \neg Q, P \rightarrow \neg Q$。

试写出上述符号化语言分别对应的自然语言。

解 张三学习不好；

张三不仅学习好，而且张三身体也好；

张三虽然学习好，但是张三身体不好；

张三学习好，或者张三身体不好；

如果张三学习好，那么张三身体不好。

本部分内容微课视频二维码如下所示：

逻辑联结词——语言的翻译

1.2.2 逻辑联结词应用

逻辑联结词在信息检索中有广泛的应用背景，例如要了解搜索引擎的历史，我们可以搜索与“搜索引擎 AND 历史”相匹配的网页。但是在百度中并不用符号AND来表示逻辑“与”，只要空格就可以了。再例如，如果要找出与沈阳航空航天大学有关的网页，搜索与“沈阳航空航天大学”匹配的网页，会发现检索前几页都是与沈阳航空航天大学有关的网页，所以比较好的办法是检索与“沈阳航空航天大学 沈阳航空航天大学”匹配的网页。再例如，要找出命题逻辑相关 Office 文档：docx、ppt、xls、pdf 格式。我们可以搜索与“命题逻辑 Filetype：doc OR Filetype：ppt OR Filetype：xls OR Filetype：pdf”相匹配的网页。

1.2.3 命题公式

前面讲了命题符号化的方法，可以把研究的目标语言命题翻译成符号语言，因此对目标语言命题的研究转换为对符号语言的研究，符号语言的基本元素是命题公式，下面给出命题公式的定义。

定义 1.12 命题公式(合式公式)。

由命题变元、命题联结词和括号按照特定的构造规则形成的符号串，称为命题公式，其中的命题变元称为命题公式的分量。

(1) 单个命题变元本身是一个命题公式；

(2) 如果 A 是命题公式，那么 $\neg A$ 是命题公式；

(3) 如果 A 和 B 是命题公式，那么 $A\wedge B$、$A\vee B$、$A\rightarrow B$ 和 $A\leftrightarrow B$ 都是命题公式；

(4) 当且仅当能够有限次地应用(1)、(2)、(3)所得到的包含命题变元、联结词和括号的符号串称为命题公式。

例 1.10 判断下列命题公式书写的正确性。

(1) $\neg(P\rightarrow(P\vee\neg Q))$；

(2) $(P\rightarrow Q)\rightarrow(\wedge Q)$；

(3) $(P\rightarrow Q,(P\wedge Q)\rightarrow Q)$；

(4) $P\rightarrow Q)\rightarrow\neg(P\wedge Q)$。

解 (1) 是正确的命题公式。

(2) 不是正确的命题公式，$\wedge$ 是二元联结词，$\wedge Q$ 少一个命题变元。

(3) 不是正确的命题公式，首先 Q,$(P$ 之间少一个二元联结词，其次“,”不是命题公式合法符号。

(4) 不是正确命题公式，括号没配对，$P\rightarrow Q)$少“(”。

【注】 (1) 因为命题变元本身没有真值所以命题公式本身没有真值。仅当命题公式中的命题变元指派真值时，命题公式才会有真值，可见，命题公式真值依赖于命题变元真值的指派情况。

(2) 为了简化命题公式的书写，约定了两点，其一是最外层括号可以省略，其二是命题公式中的联结词运算符优先次序为 $\neg,\wedge,\vee,\rightarrow,\leftrightarrow$。

(3) 命题公式正确书写规则：括号配对，相邻的两个命题变元之间有二元逻辑联结词，二元逻辑联结词之间应该有命题变元。

本部分内容微课视频二维码如下所示：

合式公式定义

定义 1.13 命题公式分类。

设命题公式为 $A(P_1,P_2,\cdots,P_n)$，其中 $P_1,P_2,\cdots,P_n$ 为命题公式 A 中出现的命题变元，对命题变元 $P_1,P_2,\cdots,P_n$ 指派真值，从而确定命题公式 A 真值。命题公式 A 真值分类情况为永真式、永假式和可满足式三种，具体判断方法可以依赖真值表或等价式证明，将在真值表应用 1.3.1 节或等价式 1.3.2 节讲授。

1.3 真值表与等价式

真值表是计算机专业中经常使用的一种基本方法，重要程度类似于数学领域的数学归纳法和反证法，下面给出真值表的定义，并且总结真值表在命题逻辑部分的应用。

1.3.1 真值表定义及应用

定义 1.14 命题公式的赋值(解释)。

设命题公式 $A(P_1,P_2,\cdots,P_n)$,其中 $P_1,P_2,\cdots,P_n$ 为 A 中的命题变元,给 $P_1,P_2,\cdots,P_n$ 各指派一个真值,称对 A 的一次赋值(解释)。如果指派的某组赋值使 A 的真值为 1,则称这组值为 A 的成真赋值,否则称这组值为 A 的成假赋值。

例 1.11 设命题公式 $\neg P\to(P\wedge\neg Q)$,对命题变元 P,Q 指派真值分别为 11,00。判断是成真赋值还是成假赋值。

解 当 $P\Leftrightarrow1,Q\Leftrightarrow1$ 时,命题公式真值为 1,所以 11 为成真赋值,同理 00 为成假赋值。

定义 1.15 真值表。

设命题公式 $A(P_1,P_2,\cdots,P_n)$,对于命题变元 $P_1,P_2,\cdots,P_n$ 指派真值的各种可能组合,就确定了这个命题公式的各种真值情况,将其汇列成表,就是命题公式的真值表。

命题公式真值表具体的结构说明如下:

(1) 真值表左侧部分:设命题公式 $A(P_1,P_2,\cdots,P_n)$,对于命题变元 $P_1,P_2,\cdots,P_n$ 按照字典排列顺序指派真值,即 $P,Q,R,\cdots$顺序,真值指派可以由 $1,1,\cdots,1$ 到 $0,0,\cdots,0$ 的递减顺序,反之,递增顺序也可以,n 个命题变元组成的命题公式共有 2^n 种真值组合情况。

(2) 真值表中间部分:若命题公式比较复杂,为了保证正确率,可以适当写出部分子公式及其真值,此部分可以省略。

(3) 真值表右侧部分:对命题变元每一组真值指派,依次写出命题公式 A 的真值。

例 1.12 写出下列命题公式真值表。

(1) $(P\to\neg Q)\wedge R$;

(2) $P\to Q$ 和 $\neg P\vee Q$。

解 (1) $(P\to\neg Q)\wedge R$ 真值表如表 1.6 所示。

表 1.6 $(P\to\neg Q)\wedge R$ 真值表

P	Q	R	$P\to\neg Q$	$(P\to\neg Q)\wedge R$
1	1	1	0	0
1	1	0	0	0
1	0	1	1	1
1	0	0	1	0
0	1	1	1	1
0	1	0	1	0
0	0	1	1	1
0	0	0	1	0

(2) $P\to Q$ 和 $\neg P\vee Q$ 真值表如表 1.7 所示。

表 1.7 $P\to Q$ 和 $\neg P\vee Q$ 真值表

P	Q	$P\to Q$	$\neg P\vee Q$
1	1	1	1
1	0	0	0

续表

P	Q	$P\to Q$	$\neg P\vee Q$
0	1	1	1
0	0	1	1

观察该真值表得知：无论对命题变元 P 和 Q 哪一组真值指派，命题公式 $P\to Q$ 和 $\neg P\vee Q$ 真值都相同，称这两个命题公式等价。但是这种等价只是逻辑意义上的等价，自然语言上的语义不一定等价。

如，P：牛；Q：四条腿。

$P\to Q$：翻译为如果是牛的话有四条腿。

$\neg P\vee Q$：翻译为不是牛或者四条腿。

定理 1.1 自然语言符号化。

在进行自然语言符号化时，能准确表达语义的联结词有时不易确定，可以利用真值表来帮助确定联结词，从而帮助自然语言符号化。

例 1.13 “不是你没写信就是信在途中丢失了”，语义真值表如表 1.8 所示。

表 1.8 命题语义真值表

P	Q	命题语义真值
1	1	1
1	0	0
0	1	0
0	0	1

P：你写信了；Q：信在途中丢失了。

根据命题语义真值表翻译为 $\neg(P\leftrightarrow Q)$；同理，例 1.5 (2)可以对其符号化为 $\neg(P\leftrightarrow Q)$。

定理 1.2 命题公式类型的判断。

(1) 重言式(永真式)：在命题公式 $A(P_1,P_2,\cdots,P_n)$ 的真值表中，对命题公式 A 的所有命题变元赋值(2^n 次赋值)，命题公式 A 的真值都为 1，则称命题公式 A 为重言式或永真式。

(2) 矛盾式(永假式)：在命题公式 $A(P_1,P_2,\cdots,P_n)$ 的真值表中，对命题公式 A 的所有命题变元赋值(2^n 次赋值)，命题公式 A 的真值都为 0，则称命题公式 A 为矛盾式或永假式。

(3) 如果 $A(P_1,P_2,\cdots,P_n)$ 不是矛盾式，则称命题公式 A 为可满足式。

例 1.14 $(P\wedge Q)\to P$ 和 $\neg(P\to(P\vee Q))$ 命题公式的真值表如表 1.9 所示。

表 1.9 $(P\wedge Q)\to P$ 和 $\neg(P\to(P\vee Q))$ 的真值表

P	Q	$(P\wedge Q)\to P$	$\neg(P\to(P\vee Q))$
1	1	1	0
1	0	1	0
0	1	1	0
0	0	1	0

命题公式$(P \wedge Q) \rightarrow P$永真，命题公式$\neg (P \rightarrow (P \vee Q))$永假。

综上所述，真值表可以帮助自然语言符号化，判断命题公式类型。除此之外，还可以利用真值表进行基本等价式的证明，主析取范式和主合取范式的求取，命题推理证明等问题，将在后续章节讲授。

1.3.2 等价式

观察例 1.12(2)命题公式$P \rightarrow Q$和$\neg P \vee Q$的真值表，可知无论对命题变元P和Q哪一组真值指派情况，命题公式$P \rightarrow Q$和$\neg P \vee Q$真值都完全相同，称命题公式$P \rightarrow Q$和$\neg P \vee Q$等价。

定义 1.16 等价式。

给定两个命题公式A和B，设$P_1, P_2, \cdots, P_n$为所有出现在A和B中的命题变元，若给定$P_1, P_2, \cdots, P_n$任一组真值指派，A、B的真值都相同，则称A、B等价或逻辑相等，记作$A \Leftrightarrow B$，常见的基本等价式如表 1.10 所示。

表 1.10 基本等价式

等价式名字	基本等价式	序号
双重否定律	$A \Leftrightarrow \neg \neg A$	1
幂等律	$A \Leftrightarrow A \vee A, A \Leftrightarrow A \wedge A$	2
结合律	$(A \vee B) \vee C \Leftrightarrow A \vee (B \vee C)$ $(A \wedge B) \wedge C \Leftrightarrow A \wedge (B \wedge C)$	3
交换律	$A \vee B \Leftrightarrow B \vee A, A \wedge B \Leftrightarrow B \wedge A$	4
分配律	$A \vee (B \wedge C) \Leftrightarrow (A \vee B) \wedge (A \vee C)$ $A \wedge (B \vee C) \Leftrightarrow (A \wedge B) \vee (A \wedge C)$	5
德·摩根律	$\neg (A \vee B) \Leftrightarrow \neg A \wedge \neg B$ $\neg (A \wedge B) \Leftrightarrow \neg A \vee \neg B$	6
吸收律	$A \vee (A \wedge B) \Leftrightarrow A$ $A \wedge (A \vee B) \Leftrightarrow A$	7
同一律	$A \vee 0 \Leftrightarrow A, A \wedge 1 \Leftrightarrow A$	8
零律	$A \vee 1 \Leftrightarrow 1, A \wedge 0 \Leftrightarrow 0$	9
排中律	$A \vee \neg A \Leftrightarrow 1$	10
矛盾律	$A \wedge \neg A \Leftrightarrow 0$	11
条件等价式	$A \rightarrow B \Leftrightarrow \neg A \vee B$	12
双条件等价式	$A \leftrightarrow B \Leftrightarrow (A \rightarrow B) \wedge (B \rightarrow A)$	13
假言易位	$A \rightarrow B \Leftrightarrow \neg B \rightarrow \neg A$	14
双条件否定等价式	$A \leftrightarrow B \Leftrightarrow \neg A \leftrightarrow \neg B$	15
归谬论	$(A \rightarrow B) \wedge (A \rightarrow \neg B) \Leftrightarrow \neg A$	16

命题公式A中联结词$\vee$变为$\wedge$，$\wedge$变为$\vee$，如果有 T 和 F 也互换，得到的命题公式为命题公式A的对偶式，记作A^*，称为对偶律。

如，求$A \Leftrightarrow (P \rightarrow Q) \wedge \neg (Q \vee R)$的对偶式$A^*$。

$$(P \rightarrow Q) \wedge \neg (Q \vee R) \Leftrightarrow (\neg P \vee Q) \wedge (\neg Q \wedge \neg R)$$

$$A^* \Leftrightarrow (\neg P \wedge Q) \vee (\neg Q \vee \neg R)$$

【提示】 (1) 上述基本等价式都可以用真值表方法进行验证。

(2) 根据对偶律,如果 $A \Leftrightarrow B$ 则 $A^* \Leftrightarrow B^*$,上述基本等价式背诵一半即可。

定理 1.3 等价式的证明。

1. 真值表法

若要证明命题公式 $A \Leftrightarrow B$,最简单的方法是真值表判断法,先分别列出 A、B 的真值表,若对命题变元每一组真值指派,命题公式 A、B 对应的真值均相同,即可证明 $A \Leftrightarrow B$。

2. 推导法

对命题公式中的某些子公式可以用与其等价的基本等价式替换,进而对原公式进行等价转换,最终使两个命题公式转换为相同的命题公式。

例 1.15 证明如下等价式。

(1) $P \to (Q \to R) \Leftrightarrow Q \to (P \to R)$;

(2) $P \to (Q \to R) \Leftrightarrow (P \wedge Q) \to R$;

(3) $(P \vee Q) \to R \Leftrightarrow (P \to R) \wedge (Q \to R)$;

(4) $(P \leftrightarrow Q) \Leftrightarrow (\neg P \vee Q) \wedge (\neg Q \vee P)$;

(5) $\neg (P \leftrightarrow Q) \Leftrightarrow \neg P \leftrightarrow Q \Leftrightarrow P \leftrightarrow \neg Q$。

证明 (1) 左 $\Leftrightarrow \neg P \vee (\neg Q \vee R)$

$\Leftrightarrow (\neg P \vee \neg Q) \vee R$

$\Leftrightarrow (\neg Q \vee \neg P) \vee R$

$\Leftrightarrow \neg Q \vee (\neg P \vee R)$

$\Leftrightarrow \neg Q \vee (P \to R)$

$\Leftrightarrow Q \to (P \to R)$

【分析】 使用的基本等价式如下:

条件等价式:$P \to Q \Leftrightarrow \neg P \vee Q$;

结合律:$(P \vee Q) \vee R \Leftrightarrow P \vee (Q \vee R)$;

交换律:$P \vee Q \Leftrightarrow Q \vee P$。

(2) 左 $\Leftrightarrow \neg P \vee (\neg Q \vee R)$

$\Leftrightarrow (\neg P \vee \neg Q) \vee R$

$\Leftrightarrow \neg (P \wedge Q) \vee R$

$\Leftrightarrow (P \wedge Q) \to R$

【分析】 使用的基本等值式如下:

条件等价式:$P \to Q \Leftrightarrow \neg P \vee Q$;

结合律:$(P \vee Q) \vee R \Leftrightarrow P \vee (Q \vee R)$;

德·摩根定律:$(\neg P \vee \neg Q) \Leftrightarrow \neg (P \wedge Q)$。

(3) 左 $\Leftrightarrow \neg (P \vee Q) \vee R$

$\Leftrightarrow (\neg P \wedge \neg Q) \vee R$

$\Leftrightarrow (\neg P \vee R) \wedge (\neg Q \vee R)$

$\Leftrightarrow (P \to R) \wedge (Q \to R)$

【分析】 使用的基本等价式如下:

条件等价式：$P \to Q \Leftrightarrow \neg P \vee Q$；

德·摩根定律：$\neg P \wedge \neg Q \Leftrightarrow \neg (P \vee Q)$；

分配律：$(P \wedge Q) \vee R \Leftrightarrow (P \vee R) \wedge (Q \vee R)$。

(4) 左$\Leftrightarrow (P \to Q) \wedge (Q \to P)$

$\Leftrightarrow (\neg P \vee Q) \wedge (\neg Q \vee P)$

(5) 左$\Leftrightarrow \neg ((P \to Q) \wedge (Q \to P))$

$\Leftrightarrow \neg (P \to Q) \vee \neg (Q \to P)$

$\Leftrightarrow \neg (\neg P \vee Q) \vee \neg (\neg Q \vee P)$

$\Leftrightarrow (P \wedge \neg Q) \vee (Q \wedge \neg P)$

$\Leftrightarrow (P \vee (Q \wedge \neg P)) \wedge (\neg Q \vee (Q \wedge \neg P))$

$\Leftrightarrow (P \vee Q) \wedge (\neg Q \vee \neg P)$

$\Leftrightarrow (\neg P \to Q) \wedge (Q \to \neg P)$

$\Leftrightarrow \neg P \leftrightarrow Q$

$\Leftrightarrow (\neg P \to Q) \wedge (Q \to \neg P)$

$\Leftrightarrow (P \vee Q) \wedge (\neg Q \vee \neg P)$

$\Leftrightarrow (Q \vee P) \wedge (\neg P \vee \neg Q)$

$\Leftrightarrow (\neg Q \to P) \wedge (P \to \neg Q)$

$\Leftrightarrow (P \to \neg Q) \wedge (\neg Q \to P)$

$\Leftrightarrow P \leftrightarrow \neg Q$

【结论】 双条件的否定可以把否定从括号外边深入括号内任意一个命题变元前边，彼此都是等价的。

定理 1.4　命题公式化简和命题公式类型判断。

可以利用基本等价式等价代换方法对命题公式化简或者求命题公式类型。

例 1.16　对下列命题公式化简或者判断命题公式类型。

(1) $((P \to Q) \leftrightarrow (\neg Q \to \neg P)) \wedge R$，命题公式化简。

(2) $(P \wedge Q \wedge R) \vee (P \wedge \neg Q \wedge R)$，命题公式化简并翻译为自然语言。

设 P：张家界山美；Q：我暑假去旅游；R：张家界水美。

(3) $(P \to (P \vee Q)) \vee (P \to R)$，命题公式类型判断。

证明　(1)　$((P \to Q) \leftrightarrow (\neg Q \to \neg P)) \wedge R$

$\Leftrightarrow ((P \to Q) \leftrightarrow (P \to Q)) \wedge R$

$\Leftrightarrow \mathrm{T} \wedge R$

$\Leftrightarrow R$

(2)　$(P \wedge Q \wedge R) \vee (P \wedge \neg Q \wedge R)$

$\Leftrightarrow (\neg Q \vee Q) \wedge (P \wedge R)$

$\Leftrightarrow \mathrm{T} \wedge (P \wedge R)$

$\Leftrightarrow P \wedge R$

翻译为张家界不仅山美而且张家界水也美。

(3)　$(P \to (P \vee Q)) \vee (P \to R)$

$\Leftrightarrow (\neg P \vee (P \vee Q)) \vee (P \to R)$

$\Leftrightarrow \mathrm{T} \vee (P \rightarrow R)$

$\Leftrightarrow \mathrm{T}$

该命题公式类型为永真。

1.4 范式与主范式

通过1.3节的基本等价式可知,同一个命题公式会有多种等价表示形式,即

$$
\begin{aligned}
& P \rightarrow Q \\
\Leftrightarrow & \neg P \vee Q \\
\Leftrightarrow & \neg (P \wedge \neg Q) \\
\Leftrightarrow & \neg (P \wedge \neg Q) \vee \mathrm{F} \\
\Leftrightarrow & \neg (P \wedge \neg Q) \vee (P \wedge \neg P) \\
& \vdots
\end{aligned}
$$

这会给命题公式的表示与应用带来困扰,因此,要把命题公式规范化、标准化处理。命题公式的规范形式即是主析取范式和主合取范式,在介绍主析取范式和主合取范式之前先引出析取范式和合取范式。

1.4.1 析取范式和合取范式

定义 1.17 析取范式。

一个命题公式 A iff 表示为 $A \Leftrightarrow A_1 \vee A_2 \vee \cdots \vee A_n$,其中 $n \geqslant 1, A_1, A_2, \cdots, A_n$ 为合取项,并且要求合取项由 A 中的命题变元的全部或者部分 $\wedge$ 联结词组成,在合取项中命题变元出现形式是本身不可兼或其否定。

如,$A(P,Q,R) \Leftrightarrow (P \wedge R) \vee (\neg P \wedge Q \wedge \neg R) \vee (P \wedge \neg Q)$是正确析取范式。

再如,$A(P,Q,R) \Leftrightarrow (P \wedge R \wedge \neg P) \vee (\neg P \wedge Q \vee \neg R) \vee (P \wedge \neg Q)$是错误的析取范式,错误的原因:$(P \wedge \neg R \wedge \neg P)$是错误的合取项,因为命题变元 P 和 $\neg P$ 同时出现在一个合取项里,$(\neg P \wedge Q \vee \neg R)$不是合取项,出现了联结词$\vee$。其中 P、Q、R 是命题公式 A 中出现的命题变元。

定义 1.18 合取范式。

一个命题公式 A iff 表示为 $A \Leftrightarrow A_1 \wedge A_2 \wedge \cdots \wedge A_n$,其中 $n \geqslant 1, A_1, A_2, \cdots, A_n$ 为析取项,并且要求析取项由 A 中的命题变元的全部或者部分联结词$\vee$组成,在析取项中命题变元出现形式是本身不可兼或其否定。

如,$A(P,Q,R) \Leftrightarrow (P \vee R) \wedge (\neg P \vee Q \vee \neg R) \wedge (P \vee \neg Q)$是正确合取范式。

再如,$A(P,Q,R) \Leftrightarrow (P \vee R \vee \neg P) \wedge (\neg P \vee Q \wedge \neg R) \wedge (P \vee \neg Q)$是错误合取范式,错误的原因:$P \vee R \vee \neg P$ 是错误的析取项,因为命题变元 P 和 $\neg P$ 同时出现在一个析取项里,$\neg P \vee Q \wedge \neg R$ 不是析取项,出现了联结词$\wedge$。其中 P、Q、R 是命题公式 A 中出现的命题变元。

定义 1.19 (范式存在定理)任一命题公式都存在着与其等价的析取范式或合取范式。求范式一般具体步骤如下：

(1) 利用命题基本等价式将命题公式中联结词等价转换为 $\neg$、$\vee$ 和 $\wedge$；

(2) 利用德·摩根定律把 $\neg$ 从括号外直接移入括号内每个命题变元之前；

(3) 利用分配律或结合律将命题公式转换成析取范式或者合取范式，并进行化简。

例 1.17 求命题公式 $(P\to R)\wedge(P\vee\neg Q)$ 的析取范式和合取范式。

解 (1) 求析取范式。

$$
\begin{aligned}
&(P\to R)\wedge(P\vee\neg Q)\\
\Leftrightarrow&(\neg P\vee R)\wedge(P\vee\neg Q)\\
\Leftrightarrow&((\neg P\vee R)\wedge P)\vee((\neg P\vee R)\wedge\neg Q)\\
\Leftrightarrow&(P\wedge R)\vee(\neg P\wedge\neg Q)\vee(\neg Q\wedge R)
\end{aligned}
$$

为了后面主析取范式求解，在析取范式的合取项里，命题变元按照字典顺序排列。

(2) 求合取范式。

$$
\begin{aligned}
&(P\to R)\wedge(P\vee\neg Q)\\
\Leftrightarrow&(\neg P\vee R)\wedge(P\vee\neg Q)
\end{aligned}
$$

为了后面主合取范式求解，在合取范式的析取项里，命题变元按照字典顺序排列。

表面上看：上述析取范式和合取范式格式比较规范，但是还不是唯一表示。

$$
\begin{aligned}
&(P\wedge R)\vee(\neg P\wedge\neg Q)\vee(\neg Q\wedge R)\\
\Leftrightarrow&((P\wedge R)\wedge T)\vee(\neg P\wedge\neg Q)\vee(\neg Q\wedge R)\\
\Leftrightarrow&((P\wedge R)\wedge(Q\vee\neg Q))\vee(\neg P\wedge\neg Q)\vee(\neg Q\wedge R)\\
\Leftrightarrow&(P\wedge R\wedge Q)\vee(P\wedge R\wedge\neg Q)\vee(\neg P\wedge\neg Q)\vee(\neg Q\wedge R)\\
\Leftrightarrow&(P\wedge Q\wedge R)\vee(P\wedge\neg Q\wedge R)\vee((\neg P\wedge\neg Q)\wedge T)\vee((\neg Q\wedge R)\wedge T)\\
&\vdots
\end{aligned}
$$

因此，需要在此基础上做进一步的规范，使得确定的命题公式的主析取范式和主合取范式有唯一标准表示形式，即 1.4.3 节讲授的主析取范式和主合取范式。在讲授主析取范式和主合取范式之前，先要介绍布尔合取项和布尔析取项。

1.4.2 布尔合取项和布尔析取项

定义 1.20 布尔合取项(布尔小项)。

设命题公式为 $A(P_1,P_2,\cdots,P_n)$，其中 $P_1,P_2,\cdots,P_n$ 为 A 中命题变元，这 n 个命题变元的合取称作布尔合取项或布尔小项，在布尔小项中要求命题变元出现形式是本身不可兼或其否定。

设某命题公式 $A(P,Q,R)$ 有三个命题变元，分别为 P、Q、R，则 $\neg P\wedge Q\wedge\neg R$ 是正确的布尔合取项；$\neg P\wedge Q$ 是错误的布尔合取项，错误的原因是在合取项中命题公式中的命题变元都得出现，命题变元 R 没出现，$\neg P\wedge Q\wedge\neg R\wedge P$ 是错误的布尔合取项，错误的原因是命题变元 P 与 $\neg P$ 同时出现了。

设命题公式 A 有两个命题变元 P 和 Q，则其布尔合取项为 $P\wedge Q$、$P\wedge\neg Q$、$\neg P\wedge Q$ 和 $\neg P\wedge\neg Q$，一共 4 个布尔合取项。

设命题公式 A 有三个命题变元 P、Q 和 R，则其布尔合取项为 $P\wedge Q\wedge R$、$P\wedge Q\wedge\neg R$、$P\wedge\neg Q\wedge R$、$P\wedge\neg Q\wedge\neg R$、$\neg P\wedge Q\wedge R$、$\neg P\wedge Q\wedge\neg R$、$\neg P\wedge\neg Q\wedge R$ 和 $\neg P\wedge\neg Q\wedge\neg R$，

一共 8 个布尔合取项。

综上所述，n 个命题变元的命题公式，一共有 2^n 个布尔合取项。

表 1.11 列出了两个命题变元 P 和 Q，即其布尔合取的真值表。从该表可以看出，这 4 个小项真值表都不同，即它们都不等价，对于命题变元 P 和 Q 的任意一组真值指派，每个布尔合取项只有一组成真赋值。

规定：布尔合取项成真赋值对应的二进制转换为十进制数 i，则 m_i 作为其编码，表 1.11 布尔合取项对应的成真赋值、十进制和编码如表 1.12 所示。

表 1.11 P 和 Q 两个命题变元的布尔合取项的真值表

P	Q	$P\wedge Q$	$P\wedge\neg Q$	$\neg P\wedge Q$	$\neg P\wedge\neg Q$
1	1	1	0	0	0
1	0	0	1	0	0
0	1	0	0	1	0
0	0	0	0	0	1

表 1.12 成真赋值和编码表

布尔合取项	成真赋值	对应十进制	编　　码
$P\wedge Q$	11	3	m_3
$P\wedge\neg Q$	10	2	m_2
$\neg P\wedge Q$	01	1	m_1
$\neg P\wedge\neg Q$	00	0	m_0

上述结论可以推广到三个以上命题变元情况。

定理 1.5 布尔合取项(布尔小项)性质。

(1) 每个布尔合取项当其真值指派与编码相同时，其真值为 1，其余 2^n-1 种指派情况真值均为 0；

(2) 任意两个不同的布尔合取项合取真值为 0；

(3) 所有布尔小项的吸取真值为永真。

定义 1.21 布尔析取项(布尔大项)。

设命题公式 $A(P_1,P_2,\cdots,P_n)$，其中 $P_1,P_2,\cdots,P_n$ 为 A 中命题变元，这 n 个命题变元的析取称作布尔析取项或布尔大项，在布尔大项中要求命题变元出现形式是本身不可兼或其否定。

设命题公式 A 有两个命题变元 P 和 Q 的情形为 $P\vee Q$，$P\vee\neg Q$，$\neg P\vee Q$，$\neg P\vee\neg Q$，一共 4 个布尔析取项。

与布尔合取项雷同，由 n 个命题变元构成的布尔析取项一共有 2^n 个，每个布尔析取项只有一个成假赋值。

规定：布尔析取项成假赋值对应的二进制转换为十进制数 i，则 M_i 作为其编码。

如，$P\vee\neg Q$ 的成假赋值是 01，即 $P\Leftrightarrow 0$，$Q\Leftrightarrow 1$，则二进制 01 转换为十进制是 1，则该布尔析取项为 M_1。

【思考】

(1) 参考布尔合取项性质归纳布尔析取项的性质。

(2) 布尔合取项与布尔析取项的性质对比。

【总结】

(1) 布尔合取项编码方法：首先命题变元按照字典顺序排列，命题变元与1对应，命题变元否定与0对应，最后得到的二进制数转换为十进制数i，则该布尔小项的编码为m_i。

(2) 布尔析取项编码的方法：首先命题变元按照字典顺序排列，命题变元与0对应，命题变元否定与1对应，最后得到的二进制数转换为十进制数i，则该布尔大项的编码为M_i。

如，$m_{111} \Leftrightarrow P \wedge Q \wedge R$，$m_{010} \Leftrightarrow \neg P \wedge Q \wedge \neg R$，$M_{010} \Leftrightarrow P \vee \neg Q \vee R$。

1.4.3 主析取范式和主合取范式

定义 1.22 主析取范式。

一个命题公式A iff 表示为$A \Leftrightarrow A_1 \vee A_2 \vee \cdots \vee A_n$，其中$n \geqslant 1$，$A_1, A_2, \cdots, A_n$为布尔小项，则该等价式称为$A$的主析取范式。

定义 1.23 主合取范式。

一个命题公式A iff 表示为$A \Leftrightarrow A_1 \wedge A_2 \wedge \cdots \wedge A_n$，其中$n \geqslant 1$，$A_1, A_2, \cdots, A_n$为布尔大项，则该等价式称为$A$的主合取范式。

定理 1.6 非永真可满足式的主析取范式、主合取范式都存在且唯一。

一个确定命题公式的主析取范式和主合取范式可用真值表的方法和定义推导方法分别予以求出，下面对这两种方法分别介绍。

定理 1.7 在真值表中，命题公式真值为1的指派所对应的布尔小项的析取，即为该命题公式的主析取范式。

推论：如果一个命题公式类型是永真，则它只有主析取范式。

例 1.18 用真值表和推导方法分别求$\neg(P \rightarrow R) \wedge (P \vee \neg Q)$的主析取范式。

解 (1) $\neg(P \rightarrow R) \wedge (P \vee \neg Q)$真值表如表1.13所示。

表 1.13 $\neg(P \rightarrow R) \wedge (P \vee \neg Q)$命题公式真值表

P	Q	R	$\neg(P \rightarrow R)$	$P \vee \neg Q$	$\neg(P \rightarrow R) \wedge (P \vee \neg Q)$
1	1	1	0	1	0
1	1	0	1	1	1
1	0	1	0	1	0
1	0	0	1	1	1
0	1	1	0	0	0
0	1	0	0	0	0
0	0	1	0	1	0
0	0	0	0	1	0

根据定理1.7，命题公式真值为1的指派分别为110和100，所以主析取范式为$m_4 \vee m_6$。

(2) 推导法求主析取范式。

$\neg(P\rightarrow R)\wedge(P\vee\neg Q)$

$\Leftrightarrow\neg(\neg P\vee R)\wedge(P\vee\neg Q)$

$\Leftrightarrow(P\wedge\neg R)\wedge(P\vee\neg Q)$

$\Leftrightarrow(P\wedge\neg R\wedge P)\vee(P\wedge\neg R\wedge\neg Q)$

$\Leftrightarrow(P\wedge\neg R)\vee(P\wedge\neg R\wedge\neg Q)$

$\Leftrightarrow((P\wedge\neg R)\wedge(Q\vee\neg Q))\vee(P\wedge\neg R\wedge\neg Q)$

$\Leftrightarrow(P\wedge Q\wedge\neg R)\vee(P\wedge\neg Q\wedge\neg R)\vee(P\wedge\neg Q\wedge\neg R)$

$\Leftrightarrow m_4\vee m_6$

综上所述,$\neg(P\rightarrow R)\wedge(P\vee\neg Q)$利用真值表方法和推导方法求得的主析取范式结果一致。

由该例总结主析取范式求解步骤如下：

(1) 把命题公式等价转换为析取范式,并化简；

(2) 对合取项通过补项、分配律方法等价转换为布尔合取项；

(3) 对得到的主析取范式化简。

所谓对合取项补项,是指补入合取项中没有出现的命题变元,如命题公式包含三个命题变元 P、Q、R,对合取项 $P\wedge Q$ 补项：

$$P\wedge Q$$

$$\Leftrightarrow(P\wedge Q)\wedge(R\vee\neg R)$$

$$\Leftrightarrow(P\wedge Q\wedge R)\wedge(P\wedge Q\wedge\neg R)$$

定理 1.8 在真值表中,命题公式真值为 0 的指派所对应的布尔析取项的合取,即为该命题公式的主合取范式。

推论：如果一个命题公式类型是永假,则它只有主合取范式。

根据定理 1.8,得知表 1.13 中命题公式真值为 0 的指派分别为 111、101、011、010、001、000,所以主合取范式为 $M_0\wedge M_1\wedge M_2\wedge M_3\wedge M_5\wedge M_7$。

例 1.19 利用推导法求 $\neg(P\rightarrow R)\wedge(P\vee\neg Q)$的主合取范式。

解 推导法

$\neg(P\rightarrow R)\wedge(P\vee\neg Q)$

$\Leftrightarrow\neg(\neg P\vee R)\wedge(P\vee\neg Q)$

$\Leftrightarrow(P)\wedge(\neg R)\wedge(P\vee\neg Q)$

$\Leftrightarrow(P\vee Q)\wedge(P\vee\neg Q)\wedge(P\vee\neg R)\wedge(\neg P\vee\neg R)\wedge(P\vee\neg Q)$

$\Leftrightarrow(P\vee Q\vee R)\wedge(P\vee Q\vee\neg R)\wedge(P\vee\neg Q\vee R)\wedge(P\vee\neg Q\vee\neg R)$
$\wedge(P\vee Q\vee\neg R)\wedge(P\vee\neg Q\vee\neg R)\wedge(\neg P\vee Q\vee\neg R)\wedge(\neg P\vee\neg Q\vee\neg R)$
$\wedge(P\vee\neg Q\vee R)\wedge(P\vee\neg Q\vee\neg R)$

$\Leftrightarrow(P\vee Q\vee R)\wedge(P\vee Q\vee\neg R)\wedge(P\vee\neg Q\vee R)\wedge(P\vee\neg Q\vee\neg R)$
$\wedge(\neg P\vee Q\vee\neg R)\wedge(\neg P\vee\neg Q\vee\neg R)$

由该例总结主合取范式求解步骤如下：

(1) 把命题公式等价转换为合取范式,并化简；

(2) 对析取项通过补项、分配律方法等价转换为布尔析取项；

(3) 对得到的主合取范式化简。

所谓对析取项补项,是指补入析取项中没有出现的命题变元,如命题公式包含三个命题变元 P、Q、R,对析取项 $P \vee Q$ 补项:

$$
\begin{aligned}
& P \vee Q \\
\Leftrightarrow & (P \vee Q) \vee (R \wedge \neg R) \\
\Leftrightarrow & (P \vee Q \vee R) \wedge (P \vee Q \vee \neg R)
\end{aligned}
$$

为了使主析取范式和主合取范式表达简单、规范,今后用 $\sum$ 表示主析取范式。如,$\sum_{i,j,k}$,即表示 $m_i \vee m_j \vee m_k$;用 $\prod$ 表示主合取范式,$\prod_{i,j,k}$,即表示 $M_i \wedge M_j \wedge M_k$。由此约定得到例 1.18 和例 1.19 中 $\neg(P \rightarrow R) \wedge (P \vee \neg Q)$ 的主析取范式和主合取范式编码表示如下:

主析取范式:$m_4 \vee m_6 \Leftrightarrow \sum_{4,6}$;

主合取范式:$M_0 \wedge M_1 \wedge M_2 \wedge M_3 \wedge M_5 \wedge M_7 \Leftrightarrow \prod_{0,1,2,3,5,7}$。

观察该例的主析取范式和主合取范式编码结果可知:

(1) $\{4,6\} \cap \{0,1,2,3,5,7\} = \varnothing$;

(2) $\{4,6\} \cup \{0,1,2,3,5,7\} = \{0,1,2,3,4,5,6,7\}$;

(3) $\{4,6\} \subseteq \{0,1,2,3,4,5,6,7\}$,$\{0,1,2,3,5,7\} \subseteq \{0,1,2,3,4,5,6,7\}$。

可见,该命题公式的主析取范式编码集合和主合取范式编码集合是$\{0,1,2,3,4,5,6,7\}$的划分,这种结果不是偶然是必然的,可以推广到命题公式含有多个命题变元情况,即 1.4.4 节编码转换。

本部分内容微课视频二维码如下所示:

主析取范式

1.4.4 编码转换

观察例 1.19 可知,如果利用推导方法求命题公式 $\neg(P \rightarrow R) \wedge (P \vee \neg Q)$ 的主合取范式,求取相当麻烦,要补很多项。利用确定的某命题公式的主合取范式和主析取范式编码是集合一种划分的关系,能使主析取范式和主合取范式求取简单化,这种方法就是编码转换方法。

定理 1.9 设命题公式为 $A(P_1, P_2, \cdots, P_n)$,其中 $P_1, P_2, \cdots, P_n$ 为命题公式 A 中出现的命题变元,令 $H = \{0,1,2,\cdots,2^n-1\}$,设 A 主合取范式编码集合为 H_1,A 主析取范式编码集合为 H_2,则 $H_1 \cup H_2 = \{0,1,2,\cdots,2^n-1\}$,$H_1 \cap H_2 = \varnothing$,$H_1 \subseteq H$,$H_2 \subseteq H$,$H_1$ 和 H_2 为 H 的一个划分。

例 1.20 用编码转换方法求 $\neg(P \rightarrow R) \wedge (P \vee \neg Q)$ 命题公式主析取范式和主合取范式。

(1) 主析取范式。

$$\neg(P \to R) \wedge (P \vee \neg Q)$$
$$\Leftrightarrow \neg(\neg P \vee R) \wedge (P \vee \neg Q)$$
$$\Leftrightarrow (P \wedge \neg R) \wedge (P \vee \neg Q)$$
$$\Leftrightarrow (P \wedge \neg R \wedge P) \vee (P \wedge \neg R \wedge \neg Q)$$
$$\Leftrightarrow (P \wedge \neg R) \vee (P \wedge \neg R \wedge \neg Q)$$
$$\Leftrightarrow (P \wedge Q \wedge \neg R) \vee (P \wedge \neg Q \wedge \neg R) \vee (P \wedge \neg Q \wedge \neg R)$$
$$\Leftrightarrow m_4 \vee m_6$$
$$\Leftrightarrow \sum_{4,6}$$

(2) 主合取范式。

根据定理 1.9 编码转换方法,得主合取范式:$\prod_{0,1,2,3,5,7}$。

【总结】 一般来说,利用编码转换方法求取某命题公式的主析取范式或主合取范式比较简单,并且可以利用真值表方法去验证其正确性。

1.5 命题推理

在数学和自然科学中,经常要考虑按照某种策略从已有事实和知识中推出某种结论的过程,把这种过程描述为推理,已有事实和知识为推理的前提,即推理由前提和结论两部分组成。前提是推理所根据的已知命题,结论则是从前提出发,通过推理而得到的新命题。

在逻辑学中,把从前提出发,依据确认的推理规则推导出一个结论的思维过程称为有效推理或形式证明。推理的理论和技术是专家系统、智能检索、智能机器人等研究领域的重要基础。

1.5.1 推理理论

定义 1.24 命题推理。

$A \to B$ 为永真式 iff $A \Rightarrow B$,其中 A 是前提,B 是 A 的有效结论,或 B 可由 A 逻辑的推出。对上述定义进行推广,令 $A \Leftrightarrow H_1 \wedge H_2 \wedge \cdots \wedge H_n$,则称 B 是一组前提 $H_1, H_2, \cdots, H_n$ 的有效结论,或 B 可由 $H_1, H_2, \cdots, H_n$ 逻辑的推出,记作 $\{H_1 \wedge H_2 \wedge \cdots \wedge H_n\} \Rightarrow B$ 或 $H_1, H_2, \cdots, H_n \Rightarrow B$。

定义 1.25 命题演算的公理化方法。

命题演算的公理化方法就是建立一个抽象度更高、概括性更强的形式化推理系统,推理系统模型如下。

(1) 字符表:命题变元、常用的五个联结词、括号;

(2) 命题公式;

(3) 基本等价式和永真蕴含式。

等价式如表 1.10 所示,永真蕴含式如表 1.14 所示。

表 1.14　基本永真蕴含式表

序　　号	蕴含式名字	蕴　含　式
1	附加规则	$A \Rightarrow A \vee B$
2	化简规则	$A \wedge B \Rightarrow A$
3	假言推理	$A, A \rightarrow B \Rightarrow B$
4	假言三段论	$A \rightarrow B, B \rightarrow C \Rightarrow A \rightarrow C$
5	合取规则	$A, B \Rightarrow A \wedge B$

(4) 推理规则：P 规则，T 规则。

P 规则：前提在推导过程中的任何时候都可以引入使用，在推导过程中引用前提称为 P 规则。

T 规则：在推导过程中，由基本等价式、永真蕴含式等价或永真式 S 叫 T 规则，公式 S 引入推导过程，S 为命题公式抽象表示。

1.5.2　推理方法

定义 1.26　真值表推理方法。

利用命题推理定义，$A \rightarrow B$ 为永真式 iff $A \Rightarrow B$，即如果想求 $A \Rightarrow B$，则 $A \rightarrow B$ 为永真式即可。因此得到利用真值表进行推理的方法写出 $A \rightarrow B$ 的真值表。根据“$\rightarrow$”真值表的特殊性，有两种情况：$A \Leftrightarrow 1$ 则 B 真值非 0；$B \Leftrightarrow 0$ 则 A 真值非 1。

例 1.21　证明 $P \vee Q, P \rightarrow R, Q \rightarrow S \Rightarrow S \vee R$。

证明　列出命题推理真值表如表 1.15 所示。

表 1.15　命题推理真值表

P	Q	R	S	$P \vee Q$	$P \rightarrow R$	$Q \rightarrow S$	$S \vee R$
1	1	1	1	1	1	1	1
1	1	1	0	1	1	0	1
1	1	0	1	1	0	1	1
1	1	0	0	1	0	0	0
1	0	1	1	1	1	1	1
1	0	1	0	1	1	1	1
1	0	0	1	1	0	1	1
1	0	0	0	1	0	1	0
0	1	1	1	1	1	1	1
0	1	1	0	1	1	0	1
0	1	0	1	1	1	1	1
0	1	0	0	1	1	0	0
0	0	1	1	0	1	1	1
0	0	1	0	0	1	1	1
0	0	0	1	0	1	1	1
0	0	0	0	0	1	1	0

分析 $S \vee R \Leftrightarrow 0$ 的行所对应的前提真值分别为 100，101，110，011，故前提真值合取都为

0,所以$((P\lor Q)\land(P\to R)\land(Q\to S))\to(S\lor R)$为永真,即 $P\lor Q,P\to R,Q\to S\Rightarrow S\lor R$ 成立。

一般利用真值表推理只是作为推理的验证方法,命题推理常用方法为利用推理规则推理。下面介绍命题推理的常用方法。

命题推理的常用方法有直接证明方法和间接证明方法,其中间接证明法又分为反证法和 CP 规则,下面依次介绍。

定义 1.27 直接证明方法。

利用 P 规则、T 规则和已知的等价式、永真蕴含式,直接由前提推出结论。

例 1.22 $P\lor Q,\ P\to R,Q\to S\Rightarrow S\lor R$。

证明
(1) $P\lor Q$　P
(2) $\neg P\to Q$　T(1)⇔(2)
(3) $Q\to S$　P
(4) $\neg P\to S$　T(2)(3)⇒(4)
(5) $\neg S\to P$　T(4)⇔(5)
(6) $P\to R$　P
(7) $\neg S\to R$　T(5)(6)⇒(7)
(8) $S\lor R$　T(7)⇔(8)

定义 1.28 反证法。

假设结论不成立,即结论的否定当作一个附加前提,最后推出矛盾。

例 1.23 $S\lor R,R\to\neg Q,P\to Q,S\to\neg Q\Rightarrow\neg P$。

证明
(1) P　P(附加前提)
(2) $P\to Q$　P
(3) Q　T(1)(2)⇒(3)
(4) $S\to\neg Q$　P
(5) $Q\to\neg S$　T(4)⇔(5)
(6) $\neg S$　T(3)(5)⇒(6)
(7) $S\lor R$　P
(8) $\neg S\to R$　T(7)⇔(8)
(9) R　T(6)(8)⇒(9)
(10) $R\to\neg Q$　P
(11) $\neg Q$　T(9)(10)⇒(11)
(12) $Q\land\neg Q$ (矛盾)　T(3)(11)⇒(12)

定义 1.29 CP 规则。

仅限于结论中含有(或可以等价转换成)条件联结词,条件的前项当作一个附加前提,最后推出条件的后项。

若要证明$\{H_1\land H_2\land\cdots\land H_n\}\Rightarrow(R\to C)$,可以设 $H_1\land H_2\land\cdots\land H_n$ 为 S,即证 $S\Rightarrow(R\to C)$,即证$S\to(R\to C)$为永真式。

$$
\begin{aligned}
&S\to(R\to C)\\
\Leftrightarrow&\neg S\lor(\neg R\lor C)
\end{aligned}
$$

$\Leftrightarrow(\neg S \vee \neg R) \vee C$

$\Leftrightarrow \neg(S \wedge R) \vee C$

$\Leftrightarrow(S \wedge R) \rightarrow C$

$(S \wedge R) \rightarrow C$ 为永真，iff $(S \wedge R) \Rightarrow C$。

例 1.24 $P \vee Q, P \rightarrow R, Q \rightarrow S \Rightarrow \neg S \rightarrow R$。

证明 (1) $\neg S$ P(附加)

(2) $Q \rightarrow S$ P

(3) $\neg S \rightarrow \neg Q$ T(2)⇔(3)

(4) $\neg Q$ T(1)(3)⇒(4)

(5) $P \vee Q$ P

(6) $\neg Q \rightarrow P$ T(5)⇔(6)

(7) P T(4)(6)⇒(7)

(8) $P \rightarrow R$ P

(9) R T(7)(8)⇒(9)

(10) $\neg S \rightarrow R$ CP

例 1.25 验证下述推理是否正确。

(1) 计算机难学，或者有少数学生对计算机没兴趣；如果数学容易学，那么计算机不难学。因此，如果有许多学生对计算机有兴趣，那么数学并不容易学。

设置命题变元。P：计算机难学；Q：少数学生对计算机没兴趣；R：数学容易学。

符号化：$P \vee Q, R \rightarrow \neg P \Rightarrow \neg Q \rightarrow \neg R$。

证明 (1) $P \vee Q$ P

(2) $\neg P \rightarrow Q$ T(1)⇔(2)

(3) $R \rightarrow \neg P$ P

(4) $R \rightarrow Q$ T(3),(2)⇒(4)

(5) $\neg Q \rightarrow \neg R$ T(4)⇔(5)

(2) 小张是守信用的人，小张没受过教育或者可信赖，如果小张可信赖并且守信用那么一定能成功，结论：如果小张受过教育那么小张一定能成功。

设置命题变元。P：小张是守信用的人；Q：小张受过教育；R：小张可以信赖；S：小张一定能成功。

符号化：$P, \neg Q \vee R, (R \wedge P) \rightarrow S$；结论：$Q \rightarrow S$。

证明 (1) $(R \wedge P) \rightarrow S$ P

(2) $\neg(R \wedge P) \vee S$ T(1)⇔(2)

(3) $\neg R \vee \neg P \vee S$ T(2)⇔(3)

(4) $P \rightarrow (R \rightarrow S)$ T(3)⇔(4)

(5) P P

(6) $R \rightarrow S$ T(4),(5)⇒(6)

(7) $\neg Q \vee R$ P

(8) $Q \rightarrow R$ T(7)⇔(8)

(9) $Q \rightarrow S$ T(8),(6)⇒(9)

本部分内容微课视频二维码如下所示：

命题逻辑推理

1.6 命题逻辑应用

命题逻辑在计算机相关领域有广泛的应用背景，如开关电路设计、逻辑推理等。

例 1.26 设电影院四扇门的开关表示为 K_1、K_2、K_3、K_4，“0”表示开关断开，“1”表示开关接通。H 表示会议室的照明状态，“1”表示全室灯亮，“0”表示全室灯暗。

假设开始时，电影院内无人，四个开关都处于“0”状态，灯暗。当有人进入室内时，随手改变门旁开关的状态，则电影院灯亮，H 为“1”。此时四个开关中有三个（奇数）处于“0”状态。当最后一个人离开电影院时，随手改变门旁的开关状态，电影院灯暗，H 为“0”。如果该门恰是首次进入的门，则四个（偶数）开关都处于“0”状态。如果该门是另一扇门，则有两个（偶数）开关都处于“0”状态。以此类推，当有偶数个开关处于“0”状态时，H 为“0”。有奇数个开关处于“0”状态时，则 H 为“1”。因此，写出 H 的主析取范式如下：

$$(\neg K_1 \wedge \neg K_2 \wedge \neg K_3 \wedge K_4) \vee (\neg K_1 \wedge \neg K_2 \wedge K_3 \wedge \neg K_4) \vee$$
$$(\neg K_1 \wedge K_2 \wedge \neg K_3 \wedge \neg K_4) \vee (K_1 \wedge \neg K_2 \wedge \neg K_3 \wedge \neg K_4) \vee$$
$$(\neg K_1 \wedge K_2 \wedge K_3 \wedge K_4) \vee (K_1 \wedge \neg K_2 \wedge K_3 \wedge K_4) \vee$$
$$(K_1 \wedge K_2 \wedge \neg K_3 \wedge K_4) \vee (K_1 \wedge K_2 \wedge K_3 \wedge \neg K_4)$$

例 1.27 组织专家对某方案进行投票，每位专家能给出通过或不通过的回答，通过为 T，不通过为 F。现在组织 3 位专家参与投票，由专家所给投票，再根据“少数服从多数”的原则作出判断，试将结果用命题公式表示。

解 设 C_1、C_2、C_3 分别表示 3 位专家给予的回答。S 表示判断结果，根据题意写出专家判断结果的语义真值表如表 1.16 所示。

表 1.16 例 1.27 的语义真值表

C_1	C_2	C_3	S
F	F	F	F
F	F	T	F
F	T	F	F
F	T	T	T
T	F	F	F
T	F	T	T
T	T	F	T
T	T	T	T

$S \Leftrightarrow (\neg C_1 \wedge C_2 \wedge C_3) \vee (C_1 \wedge \neg C_2 \wedge C_3) \vee (C_1 \wedge C_2 \wedge \neg C_3) \vee (C_1 \wedge C_2 \wedge C_3)$

例 1.28 有一逻辑学家误入某部落,被拘于牢狱,酋长意欲放行,他对逻辑学家说:“今有两扇门,一扇为自由门,另一扇为死亡门,你可任意开启一扇门,为协助你逃脱。今加派两名战士负责解答你所提的问题,唯可虑者,两名战士中一名天性诚实,一名说谎成性,今后生死由你选择。”逻辑学家沉思片刻,即向一名战士发问,然后开门从容离去。该逻辑学家应如何发问?

逻辑学家手指一扇门问身旁的一名战士:“这扇门是死亡之门,他(指另一名战士)将回答‘是’,对吗?”

当被问战士回答“是”,则逻辑学家开启所指的门从容离去,当被问战士回答“否”,则逻辑学家将开启另一扇门从容离去。

事实上,如果被问者是诚实战士,他回答“是”,则另一名战士是说谎战士,他回答“是”,那么这扇门不是死亡之门。如果被问战士是诚实战士,他回答“否”,则另一名战士是说谎战士,他回答“不是”,那么这扇门是死亡之门。如果被问战士是说谎战士,可以进行类似分析。

设 P:被问战士是诚实人;

Q:被问战士的回答为“是”;

R:另一名战士的回答为“是”;

S:这扇门是死亡之门。

其语义真值表如表 1.17 所示。

表 1.17 例 1.28 的语义真值表

P	Q	R	S
0	0	1	1
0	1	0	0
1	0	0	1
1	1	1	0

例 1.29 一名公安人员审查一件盗窃案,根据如下查得的事实判断真正的作案人。

张三或李四盗窃了笔记本电脑;

若张三作案,则作案时间不会是午夜之前;

若李四的证词是真的,则午夜时屋里有灯光;

若李四的证词是假的,则作案时间发生在午夜之前;

午夜时屋里的灯灭了。

结论:李四盗窃了笔记本电脑。

证明 P:张三盗窃了笔记本电脑;Q:李四盗窃了笔记本电脑;

R:作案时间在午夜之前;H:午夜时屋里有灯光;M:李四证词是真的。

前提符号化:$P \vee Q, P \to \neg R, M \to H, \neg M \to R, \neg H$。

(1) $\neg H$ P

(2) $M \to H$ P

(3) $\neg H \to \neg M$ T(2)⇔(3)

(4) $\neg M$ T(1)(3)⇒(4)

(5) $\neg M \rightarrow R$　　P

(6) R　　T(4)(5)⇒(6)

(7) $P \rightarrow \neg R$　　P

(8) $R \rightarrow \neg P$　　T(7)⇔(8)

(9) $\neg P$　　T(6)(8)⇒(9)

(10) $P \vee Q$　　P

(11) $\neg P \rightarrow Q$　　T(10)⇔(11)

(12) Q　　T(9)(11)⇒(12)

结论：真正的作案人是李四。

1.7 本章小结

本章介绍自然语言翻译为符号语言的一种方法，首先对自然语言做出限定，引出所要研究的目标语言(命题集合)，定义联结词，对命题符号化，形成符号语言，然后对符号语言进行研究，建立理论模型，进行证明及推理等。目的是使大家理解公理化思想和抽象方法，从而培养抽象思维能力与逻辑推理能力。注意确定命题公式的主析取范式和主合取范式编码是互补的。

1.8 习题

一、命题部分

1. 指出下列语句哪些是命题，哪些不是命题。如果是命题，请指出它的真值。

(1) 离散数学是计算机科学专业的一门必修课。

(2) 全体起立!

(3) 离散数学理论很抽象。

(4) 2 是偶数。

(5) 今天是星期六吗?

(6) 如果好好学习，那么考试肯定能及格。

(7) 月球上有生物。

(8) 一百万年前的今天，天气晴朗万里无云。

(9) $x+3>15$。

(10) 这个旅游景点山美水也美。

(11) 上海不是一个大城市。

(12) 屋子里有一张椅子和窗外正在下雨。

(13) 我正在说谎。

(14) 太阳从西方升起。

(15) 如果煤是白的，那么太阳从东方升起。

2. 指出下列命题哪些是原子命题，哪些是复合命题，如果是复合命题请符号化。

(1) 上海不是一个大城市。
(2) 这个苹果又大又红。
(3) 这个旅游景点不仅山美,水也美。
(4) 我们不能又划船又跑步。
(5) 张三和李四是同学。
(6) 虽然天气很冷,但是大家都来了。
(7) 张三是班长或者是三好学生。
(8) 如果好好学习,那么考试肯定能及格。
(9) 如果张三和李四都去,那么我也去。
(10) 万物生长当且仅当阳光普照。
(11) 明天C座教学楼102教室三四节课是离散数学课或者大学英语课。
(12) 我有五元钱或者十元钱。
(13) 如果煤是白的,那么太阳从东方升起。
(14) 周末的家长会不是妈妈参加就是爸爸参加。
(15) 明天出去玩仅当有时间。

二、命题公式

1. 填空题。

(1) 设命题 P：2是偶数；Q：-3是负数,则命题“2是偶数或-3是负数”真值的否定为(　　)。

(2) 填写命题公式类型：$(P\wedge Q)\rightarrow Q$(　　),$\neg(P\rightarrow(P\vee Q))$(　　)。

(3) 命题公式为$(\neg P\wedge Q)\rightarrow\neg R$,命题真值指派一共(　　),成假的赋值有(　　),成真的赋值有(　　)。(注：填写个数即可。)

(4) 两个重言式的析取是(　　),一个重言式与一个矛盾式的合取是(　　)。

(5) 公式$(\neg P\wedge Q)\rightarrow R$的逆反式为(　　)。

(6) 设命题公式为$(P\wedge Q)\rightarrow R$,则其对偶式为(　　)。

(7) 布尔小项$\neg P\wedge Q\wedge R$的编码是(　　),布尔大项$\neg P\vee Q\vee R$的编码是(　　),编码111对应的布尔小项是(　　)、对应的布尔大项是(　　)。

(8) 已知命题公式$A(P,Q,R)$,其中P,Q,R为命题变元,若A为永真,则有(　　)个布尔小项,若A为永假,则有(　　)个布尔大项。(注：填写个数即可。)

(9) 已知命题公式$A(P,Q,R)$,其中P,Q,R为命题变元,则所有布尔小项的析取为(　　),所有布尔大项的合取为(　　)。

(10) 永真式只有(　　)范式,永假式只有(　　)范式。

(11) 命题公式$(\neg P\rightarrow \mathrm{T})\rightarrow(Q\rightarrow R)$的真值表有(　　)行。(注：T为逻辑值真。)

(12) 设命题公式$A(P,Q,R)$的主析取范式编码为$\sum 0,5,7$,则主合取范式编码为(　　)。

2. 判断下列哪些是正确的命题公式。

(1) $(\neg Q\rightarrow P)\neg Q$；
(2) $(\neg Q\rightarrow P)\vee PQ$；
(3) $(\neg Q\rightarrow P)\vee(P\wedge Q)$；
(4) $(\neg P\wedge Q)\vee(P\wedge Q$；
(5) $(\neg P\wedge Q)\vee(P\rightarrow\wedge Q)$。

3. 求下列命题公式真值表，并通过真值表判断哪些是永真式哪些是永假式。

(1) $\neg((P\wedge Q)\to P)$；　(2) $(P\to Q)\leftrightarrow(\neg P\vee Q)$；

(3) $(P\to Q)\vee(Q\wedge R)$；　(4) $\neg(P\wedge Q)\to R$。

4. 命题公式化简，并将命题公式翻译成自然语言。

(1) 设 P：明天天气好；Q：我去看电影；R：我去公园玩。

$((P\to Q)\leftrightarrow(\neg P\vee Q))\wedge(P\to R)$。

(2) 设 P：明天家长会妈妈去；Q：明天家长会爸爸去；R：明天下雨。

$((P\vee Q)\wedge R)\vee((P\vee Q)\wedge\neg R)$。

5. 利用基本等价式进行命题等价式证明。

(1) $A\to(B\to A)\Leftrightarrow\neg A\to(A\to\neg B)$；

(2) $\neg(A\leftrightarrow B)\Leftrightarrow(A\wedge\neg B)\vee(\neg A\wedge B)$；

(3) $((A\wedge B)\to C)\wedge(B\to(D\vee C))\Leftrightarrow(B\wedge(D\to A))\to C$；

(4) $A\to(B\vee C)\Leftrightarrow(A\wedge\neg B)\to C$。

6. 用推导方法求命题公式的主析取和主合取范式，并用真值表进行验证。

(1) $\neg(P\to Q)\vee(Q\wedge R)$；

(2) $(P\to Q)\to\neg(Q\vee R)$；

(3) $P\to(P\wedge(Q\to P))$；

(4) $(P\to(Q\wedge R))\wedge(\neg P\to(\neg Q\wedge\neg R))$；

(5) $\neg P\to(Q\vee(\neg Q\to R))$。

7. 已知复合命题：如果明天有时间，那么我明天出去看电影。利用命题条件基本等价式判断下列正确选项。

(1) 如果明天没有时间，那么我明天出去看电影；

(2) 如果明天没有时间，那么我明天不出去看电影；

(3) 如果我明天没有出去看电影，那么我明天没有时间；

(4) 如果我明天出去看电影了，那么我明天有时间；

(5) 如果我明天没有出去看电影，那么我明天有时间。

三、命题推理

1. 推理。

(1) $(A\vee B)\to(C\wedge D),(D\vee E)\to H\Rightarrow A\to H$；

(2) $R\to\neg Q,\ R\vee S,\ S\to\neg Q,\ P\to Q\Rightarrow\neg P$；

(3) $A\to(B\wedge C),\neg B\vee D,(E\to\neg H)\to\neg D,B\to(A\wedge\neg E)\Rightarrow B\to E$；

(4) $R\to\neg P,\ R\wedge S,\ S\to Q\Rightarrow\neg P\wedge Q$。

注：(1)用 CP 规则；(2)用直接证明和反证法；(3)用 CP 规则；(4)用直接证明。

2. 方案优选。

(1) A、B、C、D 四个人中要派两个人出差，按下述三个条件有几种派法？如何派？

① 若 A 去，则 C 和 D 中要去一人；

② B 和 C 不能都去；

③ C 去则 D 要留下。

(2) 教务处安排一合班教室课表，计算机系要求安排在周一或周三，地理系要求安排在周一或周四，生物系要求安排在周二或周三，数学系要求安排在周二或周五。而每天只能安排一个系使用，问能否同时满足各系的要求？用命题演算解决该问题，并写出可行方案。

3．符号化下列命题，并证结论的有效性。

(1) 万物生长当且仅当阳光普照，雨水充足并且阳光普照。

试证明：万物生长。

(2) 小张不仅聪明而且是非常努力的人，如果小张是聪明的人，那么小张是有毅力的人。如果小张是有毅力的人，那么小张一定是能取得成功的人。所以，小张一定是努力的人并且一定能取得成功的人。

(3) 如果今天下大雪，则马路上不好行走。如果马路难走，则我不去看电影。如果不去看电影，则我在家里读书。所以，如果今天下大雪，则我在家读书。

(4) 五位同学 A、B、C、D、E 是否在一起看过某场球赛，有如下几种正确的说法。

① A 说：我看球赛的时候 B 也在看。

② C 说：我看球赛的时候 B 没在看。

③ D 说：我看球赛的时候 C 也在看。

④ E 说：我看球赛的时候 A 和 D 都在看。

试证明：E 未看球赛。

第2章
CHAPTER 2

谓词逻辑

本章主要介绍一元谓词、特性谓词、量词(全称量词和存在量词)及特性谓词在量词中的引入方式(特性谓词在全称量词中以条件前项形式引入,特性谓词在存在量词中以合取形式引入)、自然语言谓词符号化、谓词等价式、量词加冕规则、谓词推理。本章难点是谓词推理,本章谓词定义部分是集合与关系的理论基础。

已经学习过了命题逻辑,命题逻辑虽然可以解决很多逻辑问题,但是它仍然有局限性。在命题逻辑中,把原子命题看作是命题演算与命题推理不可再分的基本单位,比如著名的苏格拉底三段论问题,利用命题推理如下:

所有人都会死,苏格拉底是人,所以苏格拉底会死。

设 P:所有人都会死;Q:苏格拉底是人;R:苏格拉底会死。则苏格拉底三段论符号化的命题推理为 $P \wedge Q \Rightarrow R$。

大家公认这个推理是正确的,但是用命题推理无法证明结论的有效性,即命题逻辑存在不足,造成简单的苏格拉底三段论无法解决。因为命题无法揭示命题内部的结构和属性,无法表达命题之间的属性关联。为解决上述问题,需要对命题描述进一步细化,需要功能更强的逻辑语言,显然谓词逻辑是命题逻辑的扩充和发展。

2.1 谓词与量词

2.1.1 谓词与客体

由于命题是指能表达判断的具有明确是非的陈述句,故可以将命题分解成主语和谓语两部分。

定义 2.1 客体(主语)。

命题主语,又叫客体:指具有独立意义、可以独立存在的客体。

客体变元:一般用小写字母 x,y 等表示。

客体常元:一般用小写字母 a,b 等表示,表示确定的客体。

客体域：客体变元的取值范围，一般用大写字母 D 表示。

定义 2.2 谓词(谓语)。

命题谓语，用于描述客体性质或客体之间关系的部分，一般用大写字母 P、Q、R 等表示，根据客体变元的数量谓词常常分为一元谓词和多元谓词。

一元谓词：描述客体的属性或性质，符号表示 $P(x)$，x 表示客体变元。

如，$P(x)$：x 是大学生，设客体域 D 为某大学的学生；

张三是大学生，$P(a)$，$a \in D$，a 为张三；

李四是大学生，$P(b)$，$b \in D$，b 为李四。

可见 $P(x)$不是命题，因为 x 是客体变元，$P(a)$和 $P(b)$都是命题，命题真值为 1。

例 2.1 把下列命题用谓词表示。

(1) 小张不是工人；

(2) 小张是班长或者三好学生；

(3) 小张不仅聪明而且身体好。

解 $P(x)$：x 是工人；$M(x)$：x 不是工人；$Q(x)$：x 是班长；

$R(x)$：x 是三好学生；$S(x)$：x 聪明；$H(x)$：x 身体好，a 为小张。

(1) $\neg P(a)$，又可以翻译为 $M(a)$；

(2) $Q(a) \vee R(a)$；

(3) $S(a) \wedge H(a)$。

二元谓词：描述两个客体之间的关系，符号表示 $P(x,y)$，x 和 y 表示客体变元。

如，张三和李四是同学；

谓词设置为 $P(x,y)$：x 和 y 是同学；

翻译为 $P(a,b)$，a 为张三，b 为李四。

多元谓词：n 个客体变元组成的谓词，符号表示 $P(x_1,x_2,\cdots,x_n)$，称二元及以上的谓词为多元谓词，表示 n 个客体之间的关系，当 $n=0$ 时，为零元谓词，零元谓词为命题，可见命题是谓词的特殊情况。

【注】 n 元谓词不是命题，只有其中客体变元用特定客体常元取代时，才能成为一个命题，并且客体域对 n 元谓词是否成为命题及命题真值有影响。

例 2.2 判断下列谓词是否为命题。

(1) 设 $P(x,y)$：x 比 y 重；

(2) $P(x)$：x 是大学生。

解 (1) 如果客体域为人或物时，它是一个命题，如果客体域是数的集合，则就不是一个命题；

(2) 如果客体域为某大学班级里的大学生，则命题真值为 1，如果客体域为某中学班级里的中学生，则它真值为 0，如客体域为剧场观众，则观众是大学生的群体那么对应命题的真值为 1，观众非大学生群体对应命题的真值为 0。

【总结】 客体和谓词一起构成原子命题中的主谓结构。

2.1.2 量词

例 2.2(2)可以这样理解：某大学班级所有学生都是大学生，某中学班级里所有学生都不是大学生，剧场里有些观众是大学生，有些观众不是大学生。因此，为了准确地表达命题客体数量，需要在谓词逻辑中引入“所有的”“每一个”“有一些”“存在”等词语来表达客体不同数量，这就是量词。表达这样含义的量词有两个，全程量词和存在量词，下面分别介绍。

定义 2.3 全称量词。

用来表达客体域中所有客体这样的词语，如“所有的”“每一个”“任意的”，用符号“∀”表示。

如$\forall xP(x)$：表示客体域中所有客体都有性质P，若客体域$D=\{a_1,a_2,\cdots,a_n\}$，则

$$\forall xP(x)\Leftrightarrow P(a_1)\wedge P(a_2)\wedge\cdots\wedge P(a_n)$$

定义 2.4 存在量词。

用来表达客体域中有一些客体这样的词语，如“有一些”“某些”“存在”，用符号“∃”表示。

如$\exists xP(x)$：表示客体域中有一些客体有性质P，若客体域$D=\{a_1,a_2,\cdots,a_n\}$，则

$$\exists xP(x)\Leftrightarrow P(a_1)\vee P(a_2)\vee\cdots\vee P(a_n)$$

例 2.3 把下列命题翻译成谓词。

(1) 所有大学生都是聪明的；

(2) 有些大学生上课迟到。

解 设客体域D为大学生集合。令$P(x)$：x是聪明的；$R(x)$：x上课迟到。

则上述命题翻译分别为

(1) $\forall xP(x),x\in D$；

(2) $\exists xP(x),x\in D$。

2.1.3 命题符号化为谓词

第1章讲了命题可以符号化。命题和联结词组成的符号表达式，从而把自然语言描述的命题转换为符号语言，对自然语言的研究也转换为对符号语言的研究。同理，引入了谓词和量词后，命题可以符号化为量词、谓词和联结词组成的谓词符号表达式，从而对命题符号语言的表示和研究转换为更深一步的谓词符号语言的表示和研究。

定义 2.5 把自然语言表示的命题，用量词、谓词、联结词和括号这样的符号表示出来，称为自然语言的谓词符号化或谓词逻辑的翻译。

定义 2.6 特性谓词。

客体域可以不采用集合表示方式，用谓词表示，称其为特性谓词。

一般来说，谓词符号化步骤如下：

(1) 合理设置谓词(一元谓词，多元谓词)：对原子命题进行分解，确定客体和谓词。

(2) 选择合适的联结词。

(3) 确定恰当的量词，如果使用特性谓词，要注意特性谓词的引入方式。

① 在全称量词里，特性谓词以条件前项引入。

② 在存在量词里，特性谓词以合取形式引入。

(4) 由于谓词刻画程度不一样，则翻译结果不唯一。

例 2.4 把下列命题翻译成谓词。

(1) 所有初中生都吃早餐；

(2) 没有初中生不吃早餐；

(3) 有些初中生吃早餐；

(4) 没有初中生吃早餐；

(5) 有些初中生不吃早餐；

(6) 并不是所有初中生都吃早餐；

(7) 并不是所有初中生都不吃早餐。

解　设客体域以特性谓词形式引入。$M(x)$：x 是初中生；$P(x)$：x 吃早餐。翻译分别如下：

(1) $\forall x(M(x)\to P(x))$；

(2) $\neg\exists x(M(x)\land\neg P(x))$；

(3) $\exists x(M(x)\land P(x))$；

(4) $\neg\exists x(M(x)\land P(x))$；

(5) $\exists x(M(x)\land\neg P(x))$；

(6) $\neg\forall x(M(x)\to P(x))$；

(7) $\neg\forall x(M(x)\to\neg P(x))$。

利用引入客体去量词等价式(2.22 节将介绍)可以证明：(1)和(2)等价，(5)和(6)等价。

例 2.5　把下列命题翻译成谓词。

(1) 所有大学生都喜欢某些明星；

(2) 有些大学生喜欢所有明星；

(3) 所有大学生喜欢所有明星；

(4) 有些大学生喜欢某些明星；

(5) 每位妈妈都爱她的孩子；

(6) 每一个人的外祖父都是他母亲的父亲；

(7) 不管白猫黑猫，抓住老鼠的就是好猫；

(8) 存在唯一一个自然数 x，满足 $x+5=7$；

(9) 平面上任意两点，有且只有一条直线通过这两点。

解　(1)～(4)谓词设置如下：

设客体域以特性谓词形式引入。$M(x)$：x 大学生；$P(x)$：x 是明星；$R(x,y)$：x 喜欢 y。翻译分别如下：

(1) $\forall x(M(x)\to\exists y(P(y)\land R(x,y)))$；

(2) $\exists x(M(x)\land\forall y(P(y)\to R(x,y)))$；

(3) $\forall x(M(x)\to\forall y(P(y)\to R(x,y)))$；

(4) $\exists x(M(x)\land\exists y(P(y)\land R(x,y)))$；

(5) 设 $P(x)$：x 是妈妈；$Q(x)$：x 是孩子；$R(x,y)$：x 属于 y；$L(x,y)$：x 爱 y。

翻译 1：$\forall x\forall y((P(x)\land Q(y)\land R(y,x))\to L(x,y))$；

翻译 2：$\forall x(P(x)\to\forall y(Q(y)\to(R(y,x)\to L(x,y))))$。

(6) 设 $P(x)$：x 是人；$O(x,y)$：x 是 y 外祖父；$F(x,y)$：x 是 y 父亲；$M(x,y)$：x 是 y 的母亲。

$$\forall x \forall y((P(y) \land O(x,y)) \to \exists z(F(x,z) \land M(z,y)))$$

(7) 设 $C(x)$：x 是猫；$W(x)$：x 是白的；$B(x)$：x 是黑的；$G(x)$：x 是好的；$M(x)$：x 是老鼠；$K(x,y)$：x 抓住 y。

$$\forall x \forall y((C(x) \land (W(x) \lor B(x)) \land M(y) \land K(x,y)) \to G(x))$$

(8) 设 $N(x)$：x 是自然数；$P(x)$：$x+5=7$；$E(x,y)$：$x=y$。

翻译 1：$\exists x((N(x) \land P(x)) \land \forall y((N(y) \land P(y)) \to E(x,y)))$。

翻译 2：$\exists x(N(x) \land P(x) \land \forall y(N(y) \to (P(y) \to E(x,y))))$。

利用命题等价式 $P \to (Q \to R) \Leftrightarrow (P \land Q) \to R$ 可知翻译 1 和翻译 2 是等价的。

若设客体域为自然数集合 **N**,则还可翻译为

翻译 3：$\exists x(P(x) \land \forall y(P(y) \to G(x,y)))$。

(9) $P(x)$：x 是一个点；$L(x)$：x 是一个直线；$R(x,y,z)$：z 通过 x 和 y；$G(x,y)$：$x=y$。

$\forall x \forall y((P(x) \land P(y)) \to \exists z(L(z) \land R(x,y,z) \land \forall u(L(u) \to (R(x,y,u) \to E(z,u)))))$。

【注】 (8)和(9)是量词唯一性问题,不存在唯一量词,量词唯一性基本按照这种方法表示。

2.1.4 量词的作用域

谓词形式一般为 $\forall xA(x)$ 或 $\exists xA(x)$,“$\forall$”或者“$\exists$”后面紧跟的 x 叫作量词的指导变元或者作用变元,$\forall x$ 或 $\exists x$ 后面跟的“(”与其配对的“)”内部的符号串叫作量词的作用域或者辖域,在作用域中 x 的一切出现,称为 x 的约束出现,x 称为约束变元,除约束变元以外的自由出现称为自由变元。

例 2.6 分别求出 $\forall$ 和 $\exists$ 的作用域,并写出约束变元和自由变元。

(1) $\forall x(M(x) \to \exists y(P(y) \land R(x,z)))$；

(2) $\exists x(M(x) \lor \exists y(P(y) \land R(x,y))) \land M(x,z)$；

(3) $\exists x(M(x) \lor \exists y(P(y) \land R(x,y,z))) \land M(x)$；

(4) $\forall xM(x) \to \exists y(P(y) \land R(x,z))$。

解 (1) $\forall$ 量词的作用域为 $M(x) \to \exists y(P(y) \land R(x,z))$。

$\exists$ 量词的作用域为 $P(y) \land R(x,z)$；约束变元：x,y；自由变元：z。

(2) 第一个 $\exists$ 量词的作用域为 $M(x) \lor \exists y(P(y) \land R(x,y))$。

第二个 $\exists$ 量词的作用域为 $P(y) \land R(x,y)$；约束变元：作用域 $M(x) \lor \exists y(P(y) \land R(x,y))$的 x,y；自由变元：作用域 $M(x,z)$中的 x,z。

(3) 第一个 $\exists$ 量词的作用域为 $M(x) \lor \exists y(P(y) \land R(x,y,z))$,第二个 $\exists$ 量词的作用域为 $P(y) \land R(x,y,z)$。约束变元：作用域 $M(x) \lor \exists y(P(y) \land R(x,y,z))$中的 x,作用域 $P(y) \land R(x,y,z)$中的 y；自由变元：作用域 $M(x)$中的 x,第二个 $\exists$ 量词的作用域为 $P(y) \land R(x,y,z)$中的 z。

(4) $\forall$ 的作用域为 $M(x)$,$\exists y$ 作用域为 $P(y) \land R(x,z)$。

约束变元：作用域 $M(x)$ 中的 x，作用域 $P(y)\wedge R(x,z)$ 中的 y；自由变元：作用域 $P(y)\wedge R(x,z)$ 中的 x,z。

定义 2.7 变元换名。

为了避免约束变元与约束变元重名，或者约束变元与自由变元重名，引起概念上的混淆，故可对约束变元改名，或者对自由变元改名，改名原则如下：

(1) 约束变元改名，其更改的变元名称范围是量词中的指导变元，按照最小作用域原则，该量词作用域中该变元的一切出现，其他部分不改变；

(2) 自由变元改名，对公式中该自由变元的一切出现都进行改名；

(3) 无论约束变元改名还是自由变元改名都不能引起新的重名。

例 2.7 约束变元和自由变元分别改名。

(1) $\forall x(M(x)\rightarrow \exists y(P(y)\wedge R(x,y)))\wedge M(x)$；

(2) $\forall x(M(x)\rightarrow \exists x(P(x)\wedge R(x)))$。

解 (1) 约束变元 x 与自由变元 x 重名。

约束变元改名为 $\forall z(M(z)\rightarrow \exists y(P(y)\wedge R(z,y)))\wedge M(x)$

自由变元改名为 $\forall x(M(x)\rightarrow \exists y(P(y)\wedge R(x,y)))\wedge M(z)$

(2) 题约束变元 x 重名，$\exists$ 量词的约束变元改名为

$$\forall x(M(x)\rightarrow \exists (y)(P(y)\wedge R(y)))$$

也可以对 $\forall x$ 约束的变元改名为

$$\forall y(M(y)\rightarrow \exists x(P(x)\wedge R(x)))$$

该题改名按照最小作用域原则，$\forall x$ 作用域为 $M(x)\rightarrow \exists x(P(x)\wedge R(x))$，$\exists x$ 作用域为 $P(x)\wedge R(x)$。

【注】 如果 n 元谓词 $P(x_1,x_2,\cdots,x_n)$ 有 k 个变元被约束，即 $\forall x_1\forall x_2\cdots\forall x_k P(x_1,x_2,\cdots,x_k,\cdots,x_n)$ 则为 $n-k$ 元谓词，n 元谓词公式指含有 n 个自由变元的谓词公式。

2.2 谓词公式与谓词公式的类型

2.2.1 谓词公式概述

命题逻辑部分，由命题变元、联结词和括号构成的符号串称为命题公式，把自然语言描述的命题翻译成命题公式，从而实现确定、唯一真值的（命题）自然语言的符号化、形式化。同理，由谓词、联结词、括号和量词构成的符号串称为谓词公式，谓词逻辑定义是在命题逻辑基础之上，是对命题的描述刻画能力更深入、更广泛，为了方便处理数学和计算机科学的逻辑问题及谓词表示的直觉清晰性、规范性，下面给出谓词公式的递归定义。

定义 2.8 谓词公式。

(1) 原子公式是谓词公式；

(2) 若 A 是谓词公式，则 $\neg A$ 也是谓词公式；

(3) 若 A、B 是谓词公式，则 $A\wedge B$，$A\vee B$，$A\rightarrow B$，$A\leftrightarrow B$ 也是谓词公式；

(4) 若 A 是谓词公式，则 $\forall xA$，$\exists xA$ 也是谓词公式；

(5) 只有经过有限次地应用(1)、(2)、(3)、(4)所得到的公式才是谓词公式。
其中,(1)～(4)为递归出口,(5)为递归体。

在讨论命题公式时,曾有关于括号的某些约定,即最外层括号可以省略,在谓词公式中也遵守同样的约定,但需注意,量词后面若有括号则不能省略,因为量词后面的括号表示量词作用域。

2.2.2 谓词公式等价式与蕴含式

定义 2.9 谓词公式等价式。

1. 命题等价式的推广(不含量词)

如,$P(x) \to Q(y) \Leftrightarrow \neg P(x) \vee Q(y)$。

2. 含量词

(1) 去量词等价式。

设客体域为有限集 $D=\{a_1,a_2,\cdots,a_n\}$,则有

$$\forall xA(x) \Leftrightarrow A(a_1) \wedge A(a_2) \wedge \cdots \wedge A(a_n)$$

$$\exists xA(x) \Leftrightarrow A(a_1) \vee A(a_2) \vee \cdots \vee A(a_n)$$

(2) 量词转换等价式。

① $\neg \forall xA(x) \Leftrightarrow \exists x \neg A(x)$;

② $\neg \exists xA(x) \Leftrightarrow \forall x \neg A(x)$。

量词转换等价式,不仅要逻辑等价而且语义也要等价。

证明 ① $\neg \forall xA(x) \Leftrightarrow \exists x \neg A(x)$

设客体域为有限集 $D=\{a_1,a_2,\cdots,a_n\}$,则去量词后有

$$\begin{aligned}&\neg \forall xA(x)\\ \Leftrightarrow&\neg(A(a_1) \wedge A(a_2) \wedge \cdots \wedge A(a_n))\\ \Leftrightarrow&\neg A(a_1) \vee \neg A(a_2) \vee \cdots \vee \neg A(a_n)\\ \Leftrightarrow&\exists x \neg A(x)\end{aligned}$$

② 请读者自行完成。

例 2.8 对下列谓词公式赋值后求真值。

(1) 设客体域 $D=\{1,2\}$,$\neg \exists x(P(x) \wedge Q(x,a))$,$a=1$,对公式赋值后求其真值,各个函数的真值如表 2.1 所示。

表 2.1 例 2.8 的各个函数真值表

$P(1)$	$P(2)$	$Q(1,1)$	$Q(1,2)$	$Q(2,1)$	$Q(2,2)$
F	T	T	T	T	F

解 1 $\neg \exists x(P(x) \wedge Q(x,a))$

$$\begin{aligned}&\Leftrightarrow \neg(P(1) \wedge Q(1,1)) \vee (P(2) \wedge Q(2,1))\\ &\Leftrightarrow \neg((F \wedge T) \vee (T \wedge T))\\ &\Leftrightarrow F\end{aligned}$$

解 2 $\neg\exists x(P(x)\wedge Q(x,a))$

$\Leftrightarrow\forall x\neg(P(x)\wedge Q(x,a))$

$\Leftrightarrow\forall x(\neg P(x)\vee\neg Q(x,a))$

$\Leftrightarrow(\neg P(1)\vee\neg Q(1,1))\wedge(\neg P(2)\vee\neg Q(2,1))$

$\Leftrightarrow((\mathrm{T}\vee\mathrm{F})\wedge(\mathrm{F}\vee\mathrm{F}))$

$\Leftrightarrow\mathrm{F}$

解 1⇔解 2。

(2) 设客体域 $D=\{1,2\}$，$\exists x(P(x)\wedge\forall yQ(x,y))$，对公式赋值后求其真值，如表 2.1 所示。

$\exists x(P(x)\wedge\forall yQ(x,y))$

$\Leftrightarrow(P(1)\wedge\forall yQ(1,y))\vee(P(2)\wedge\forall yQ(2,y))$

$\Leftrightarrow(P(1)\wedge(Q(1,1)\wedge Q(1,2)))\vee(P(2)\wedge(Q(2,1)\wedge Q(2,2)))$

$\Leftrightarrow(\mathrm{F}\wedge(\mathrm{T}\wedge\mathrm{T}))\vee(\mathrm{T}\wedge(\mathrm{T}\wedge\mathrm{F}))$

$\Leftrightarrow(\mathrm{F}\wedge\mathrm{T})\vee(\mathrm{T}\wedge\mathrm{F})$

$\Leftrightarrow\mathrm{F}\vee\mathrm{F}$

$\Leftrightarrow\mathrm{F}$

(3) 作用域收缩与扩张等价式。

在量词作用域中以 ∧ 或 ∨ 引入的不含约束变元的谓词，可以从量词作用域拿出去，也可以拿进作用域里来，拿出去称为量词作用域收缩，拿进来称为量词作用域扩张。

① $\forall x(A(x)\vee B)\Leftrightarrow\forall xA(x)\vee B$；

② $\forall x(A(x)\wedge B)\Leftrightarrow\forall xA(x)\wedge B$；

③ $\forall x(A(x)\rightarrow B)\Leftrightarrow\exists xA(x)\rightarrow B$；

④ $\forall x(B\rightarrow A(x))\Leftrightarrow B\rightarrow\forall xA(x)$；

⑤ $\exists x(A(x)\vee B)\Leftrightarrow\exists xA(x)\vee B$；

⑥ $\exists x(A(x)\wedge B)\Leftrightarrow\exists xA(x)\wedge B$；

⑦ $\exists x(A(x)\rightarrow B)\Leftrightarrow\forall xA(x)\rightarrow B$；

⑧ $\exists x(B\rightarrow A(x))\Leftrightarrow B\rightarrow\exists xA(x)$。

例 2.9 $\forall xA(x)\rightarrow B\Leftrightarrow\exists x(A(x)\rightarrow B)$。

证明 左式 $\Leftrightarrow\neg\forall xA(x)\vee B$

$\Leftrightarrow\exists x\neg A(x)\vee B$

$\Leftrightarrow\exists x(\neg A(x)\vee B)$

$\Leftrightarrow\exists x(A(x)\rightarrow B)$

(4) 量词分配等价式。

① $\forall x(A(x)\wedge B(x))\Leftrightarrow\forall xA(x)\wedge\forall xB(x)$；

② $\exists x(A(x)\vee B(x))\Leftrightarrow\exists xA(x)\vee\exists xB(x)$。

证明 ① 设客体域 $D=\{a_1,a_2,\cdots,a_n\}$；

左式 $\Leftrightarrow\forall x(A(x)\wedge B(x))$

$\Leftrightarrow(A(a_1)\wedge B(a_1))\wedge(A(a_2)\wedge B(a_2))\wedge\cdots\wedge(A(a_n)\wedge B(a_n))$

$\Leftrightarrow(A(a_1)\wedge A(a_2)\wedge\cdots\wedge A(a_n))\wedge(B(a_1)\wedge B(a_2)\wedge\cdots\wedge B(a_n))$

$\Leftrightarrow\forall xA(x)\wedge\forall xB(x)$

② 请读者参考①的证明过程自己完成。

(5) 量词分配不等价式。

$\forall x(A(x)\vee B(x))\not\Leftrightarrow\forall xA(x)\vee\forall xB(x)$;

$\exists x(A(x)\wedge B(x))\not\Leftrightarrow\exists xA(x)\wedge\exists xB(x)$。

证明 设客体域为自然数集合 **N**,$A(x)$:x 为奇数;$B(x)$:x 为偶数。则

$$\forall x(A(x)\vee B(x))\Leftrightarrow \mathrm{T},\quad \forall xA(x)\Leftrightarrow \mathrm{F},\quad \forall xB(x)\Leftrightarrow \mathrm{F}$$

故

$$\forall x(A(x)\vee B(x))\not\Leftrightarrow\forall xA(x)\vee\forall xB(x)$$

同理

$$\exists x(A(x)\wedge B(x))\not\Leftrightarrow\exists xA(x)\wedge\exists xB(x)$$

命题逻辑部分除了命题基本等价式外,还有命题永真蕴含式。同理,谓词逻辑部分不仅有谓词基本等价式,还有谓词永真蕴含式,下面介绍谓词永真蕴含式。

定义 2.10 谓词永真蕴含式。

(1) 不含量词的永真蕴含式(命题永真蕴含式的推广)。

如,$P(x),P(x)\rightarrow Q(y)\Rightarrow Q(y)$。

(2) 含一个量词的蕴含式。

$\forall xA(x)\vee\forall xB(x)\Rightarrow\forall x(A(x)\vee B(x))$;

$\exists x(A(x)\wedge B(x))\Rightarrow\exists xA(x)\wedge\exists xB(x)$。

例 2.10 判断证明是否正确。

$$\begin{aligned}
&\forall x(A(x)\rightarrow B(x))\\
\Leftrightarrow&\forall x(\neg A(x)\vee B(x))\\
\Leftrightarrow&\forall x\neg(A(x)\wedge\neg B(x))\\
\Leftrightarrow&\neg\exists x(A(x)\wedge\neg B(x))\\
\Leftrightarrow&\neg(\exists xA(x)\wedge\exists x\neg B(x))\\
\Leftrightarrow&\neg\exists xA(x)\vee\neg\exists x\neg B(x)\\
\Leftrightarrow&\neg\exists xA(x)\vee\forall xB(x)\\
\Leftrightarrow&\exists xA(x)\rightarrow\forall xB(x)
\end{aligned}$$

分析:第 4 步证明错误,因为$\exists$对$\wedge$不满足分配律。

本部分内容微课视频二维码如下所示:

谓词公式等价式

2.2.3 谓词公式类型

谓词公式只是一个符号串,它本身并没有意义,但如果给这个符号串一个解释,使它具有真值,它就变成一个命题。在谓词逻辑中,命题符号化必须明确客体域,所谓解释就是使谓词公式中的每一个变项都有客体域中的客体与其相对应。一般来说,在谓词公式 A 中,除了可能含有若干常项(包括客体常项、函数常项、谓词常项等)之外,还有可能含有变元(包

括客体变元、函数项、谓词项等)，因此需要对公式进行解释，谓词公式解释又叫赋值。

定义 2.11　谓词公式赋值(解释)。

(1) 封闭公式：谓词公式中不含自由变元，简称闭式。

(2) 对谓词公式变项用确定谓词代替(等价代换)，即对谓词公式赋值(解释)。

谓词公式赋值常见方法如下：

① 指定客体域或者特性谓词，对谓词公式加入量词量化；

② 等价去量词，代入客体域中的客体；

③ 等价转换。

定义 2.12　谓词公式类型。

设 A 为一个谓词公式，客体域为 D，则：

(1) 若 A 在任何赋值下都是真的，则称 A 为永真式；

(2) 若 A 在任何赋值下都是假的，则称 A 为永假式；

(3) 若至少存在一个赋值使 A 为真，则称 A 为可满足式。

例 2.11　求下列命题公式类型。

解　(1) $\forall x(M(x)\rightarrow P(x))$。

$M(x)$：x 是人；$P(x)$：x 会死的，该种赋值为 T；

$M(x)$：x 是人；$P(x)$：x 是中国人，该种赋值为 F。

(2) $\exists x(M(x)\wedge P(x))$。

$M(x)$：x 是人；$P(x)$：x 不会死的，该种赋值为 F；

$M(x)$：x 是人；$P(x)$：x 是中国人，该种赋值为 T。

谓词公式加入量词量化，并指出客体域，故(1)(2)都是命题。

(3) $\forall xF(x)\rightarrow(\exists x\exists yG(x,y)\rightarrow\forall xF(x))$。

令 $\forall xF(x)=P$，$\exists x\exists yG(x,y)=Q$，则

$\forall xF(x)\rightarrow(\exists x\exists yG(x,y)\rightarrow\forall xF(x))$ 等价转换为 $P\rightarrow(Q\rightarrow P)$ 是永真式。

(4) $\neg(\forall xF(x)\rightarrow\exists yG(y))\wedge\exists yG(y)$。

令 $\forall xF(x)=P$，$\exists yG(y)=Q$，则上式等价转换为 $\neg(P\rightarrow Q)\wedge Q$ 是永假式。

(3)(4)等价转换后都是命题。

除此之外，例 2.8 采用去量词，代入客体常元方法求谓词公式真值。

2.3　前束范式

定义 2.13　前束范式。

一个谓词公式，如果可以等价转换成量词均在全式的开头，其作用域延伸到整个公式的末尾，则该公式叫作前束范式。

即谓词公式 $\Leftrightarrow(\square V_1)(\square V_2)\cdots(\square V_n)A$，其中 A 是无量词的谓词公式，$\square$ 可为 $\forall$ 或 $\exists$。

定理 2.1　任何一个谓词公式都会和一个前束范式等价。

前束范式求解步骤如下：

(1) 利用量词转换等价式，把否定从量词前边深入量词后边谓词前。

(2) 利用约束变元的改名或自由变元的改名，使约束变元和约束变元不重名、约束变元和自由变元不重名，最后利用作用域扩张等价式，把量词都移到全式最前面。或者量词分配等价式，把量词都移到全式最前面。

【注】 任何谓词公式都存在前束范式，但是其前束范式不一定唯一。

例 2.12 求下列谓词公式的前束范式。

(1) $\forall xF(x)\land\neg\exists xG(x)$；

(2) $\forall xF(x)\lor\neg\exists xG(x)$。

(1) **证明 1** $\quad\forall xF(x)\land\neg\exists xG(x)$

$\Leftrightarrow\forall xF(x)\land\forall x\neg G(x)$ 否定深入谓词前

$\Leftrightarrow\forall x(F(x)\land\neg G(x))$ 量词分配等价式

证明 2 $\quad\forall xF(x)\land\neg\exists xG(x)$

$\Leftrightarrow\forall xF(x)\land\forall x\neg G(x)$ 否定深入

$\Leftrightarrow\forall xF(x)\land\forall y\neg G(y)$ 约束变元改名

$\Leftrightarrow\forall x\forall y(F(x)\land\neg G(y))$ 量词作用域扩张

由本例可知确定谓词公式的前束范式不一定唯一。

(2) **证明** $\quad\forall xF(x)\lor\neg\exists xG(x)$

$\Leftrightarrow\forall xF(x)\lor\forall x\neg G(x)$ 否定深入

$\Leftrightarrow\forall xF(x)\lor\forall y\neg G(y)$ 约束变元改名

$\Leftrightarrow\forall x\forall y(F(x)\lor\neg G(y))$ 量词作用域扩张

本例求前束范式只有这一种方法，因为不存在全称量词对析取的分配等价式。

定义 2.14 谓词的主析取范式和主合取范式。

(1) 不含量词：利用命题范式的求法；

(2) 含量词：转换为前束范式再求。

2.4 谓词演算的推理理论

因为谓词逻辑是对命题逻辑的细化和推广，所以谓词演算推理可以看作是命题演算推理的推广，即命题演算的推理方法、推理规则，如直接证明、反证法和 CP 规则、P 规则、T 规则、命题等价式等都可以在谓词演算推理中使用。由此可知，若谓词不含量词则可直接利用命题的推理方法和推理规则进行谓词推理。但是，如果谓词含有量词，则不能完全等价照搬命题的推理方法和规则。解决如下：按照 $\forall$ 和 $\exists$ 所代表的自然语义，在谓词推理过程中，增加量词的加冕规则。即推理开始或过程中按照需要把这些量词消去，结论如果需要则添加量词的规则，量词加冕规则如表 2.2 所示，设 D 为客体域。

表 2.2 量词加冕规则

US(全称指定)	UG(全称推广)	ES(存在指定)	EG(存在推广)
$\frac{\forall xP(x)}{P(a)},\forall a\in D$	$\frac{P(a)}{\forall xP(x)},\forall a\in D$	$\frac{\exists xP(x)}{P(a)},\exists a\in D$	$\frac{P(a)}{\exists xP(x)},\exists a\in D$

【注】 在 US 中，因为 x 具有任意性，故 a 也具有任意性；同理，在 UG 中，a 和 x 都具有任意性；在 ES 和 EG 中，x 和 a 不具有任意性，指某些或有一些。

对命题演算的形式化推理系统进行拓展得到谓词演算的推理形式化系统模型，即

(1) 字符表：命题变元、客体常元、客体变元、谓词符号、量词、常用的联结词、括号；

(2) 谓词公式；

(3) 基本等价式、永真蕴含式；

(4) P 规则、T 规则、量词加冕规则；

(5) 谓词推理方法：直接使用命题推理方法，即直接证明、反证法、CP 规则。

例 2.13 对于下列谓词推理，判断错误的原因。

1. (1) $\forall xP(x)\to S(x)$ P

(2) $P(a)\to S(a)$ US(1)

解 该题 x 是约束变元又是自由变元，$\forall x$ 作用域为 $P(x)$ 而不是 $P(x)\to S(x)$，应该 $P(a)\to S(x)$，正确推理如下：

(1) $\forall xP(x)\to S(x)$ P

(2) $P(a)\to S(x)$ US(1)

2. (1) $P(a)\to S(b)$ P

(2) $\exists x(P(x)\to S(x))$ US(1)

解 该题客体 a 和 b 不同，不能一次使用 EG 规则，作用域扩张等价式应该是以 $\wedge$ 或 $\vee$ 形式引入，并且不含约束变元的谓词，所以 $P(a)\to S(b)$ 等价转换为 $\neg P(a)\vee S(b)$，正确推理如下：

(1) $P(a)\to S(b)$ P

(2) $\neg P(a)\vee S(b)$ T(1)E

(3) $\exists x(\neg P(x)\vee S(b))$ EG(2)

(4) $\exists x\exists y(\neg P(x)\vee S(y))$ EG(3)

(5) $\exists x\exists y(P(x)\to S(y))$ T(4)E

3. (1) $P(x)\to S(c)$ P

(2) $\exists x(P(x)\to S(x))$ EG(1)

解 对客体 c 使用 EG 规则，引入的约束变元不应该和自由变元 x 重名，正确推理如下，(2)和(3)是为了使用谓词作用域扩张等价式。

(1) $P(x)\to S(c)$ P

(2) $\neg P(x)\vee S(c)$ T(1)E

(3) $\exists y(\neg P(x)\vee S(y))$ EG(2)

(4) $\exists y(P(x)\to S(y))$ T(3) E

4. (1) $\forall x(P(x)\to S(x))$ P

(2) $P(a)\to S(b)$ US(1)

解 使用 US 规则，对其作用域中其所约束变元的所有出现都用相同客体替换，$\forall x$ 作用域为 $P(x)\to S(x)$。

(1) $\forall x(P(x)\to S(x))$ P

(2) $P(a)\to S(a)$ US(1)

5. $\forall x(M(x)\rightarrow P(x)),\exists xM(x)\Rightarrow M(a)$。

(1) $\forall x(M(x)\rightarrow P(x))$　　P

(2) $M(a)\rightarrow P(a)$　　US(1)

(3) $\exists xM(x)$　　P

(4) $M(a)$　　ES(3)

解　错误之处,(2)中 a 具有任意性,指的是客体域中任何客体都成立,(4)中去存在量词代入的客体不应该是客体域中任何客体,所以用 a 不合适。正确如下:

(1) $\forall x(M(x)\rightarrow P(x))$　　P

(2) $M(a)\rightarrow P(a)$　　US(1)

(3) $\exists xM(x)$　　P

(4) $M(b)$　　ES(3)

【注】　一般谓词推理过程中,正常量词加冕顺序是:应该先去∃,代入客体常元,设代入的客体常元为 a,a 指的是客体域中某一些客体,然后再去∀,∀对客体域中所有客体都成立,对客体域中某一些客体 a 肯定成立,正确如下:

(1) $\exists xM(x)$　　P

(2) $M(a)$　　ES(1)

(3) $\forall x(M(x)\rightarrow P(x))$　　P

(4) $M(a)\rightarrow P(a)$　　US(3)

6. $\exists xF(x),\exists xM(x),\forall x(M(x)\rightarrow P(x))\Rightarrow\exists x(P(x)\wedge F(x))$。

(1) $\exists xF(x)$　　P

(2) $F(a)$　　ES(1)

(3) $\exists xM(x)$　　P

(4) $M(a)$　　ES(3)

(5) $\forall x(M(x)\rightarrow P(x))$　　P

(6) $M(a)\rightarrow P(a)$　　US(5)

(7) $P(a)$　　T(4)(6)I

(8) $P(a)\wedge F(a)$　　T(7)(2)I

(9) $\exists x(P(x)\wedge F(x))$　　EG(8)

解　错误之处,去 ES,在(2)和(4)代入的客体是客体域中某些客体,即两次去 ES 规则引入的客体未必相同,所以都用 a 转换不合适。

(1) $\exists xF(x)$　　P

(2) $F(a)$　　ES(1)

(3) $\exists xM(x)$　　P

(4) $M(b)$　　ES(3)

【总结】　谓词符号推理中,若前提有两个以上 ES 规则,去 ES 规则引入的客体常元应该用不同的符号转换。

例 2.14　证明下列谓词推理。

1. 苏格拉底三段论,谓词推理过程。

设 $M(x)$:x 是人;$P(x)$:x 会死的;a:苏格拉底。

$\forall x(M(x)\to P(x));M(a)\Rightarrow P(a)$。

(1) $M(a)$	P
(2) $\forall x(M(x)\to P(x))$	P
(3) $M(a)\to P(a)$	US(2)
(4) $P(a)$	T(1)(3)I

2. $\forall x(M(x)\to P(x)),\exists xM(x)\Rightarrow\exists xP(x)$。

(1) $\exists xM(x)$	P
(2) $M(a)$	ES(1)
(3) $\forall x(M(x)\to P(x))$	P
(4) $M(a)\to P(a)$	US(3)
(5) $P(a)$	T(2)(4)I
(6) $\exists xP(x)$	EG(5)

3. $\forall x(P(x)\to(Q(y)\wedge R(x))),\exists xP(x)\Rightarrow Q(y)\wedge\exists x(P(x)\wedge R(x))$。

(1) $\exists xP(x)$	P
(2) $P(a)$	ES(1)
(3) $\forall x(P(x)\to(Q(y)\wedge R(x)))$	P
(4) $P(a)\to(Q(y)\wedge R(a))$	US(3)
(5) $Q(y)\wedge R(a)$	T(2)(4)I
(6) $R(a)$	T(5)I
(7) $P(a)\wedge R(a)$	T(2)(6)I
(8) $\exists x(P(x)\wedge R(x))$	EG(7)
(9) $Q(y)$	T(5)I
(10) $Q(y)\wedge\exists x(P(x)\wedge R(x))$	T(8)(9)I

4. $\exists x(F(x)\wedge\forall y(G(y)\to L(x,y))),\forall x(F(x)\to\forall y(H(y)\to\neg L(x,y)))\Rightarrow\forall x(G(x)\to\neg H(x))$。

(1) $\exists x(F(x)\wedge\forall y(G(y)\to L(x,y)))$	P
(2) $F(a)\wedge\forall y(G(y)\to L(a,y))$	ES(1)
(3) $F(a)$	T(2)I
(4) $\forall x(F(x)\to\forall y(H(y)\to\neg L(x,y)))$	P
(5) $F(a)\to\forall y(H(y)\to\neg L(a,y))$	US(4)
(6) $\forall y(H(y)\to\neg L(a,y))$	T(3)(5)I
(7) $H(b)\to\neg L(a,b)$	US(6)
(8) $L(a,b)\to\neg H(b)$	T(7)E
(9) $\forall y(G(y)\to L(a,y))$	T(2)I
(10) $G(b)\to L(a,b)$	US(9)
(11) $G(b)\to\neg H(b)$	T(8)(10)I
(12) $\forall x(G(x)\to\neg H(x))$	UG(11)

【注】 因为结论中含有全称量词，所以在(7)，y 用 b 取代，而不是用 a 取代。

5. 每个学生不是努力的就是贪玩的，每一个学生如果努力都会取得好成绩，有些学生没取得好成绩,所以有些学生贪玩。

证明 1 设客体域集合为学生集合。

设置谓词,$M(x)$:x 是努力的;$P(x)$:x 是贪玩的;$D(x)$:x 会取得好成绩。

命题符号化,$\forall x\neg(M(x)\leftrightarrow P(x))$,$\forall x(M(x)\to D(x))$,$\exists x\neg D(x)\Rightarrow\exists xP(x)$。

(1) $\exists x\neg D(x)$	P
(2) $\neg D(a)$	ES(1)
(3) $\forall x(M(x)\to D(x))$	P
(4) $M(a)\to D(a)$	US(3)
(5) $\neg M(a)$	T(2)(4)I
(6) $\forall x\neg(M(x)\leftrightarrow P(x))$	P
(7) $\neg(M(a)\leftrightarrow P(a))$	US(6)
(8) $\neg M(a)\leftrightarrow P(a)$	T(7)E
(9) $\neg M(a)\to P(a)$	T(8)I
(10) $P(a)$	T(5)(9)I
(11) $\exists xP(x)$	UG(10)

证明 2 客体域用特性谓词表示,设 $A(x)$:x 是学生。

命题符号化,$\forall x(A(x)\to\neg(M(x)\leftrightarrow P(x)))$,$\forall x(A(x)\to(M(x)\to D(x)))$,$\exists x(A(x)\land\neg D(x))\Rightarrow\exists x(A(x)\land P(x))$。

(1) $\exists x(A(x)\land\neg D(x))$	P
(2) $A(a)\land\neg D(a)$	ES(1)
(3) $\forall x(A(x)\to(M(x)\to D(x)))$	P
(4) $A(a)\to(M(a)\to D(a))$	US(3)
(5) $A(a)$	T(2)I
(6) $M(a)\to D(a)$	T(4)(5)I
(7) $\neg D(a)$	T(2)I
(8) $\neg M(a)$	T(6)(7)I
(9) $\forall x(A(x)\to\neg(M(x)\leftrightarrow P(x)))$	P
(10) $A(a)\to\neg(M(a)\leftrightarrow P(a))$	US(9)
(11) $\neg(M(a)\leftrightarrow P(a))$	T(5)(10)I
(12) $\neg M(a)\leftrightarrow P(a)$	T(11)E
(13) $\neg M(a)\to P(a)$	T(12)I
(14) $P(a)$	T(8)(13)I
(15) $A(a)\land P(a)$	T(5)(14)
(16) $\exists x(A(x)\land P(x))$	EG(15)

6. 每个大学生不是文科生就是理工科学生,有的大学生是优等生,小张不是理工科学生,但他是优等生,因而如果小张是大学生,他就是文科学生。

证明 设置谓词,$S(x)$:x 是大学生;$W(x)$:x 是文科生;$P(x)$:x 是理工科学生;$R(x)$:x 是优等生,a=小张。

命题符号化,$\forall x(S(x)\to(W(x)\lor P(x)))$,$\exists x(S(x)\land R(x))$,$\neg P(a)\land R(a)\Rightarrow S(a)\to W(a)$。

(1) $S(a)$　　P(附加前提)
(2) $\forall x(S(x)\rightarrow(W(x)\vee P(x)))$　　P
(3) $S(a)\rightarrow(W(a)\vee P(a))$　　US(2)
(4) $W(a)\vee P(a)$　　T(1)(3)I
(5) $\neg P(a)\rightarrow W(a)$　　T(4)E
(6) $\neg P(a)\wedge R(a)$　　P
(7) $\neg P(a)$　　T(6)I
(8) $W(a)$　　T(5)(7)I
(9) $S(a)\rightarrow W(a)$　　CP

7. 每位旅客坐头等舱或者坐二等舱,每位旅客坐头等舱当且仅当他很富裕,有些旅客富裕,但并非所有旅客都富裕。因此,有些旅客坐二等舱。

证明　设置谓词

设 $P(x)$：x 是旅客；$Q(x)$：x 坐头等舱；$R(x)$：x 坐二等舱；$S(x)$：x 是富裕的。

命题符号化,$\forall x(P(x)\rightarrow(Q(x)\vee R(x)))$,$\forall x(P(x)\rightarrow(Q(x)\leftrightarrow S(x)))$,$\exists x(P(x)\wedge S(x))$,$\neg\forall x(P(x)\rightarrow S(x))\Rightarrow\exists x(P(x)\wedge R(x))$。

(1) $\neg\forall x(P(x)\rightarrow S(x))$　　P
(2) $\exists x(P(x)\wedge\neg S(x))$　　T(1)E
(3) $P(a)\wedge\neg S(a)$　　ES(2)
(4) $P(a)$　　T(3)I
(5) $\forall x(P(x)\rightarrow(Q(x)\vee R(x)))$　　P
(6) $P(a)\rightarrow(Q(a)\vee R(a))$　　US(5)
(7) $Q(a)\vee R(a)$　　T(4)(6)I
(8) $\neg Q(a)\rightarrow R(a)$　　T(7)E
(9) $\forall x(P(x)\rightarrow(Q(x)\leftrightarrow S(x)))$　　P
(10) $P(a)\rightarrow(Q(a)\leftrightarrow S(a))$　　US(9)
(11) $Q(a)\leftrightarrow S(a)$　　T(4)(10)I
(12) $Q(a)\rightarrow S(a)$　　T(11)I
(13) $\neg S(a)\rightarrow\neg Q(a)$　　T(12)E
(14) $\neg S(a)\rightarrow R(a)$　　T(13)(8)I
(15) $\neg S(a)$　　T(3)I
(16) $R(a)$　　T(14)(15)I
(17) $P(a)\wedge R(a)$　　T(4)(16)I
(18) $\exists x(P(x)\wedge R(x))$　　EG(17)

本部分内容微课视频二维码如下所示：

谓词逻辑推理

2.5 谓词应用

2.5.1 谓词在集合定义上的应用

集合论是现代各科数学的理论基础，将在下一章讲述集合的相关定义和集合的基本运算，这里举一些集合运算的谓词定义例子。

(1) 子集定义：设 A 和 B 是任意两个集合，如果 A 中的每一个元素都是 B 的成员，则称 A 是 B 的子集，或 A 包含在 B 内，记为 $A\subseteq B$。子集的谓词表示为 $A\subseteq B\Leftrightarrow\forall x(x\in A\rightarrow x\in B)$。

(2) 真子集：设 A 和 B 是任意两个集合，如果 A 中的每一个元素都是 B 的元素，并且集合 B 中至少存在一个元素不属于 A，则称 A 为 B 的真子集，记为 $A\subset B$。真子集的谓词表示为 $A\subset B\Leftrightarrow\forall x(x\in A\rightarrow x\in B)\wedge(\exists x)(x\in B\wedge x\notin A)$。

(3) 空集：不包含任何元素的集合是空集，记为 $\varnothing$。空集的谓词表示为 $\varnothing=\{x\mid P(x)\wedge\neg P(x)\}$，$P(x)$是任意谓词。

(4) 全集：在一定范围内，如果所有集合均为某一集合的子集，则称该集合为全集，记为 E；对于 $\forall x\in A$ 因 $A\subseteq E$ 故 $x\in E$ 即 $\forall x(x\in E)$恒真，全集的谓词表示为 $E=\{P(x)\vee\neg P(x)\}$，$P(x)$是任意谓词。

2.5.2 谓词逻辑在逻辑程序设计语言中的应用

谓词逻辑是逻辑程序设计语言的理论基础，PROLOG 属于逻辑程序设计语言，其理论基础是一阶谓词逻辑。

因为假设定理的引入，所以使得由公理系统中的公理和推理规则出发而求定理的过程变得非常简单。从而人们进一步猜想，是否存在固定的算法可以证明谓词逻辑中的任何公理系统的任何定理的正确性，然后将这种算法用计算机实现，则谓词演算中的定理就可以用计算机证明，实现定理的自动证明。此种猜想在 1965 年由美国数理逻辑学家罗宾逊(Robinson)给出了证明，得到一个“半可判定”算法。即在谓词演算中存在一种算法，只要公式是恒真的，就能用这种算法推出，他使用的算法叫归结原理。归结原理的出现，被认为是自动推理，是定理证明领域的重大突破。从理论上解决了定理证明问题。在上述研究成果的基础上，法国马赛大学的考尔麦劳厄(A. Colmerauer)设计了一种逻辑程序设计语言 PROLOG，并且在计算机上得以实现。其对现实问题求解过程理论模型如下：

现实世界⇒谓词逻辑表示⇒PROLOG 程序⇒计算机实现

如果现实世界中的问题能用谓词逻辑公理系统表示，那么就可以写成 PROLOG 程序在计算机上实现。因此，现实世界中很多逻辑问题可以通过这种方式用计算机求解实现。

2.5.3 谓词在关系数据库中的应用

一张二维表可表示一个 n 元有序组集合，一个集合可用一个特性谓词刻画，故一张二维表可用一个特性谓词刻画，如表 2.3 所示。

表 2.3 谓词示例表

x	y
1	1
2	2
3	3

如，$F(x,y)=(x=y)\wedge \mathbf{N}_{+}(x)$，$\mathbf{N}_{+}(x)$为正的自然数集合。

在关系数据库中的数据子语言基本操作插入、删除和修改，相当于集合的并与差运算，而在谓词逻辑这章“并”相当于联结词“或者”，“交”运算相当于联结词“并且”，修改是由插入和删除组合完成。即关系数据库中的数据子语言基本操作可由谓词刻画，因此可由谓词公式研究数据子语言，也可由谓词公式对数据子语言进行优化。由于关系代数、谓词逻辑和数据库建立了联系，使关系数据库建立在牢固的数学基础上，使得关系数据库在近期得到很大发展。

2.5.4 谓词逻辑在知识中的应用

谓词逻辑是以命题逻辑为基础，对命题逻辑进行细分且拓展的高级逻辑命题。它是高度形式化的语言，具有严密的理论体系，谓词逻辑也是一种常用的知识表示方法。

一阶谓词表示客体的性质或者属性，二阶谓词表示两个客体之间的关系或者联系。谓词逻辑是人工智能产生和发展的最重要理论基础。谓词逻辑在人工智能中应用主要是消解原理与知识表示两个方面。知识是人工智能的基础，为了实现人工智能，首先必须对知识进行准确的表示，利用谓词逻辑形式语言进行知识表示，可以利用谓词逻辑描述各种命题语句，能够有效地存储和处理。谓词演算中可用来建立自动定理证明系统、基于规则的演绎系统等。

在人工智能中，求解问题的基本就是掌握与其相关的知识，将已有的知识利用计算机代码的形式进行描述与存储，并对其进行利用的过程就是知识表示。在应用谓词逻辑进行知识表示的过程中，使用谓词逻辑来表示自然语言必须经历三个步骤：首先，将一个基础的命题分解为两个部分，主语和谓语，即客体和谓词，客体即主语，应用 x、y、z 等表示客体变元，用 P、Q、R 表示谓词，用 a、b、c 表示客体常元。其次，在基础命题中寻找量词，量词一共两个，用 $\exists$ 来表示某些、有些的自然语义，即存在量词，利用 $\forall$ 来表示所有、每一个、全部的、任意的自然语义，即全称量词。最后，使用常见逻辑联结词符号 $\neg$，$\wedge$，$\vee$，$\rightarrow$，$\leftrightarrow$对命题进行知识形式化表示。

如，City(北京)，City(上海)，Age(张三，23)。

$(\forall x)(\forall y)(\forall z)(\text{Father}(x,y)\wedge \text{Father}(y,z)\rightarrow \text{Grandfather}(x,z))$

再例如，如果应用谓词逻辑来表述“天下乌鸦一般黑”这个命题，具体的方法如下：首先，要定义一只“乌鸦”，CROW(x)：x 是一只乌鸦。其次，要表明乌鸦是黑色的，COLOR(x，black)：x 是黑色的，black 则是常项。最后，将 x 定义为代表“所有的 x”，并用联结词表示谓词间的蕴含关系，也就是“如果 x 是只乌鸦，其颜色就是黑的”。因此，“天下乌鸦一般黑”这句话可以利用谓词公式表示：$\forall x(\text{CROW}(x)\rightarrow \text{COLOR}(x,\text{black}))$。

应用谓词逻辑进行知识表示的过程，就是形式化的表现知识的过程，将其合理有效地存储到计算机中，可方便计算机扩充知识库。但是对于不确定性的问题不能直接推理，所以有局限性。因此，对于人工智能知识表示，需要更多人研究其中的模糊逻辑、直觉逻辑等，改进谓词逻辑在知识表示中的问题，提高知识表示效率。

2.6 本章小结

本章是在命题逻辑基础之上进行展开的，是对命题逻辑的细化深化，是对命题逻辑的扩充和发展，谓词逻辑比命题逻辑功能更强。本章的章节内容按照命题逻辑的章节内容顺序展开。自然语言谓词符号化要注意特性谓词的引入方式，在全称量词里特性谓词以条件前项形式引入，在存在量词里特性谓词以合取形式引入；在进行谓词推理时，注意先去存在量词再去全称量词。

2.7 习题

一、填空题

1. 设谓词 $P(x)$：$x>2$；$Q(x)$：$x<2, x\in\{1,2,3\}$。下列谓词公式计算真值分别是

(1) $\forall x(\neg P(x)\vee Q(x))$(　　)；

(2) $\forall x(\neg P(x)\vee \neg Q(x))$(　　)；

(3) $\forall x\neg P(x)$(　　)。

2. 设客体域为 $A=\{a,b\}$，消去公式中的量词，则 $(\forall x)P(x)\wedge(\exists x)Q(x)\Leftrightarrow$(　　)。

3. 谓词公式 $(\forall x)(P(x)\vee(\exists y)R(y))\rightarrow Q(x)$ 中 $\forall x$ 的辖域是(　　)。

4. 已知谓词公式为 $\forall x(\neg P(x)\vee\neg\exists yQ(x,y))\wedge(Q(y)\rightarrow\forall zQ(x,z))$，则其约束变元 x 辖域内 x 出现的次数为(　　)，在该谓词公式中，自由变元的个数为(　　)，分别是(　　)。

5. 前束范式。

(1) 谓词公式 $\forall xP(x)\vee\neg\exists xQ(x)$ 的前束范式是(　　　　　　　　　　)。

(2) 谓词公式 $\forall xP(x)\wedge\neg\exists yQ(y)$ 的前束范式是(　　　　　　　　　　)。

6. $A\subseteq B$ 的等价谓词定义描述是(　　　　　　)。

7. 已知谓词公式为 $(\forall x)(M(x)\rightarrow\exists(y)(P(y)\wedge R(x,y)))\wedge M(x,z)$，$\forall x$ 作用域为(　　　　　　)。

8. 已知谓词公式为 $((\forall x)M(x)\wedge\exists(x)\exists(y)P(x,y))\rightarrow(\forall x)M(x)$，则其真值为(　　　　　　)。

二、解答题

1. 自然语言符号化。

(1) 张三是大学生；

(2) 张三和李四是大学生；

(3) 所有人都喜欢看电影；

(4) 并不是所有人都喜欢看电影；

(5) 有些人上课讲话；

(6) 有些人上课不讲话；

(7) 没有人上课讲话；

(8) 所有人都不愿意死亡；

(9) 有些学生喜欢某些明星；

(10) 有些学生喜欢所有明星；

(11) 所有男生喜欢某些女生；

(12) 所有人都喜欢所有美食；

(13) 存在唯一一个自然数 x，满足 $2x+5=7$。

2. 谓词等价式。

设客体域 $D=\{1,2\}$，$a=1$，$b=2$，$f(1)=2$，$f(2)=1$，谓词真值如表 2.4 所示。

表 2.4 解答题题 2 的谓词真值表

$P(1,1)$	$P(1,2)$	$P(2,1)$	$P(2,2)$	$Q(1)$	$Q(2)$
1	1	0	0	1	0

求以下谓词公式的真值。

(1) $(\forall x)(\neg P(x,f(x))\rightarrow Q(x))$；

(2) $(\exists x)(\neg P(x,f(x))\wedge Q(x))$。

3. 谓词推理。

(1) $(\exists x)R(x)$，$(\forall x)P(x)$，$(\forall x)(\neg R(x)\vee M(x))\Rightarrow(\exists x)(P(x)\wedge M(x))$。

(2) $(\forall x)(\neg R(x)\rightarrow Q(x))$，$(\forall x)(\neg R(x)\vee M(x))$，$(\exists x)(\neg Q(x)\wedge P(x))\Rightarrow(\exists x)(P(x)\wedge M(x))$。

(3) $(\forall x)(\neg R(x)\rightarrow Q(x))$，$(\forall x)(\neg R(x)\vee M(x))$，$(\exists x)(\neg Q(x)\wedge P(x))$，$(\exists x)\neg Q(x)\Rightarrow(\exists x)(P(x)\wedge M(x))$。

(4) 任何人如果他喜欢音乐，他就不喜欢体育；每个人或者喜欢体育，或者喜欢美术；有的人不喜欢美术，因此有的人不喜欢音乐。

(5) 每个科学工作者都是刻苦钻研的，每个刻苦钻研而又聪明的人在他的事业中都将获得成功，王大海是科学工作者，并且他是聪明的，所以王大海在他的事业中将获得成功。

(6) 所有有理数都是实数，某些有理数是整数，因此某些实数是整数。

(7) 任何人如果他喜欢步行，他就不喜欢乘汽车，每一个人或者喜欢乘汽车或者喜欢骑自行车，有的人不爱骑自行车，因此有的人不爱步行。

(8) 没有不守信用的人是可以信赖的，有些可以信赖的人是受过教育的。因此，有些受过教育的人是守信用的。

第一篇知识结构总结

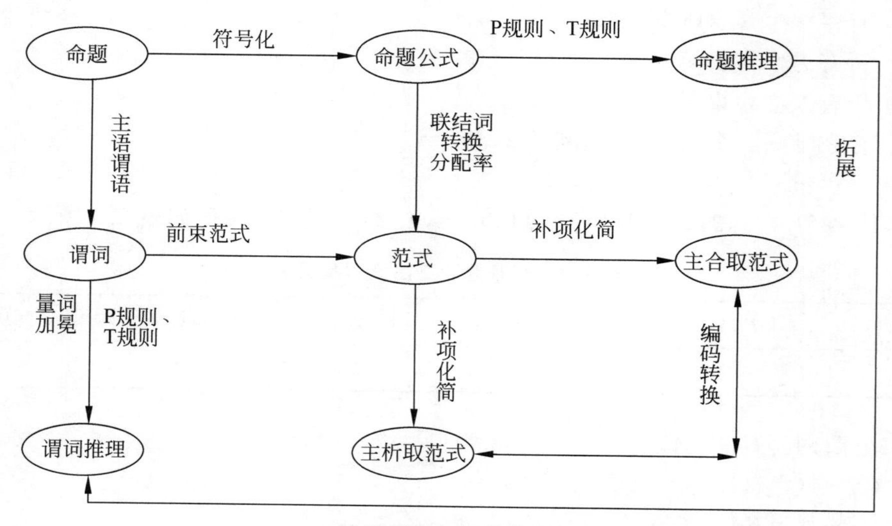

数理逻辑知识结构图

第二篇

集 合 论

集合论是现代数学的基础，它的起源可以追溯到16世纪末期，人们追寻微积分的坚实基础，进行有关数集的研究。直到19世纪末，德国数学家格奥尔格·康托尔(G. Cantor，1845—1918)发表了一系列有关集合论的文章，奠定了集合论的深厚基础，为现代数学的发展打下了坚实的基础，后人称康托尔是集合论创始者。

康托尔在寻找函数展开为三角级数的研究中开始无穷集合的理论研究，给出了集合的定义、交和并运算、元素和集合的属于关系、有限集合元素个数拓广到无限集合、以集合元素的一一对应为准则，提出了集合等价概念(等势)，并提出了"连续性"问题、超限基数定义等。

在集合乘积运算(笛卡儿积)基础上定义关系是一种特殊集合，数学上的关系是为描述事物的单值或多值依赖提供了一种强有力的数学工具。如映射就是描述了两个集合元素之间的某种特殊对应关系；关系在群决策、模糊数学、计算机科学中有广泛的应用背景；在有限自动机理论、形式语言、编译程序设计、信息检索、数据结构、算法分析和数据库等方面起着重要作用。

本篇主要介绍集合论的基本内容：集合与关系、特殊关系。目的是让读者了解集合论的基本理论知识、基本思想、基本方法，并希望读者能利用集合论基本知识和方法去解决实际问题。

第3章 CHAPTER 3 集合与关系

本章主要介绍子集和集合运算的谓词定义、有限集合的基数、集合之间乘积运算——笛卡儿积，在笛卡儿积基础上定义关系，关系的表示方法、性质和运算(逆运算、复合运算、闭包运算)、集合的证明(利用集合定义证明、集合运算性质证明)。本章难点是集合的证明，本章内容是特殊关系的理论基础。

集合是一个不能精确定义的概念，一般来说，把具有共同性质和属性的一些东西汇集成一个整体，就形成一个集合。如教室的同学和老师，教室的桌椅，食堂的食物，图书馆的藏书，商场的商品，自然数的全体等，均可以构成一个集合。集合通常用大写字母表示，集合类型分为有限集合和无限集合，无限集合分为可数集与不可数集。集合表示方法有列举法(把集合元素一一列举出来)、描述法(描述集合元素之间关系)和图示法等。元素和集合之间是属于和不属于的关系，如 $\forall a$ 与集合 A 关系：$a\in A$ 不可兼或 $a\notin A$。它和数组对元素的要求不同，集合要求元素互异，而数组中的元素可以相同，也可以不同。

例 3.1 是否存在集合，是某集合子集同时又是该集合的元素？

解 存在。

(1) 设有集合：$\{1,2\}\subseteq\{\{1,2\},1,2\}$，$\{1,2\}\in\{\{1,2\},1,2\}$。

(2) $\varnothing\subseteq\{\varnothing\}$，同时又有 $\varnothing\in\{\varnothing\}$。

3.1 子集与全集

从集合包含关系来分类，集合可以分为子集、真子集和全集，现在用谓词给它们做出定义，在讲子集定义之前，首先引出有限集合基数的概念。

定义 3.1 有限集合的基数。

集合包含元素的个数称为集合的基数，有限集合包含的元素个数称为有限集合的基数，设集合 A，则集合 A 的基数符号表示为 $|A|$ 或 $K[A]$。

这个定义特指有限集合基数，因为无限集合基数很难用确定数值表示。可以用基数来描述集合大小，$|\varnothing|=0$，$|\{\{1,2\},1,2\}|=3$，有专门的无限集合基数表示符号和其特定的意

义,4.5节会介绍。

定理 3.1 包含排斥原理。

设 A_1 和 A_2 为有限集合,其基数分别为 $|A_1|$,$|A_2|$,则

$$|A_1 \cup A_2| = |A_1| + |A_2| - |A_1 \cap A_2| \tag{3-1}$$

证明 (1) 若 $A_1 \cap A_2 = \varnothing$,则 $|A_1 \cap A_2| = 0$,即 $|A_1 \cup A_2| = |A_1| + |A_2|$;

(2) 若 $A_1 \cap A_2 \neq \varnothing$,则

$$A_1 \cup A_2 = A_1 \cup (A_2 - A_1), A_1 \cap (A_2 - A_1) = \varnothing \tag{3-2}$$

$$A_2 = (A_1 \cap A_2) \cup (A_2 - A_1), (A_1 \cap A_2) \supset (A_2 - A_1) = \varnothing \tag{3-3}$$

由式(3-2)得 $|A_1 \cup A_2| = |A_1| + |A_2 - A_1|$; (3-4)

由式(3-3)得 $|A_2| = |A_1 \cap A_2| + |A_2 - A_1|$; (3-5)

由式(3-5)得 $|A_2 - A_1| = |A_2| - |A_1 \cap A_2|$,代入式(3-4),得到式(3-1)。

这个定理可以扩张到 n 个有限集合的情形。

包含排斥原理扩张:

设 $A_1, A_2, \cdots, A_n$ 为有限集合,其元素个数分别为 $|A_1|$,$|A_2|$,$\cdots$,$|A_n|$,则

$$\begin{aligned}&|A_1 \cup A_2 \cup \cdots \cup A_n| \\ =&\left|\sum_{i=1}^{n} A_i\right| - \sum_{1 \leqslant i < j \leqslant n} |A_i \cap A_j| + \sum_{1 \leqslant i < j < l \leqslant n} |A_i \cap A_l \cap A_1| + \cdots + \\ &(-1)^{n+1} |A_1 \cap A_2 \cap \cdots \cap A_n|\end{aligned}$$

可以用数学归纳法证明,证明过程略。

包含排斥原理应用于集合基数问题,具体步骤如下:

(1) 根据已知条件画对应的文氏图。一般情况下,每一个性质决定一个集合。有多少个性质,就有多少个集合,如果没有特殊说明,任何两个集合都画成相交形式。

(2) 将已知集合的元素个数填入表示该集合的区域内,一般从几个集合的交集填起,根据计算的结果将数字逐步填入所有的空白区域。如果交集的数字是未知的,则可以设为 x。

(3) 列方程求所需要的结果。

例 3.2 用文氏图方法求解下面集合基数问题。假设120名剧院观众中,100名会英语、法语、德语中的一种语言,会英语的65人,会法语的42人,会德语的45人,会英语和法语的25人,会英语和德语的20人,会德语和法语的15人。要求在图3.1(b)的文氏图的8个区域填上准确的观众人数,其中 E、F、G 分别表示会英语、法语、德语的观众集合。

(1) 求三种语言都会的观众人数;

(2) 只会英语和法语的观众人数,只会英语和德语的观众人数,只会德语和法语的观众人数;

(3) 只会一种语言的观众人数;

(4) 恰好会两种语言的观众人数;

(5) 三种语言都不会的观众人数。

解 按照包含排斥原理应用于集合基数问题的步骤,画集合文氏图如图3.1(a)所示,区域人数填写见图3.1(b),区域人数求解过程如下:

(1) 设 E 为会英语观众集合,F 为会法语观众集合,G 为会德语观众集合。因为100名观众至少会英语、法语、德语中的一种语言,所以 $|E \cup F \cup G| = 100$。

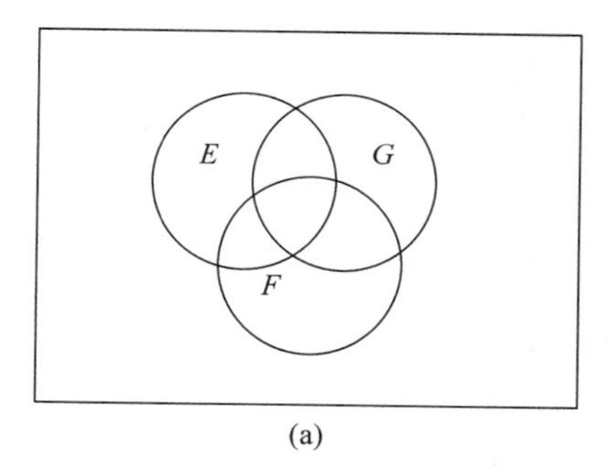

(a)

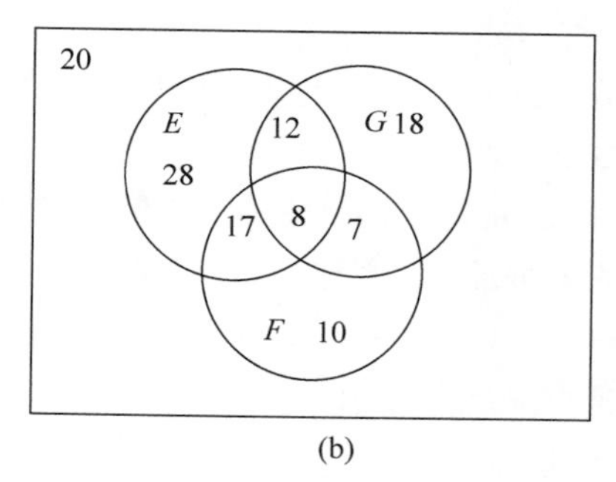

(b)

图 3.1　例 3.2 的文氏图求解过程

根据包含排斥原理：

$|E\cup F\cup G|=|E|+|F|+|G|-|E\cap F|-|E\cap G|-|F\cap G|+|E\cap F\cap G|$

$100=65+42+45-25-20-15+|E\cap F\cap G|$

$|E\cap F\cap G|=8$

即 8 名观众所有语言都会。

(2) 求解过程如下：

$|(E\cap F)-(E\cap F\cap G)|=25-8=17$，即 17 名观众会英语和法语，但不会德语；

$|(E\cap G)-(E\cap F\cap G)|=20-8=12$，即 12 名观众会英语和德语，但不会法语；

$|(F\cap G)-(E\cap F\cap G)|=15-8=7$，即 7 名观众会德语和法语，但不会英语。

(3) $65-12-8-17=28$，即 28 名观众只会英语；

$42-17-8-7=10$，即 10 名观众只会法语；

$45-12-8-7=18$，即 18 名观众只会德语；

只会一种语言观众人数为 $28+10+18=56$。

(4) 恰好会两种语言的观众人数为 $12+17+7=36$。

(5) 观众总人数为 120，$|E\cup F\cup G|=100$，$120-100=20$，即 20 名观众不会这三种语言中的任何一种。

定义 3.2　子集。

设 A 和 B 是任意两个集合，如果 A 中的每一个元素都是 B 的成员，则称 A 是 B 的子集，或 A 包含在 B 内，记为 $A\subseteq B$，子集谓词定义如下：

$$A\subseteq B\Leftrightarrow \forall x(x\in A\rightarrow x\in B)$$

子集谓词定义很重要，以后经常利用该定义做集合子集的证明。由定义可得集合子集性质如下：

(1) $A\subseteq A$　　自反性；

(2) $(A\subseteq B)\wedge(B\subseteq C)\Rightarrow A\subseteq C$　　传递性；

(3) $(A\subseteq B)\wedge(B\subseteq A)\Leftrightarrow A=B$　　反对称性。

其中，自反性、传递性和反对称性在 3.3.3 节会介绍。

性质(3)，集合子集包含关系的反对称性经常作为证明两个集合相等的一种方法。

设集合 $A=\{a\}$，则集合 A 子集为 $\varnothing$，A；

设集合 $A=\{a,b\}$，则集合 A 子集为 $\varnothing$，$\{a\}$，$\{b\}$，A；

设 $A=\{a,b,c\}$，则集合 A 子集为 $\varnothing$，$\{a\}$，$\{b\}$，$\{c\}$，$\{a,b\}$，$\{a,c\}$，$\{b,c\}$，A；

若集合 $|A|=n$，以此类推，可得 A 不同的子集个数为 2^n。

定义 3.3 真子集。

设 A 和 B 是任意两个集合，如果 A 中的任意一个元素都属于 B，并且集合 B 中至少存在一个元素不属于 A，则称 A 为 B 的真子集。记作 $A\subset B$，其谓词定义如下：

$$A\subset B \Leftrightarrow \forall x(x\in A\rightarrow x\in B)\wedge \exists x(x\in B\wedge x\notin A)$$

整数集合是实数集合真子集。

定义 3.4 空集。

不包含任何元素的集合是空集，符号为 $\varnothing$。其谓词定义如下：

$$\varnothing=\{x\mid P(x)\wedge\neg P(x)\}，P(x)\text{是任意谓词}$$

空集是任何集合的子集，是任何非空集合的真子集。设有任意集合 A，如果 $A=\varnothing$，则 $\varnothing\subseteq\varnothing$（自反性），如果 $A\neq\varnothing$，则 $\varnothing\subset A$。

定义 3.5 全集。

在一定范围内，若所有集合均为某一集合的子集，则称该集合为全集，记作 E；对于 $\forall x\in A$，因 $A\subseteq E$，故 $x\in E$，即 $\forall x(x\in E)$ 恒真，其谓词定义如下：

$$E=\{P(x)\vee\neg P(x)\}，P(x)\text{是任意谓词}$$

定义 3.6 平凡子集。

对于任何非空集合 A，至少有两个不同的子集 A 和 $\varnothing$，即 $A\subseteq A$，$\varnothing\subseteq A$，称 A 和 $\varnothing$ 是非空集合 A 的平凡子集。

定义 3.7 幂集。

设有集合 A，以集合 A 的所有子集为元素构成的集合称为集合 A 的幂集，记为 $P(A)$。

例 3.3 设 $A=\{a,b,c\}$，则 $P(A)=\{\varnothing,\{a\},\{b\},\{c\},\{a,b\},\{a,c\},\{b,c\},\{a,b,c\}\}$，求 $|P(A)|$。

解 设有限集合 A 的基数为 n，则 $P(A)$ 的基数为 2^n，记作

$$|A|=n，\text{则 } |P(A)|=2^n$$

【注】 因为集合可以无限幂集下去，所以无最大的集合。

定义 3.8 幂集的编码。

设 $|A|=n$，其中 $A=\{a_0,a_1,a_2,\cdots,a_{n-1}\}$，对 $\forall A_i\subseteq A$，$i\in\{0,1,\cdots,2^n-1\}$，对 A_i 中的 i 进行编码，编码规定如下：把 i 转为 n 位的二进制数，不足 n 位长度的前面加 0，若编码中第 k 位二进制取值为 1，则 $a_k\in A_i$，否则，$a_k\notin A_i$，故由集合 A 的子集可以求得其对应的编码 i。反之，已知子集编码可以求得对应的子集。

例 3.4 设 $A=\{a,b,c\}$，求 A_2，A_6，A_0。

解 $A_2=\{b\}$，$A_6=\{a,b\}$，$A_0=\varnothing$。

本部分内容微课视频二维码如下所示：

集合幂集定义

3.2 集合的运算

集合的运算，就是以给定的集合为对象，按照集合运算的定义规则得到另外一些集合，这里介绍五种常见集合运算的谓词定义。

定义 3.9 集合的交运算。

设任意给定集合 A 和 B，令集合 A 和 B 的所有共同元素组成的集合为 S，则称 S 为集合 A 和 B 的交集，记作 $S=A\cap B$，其谓词定义如下：

$$S=A\cap B=\{x\mid(x\in A)\wedge(x\in B)\}$$

交运算的性质：

(1) $A\cap A=A$；

(2) $A\cap\varnothing=\varnothing$；

(3) $A\cap E=A$；

(4) $A\cap B=B\cap A$；

(5) $(A\cap B)\cap C=A\cap(B\cap C)$；

(6) $A_1\cap A_2\cap\cdots\cap A_n=\bigcap_{i=1}^{n}A_i$。

例 3.5 设 $A\subseteq B$，证明 $A\cap C\subseteq B\cap C$。

证明 设 $\forall x\in A\cap C$，则 $\forall x\in A$ 且 $x\in C$，因为 $A\subseteq B$，所以 $\forall x\in A$，则 $\forall x\in B$，故 $x\in B\wedge x\in C$，即 $x\in B\cap C$，所以 $A\cap C\subseteq B\cap C$。

【注】 此题是按照集合子集的谓词定义做证明，即设 $\forall x\in A\cap C$，求出 $\forall x\in B\cap C$，得证。

定义 3.10 集合的并运算。

设任意给定集合 A 和 B，令所有属于集合 A 或者属于集合 B 的元素组成的集合为 S，则称 S 为集合 A 和 B 的并集，记作 $S=A\cup B$，其谓词定义如下：

$$S=A\cup B=\{x\mid(x\in A)\vee(x\in B)\}$$

并运算的性质：

(1) $A\cup A=A$；

(2) $A\cup E=E$；

(3) $A\cup\varnothing=A$；

(4) $A\cup B=B\cup A$；

(5) $(A\cup B)\cup C=A\cup(B\cup C)$；

(6) $A_1\cup A_2\cup\cdots\cup A_n=\bigcup_{i=1}^{n}A_i$。

定理 3.2 交、并运算的性质。

设 A、B、C 为任意三个集合，则集合交、并运算满足分配律和吸收律。

(1) 分配律。

① $A\cap(B\cup C)=(A\cap B)\cup(A\cap C)$；

② $A\cup(B\cap C)=(A\cup B)\cap(A\cup C)$。

证明 ① 设 $S=A\cap(B\cup C)$，$T=(A\cap B)\cup(A\cap C)$，设 $\forall x\in S$，则 $x\in A\cap(B\cup C)$，即 $x\in A$ 且 $x\in B\cup C$，则 $x\in A$ 并且 $x\in B$ 或 $x\in A$ 且 $x\in C$，得出 $x\in A\cap B$ 或 $x\in A\cap C$，即 $x\in(A\cap B)\cup(A\cap C)$，因此 $x\in T$，按照子集定义 3.2 得 $S\subseteq T$。

反之，设 $\forall x\in T$，则 $x\in A\cap B$ 或 $x\in A\cap C$，即 $x\in A$ 且 $x\in B$ 或 $x\in A$ 且 $x\in C$，即 $x\in A$ 且 $x\in B\cup C$，故得出 $x\in A\cap(B\cup C)$，即 $x\in S$，按照子集定义 3.2 得 $T\subseteq S$。

综上所述，按照子集的反对称性得 $T=S$，即 $A\cap(B\cup C)=(A\cap B)\cup(A\cap C)$。

② $A\cup(B\cap C)=(A\cup B)\cap(A\cup C)$证明过程雷同，请读者自己证明。

(2) 吸收律。

① $A\cup(A\cap B)=A$；

② $A\cap(A\cup B)=A$。

证明①

$$\begin{aligned}&A\cup(A\cap B)\\=&(A\cap E)\cup(A\cap B)\\=&A\cap(E\cup B)\\=&A\cap E\\=&A\end{aligned}$$

证明②

$$\begin{aligned}&A\cap(A\cup B)\\=&(A\cup A)\cap(A\cup B)\\=&A\cup(A\cap B)\\=&A\end{aligned}$$

例 3.6 设 $A\cup B=A\cup C$，$A\cap B=A\cap C$，则 $B=C$。

证明 $B=B\cap(A\cup B)$，因为 $A\cup B=A\cup C$，故 $B=B\cap(A\cup C)$。

根据分配律得 $B\cap(A\cup C)=(B\cap A)\cup(B\cap C)$，因为 $A\cap B=A\cap C$，故$(B\cap A)\cup(B\cap C)=(A\cap C)\cup(B\cap C)=C\cap(A\cup B)$，因为 $A\cup B=A\cup C$，所以 $C\cap(A\cup B)=C\cap(A\cup C)=C$，结论得证。

【解析】 证明过程充分运用给出的已知条件，将 B 从扩展式中消除。

定义 3.11 集合的差运算。

设任意给定集合 A 和 B，令所有属于集合 A 而不属于集合 B 的元素组成的集合为 S，则 S 称为集合 A 和 B 的差集，记作 $S=A-B$，其谓词定义如下：

$$S=A-B=\{x\mid(x\in A)\wedge(x\notin B)\}$$

【推论】 若 A 为全集 E 时，$S=E-B$，则 S 称为 B 相对于全集的绝对差，记作 $\sim B$，其谓词定义如下：

$$\sim B=\{x\mid(x\in E)\wedge(x\notin B)\}$$

定理 3.3 差运算的性质。

(1) $A-B=A\cap\sim B=A-A\cap B$；

(2) $\sim(\sim A)=A$；

(3) $\sim E=\varnothing$；

(4) $\sim\varnothing=E$；

(5) $A\cup\sim A=E$；

(6) $A\cap\sim A=\varnothing$。

定理 3.4 集合交、并运算的德·摩根定律。

(1) $\sim(A\cup B)=\sim A\cap\sim B$；

(2) $\sim(A\cap B)=\sim A\cup\sim B$。

证明(1)

$$\begin{aligned}&\sim(A\cup B)\\&=\{x\mid x\in\sim(A\cup B)\}\\&=\{x\mid x\notin A\cup B\}\\&=\{x\mid x\notin A\wedge x\notin B\}\\&=\{x\mid x\in\sim A\wedge x\in\sim B\}\\&=\{x\mid x\in\sim A\cap\sim B\}\\&=\sim A\cap\sim B\end{aligned}$$

(2) 证明请读者自己完成。

例 3.7 设集合 A 和 B，若 $A\subseteq B$，则

(1) $\sim B\subseteq\sim A$；

(2) $(B-A)\cup A=B$。

证明(1) 设 $\forall x\in\sim B$，则 $x\notin B$，因为已知 $A\subseteq B$，故 $x\notin A$，所以 $\forall x\in\sim A$。根据集合子集定义可得 $\sim B\subseteq\sim A$。

(2)

$$\begin{aligned}&(B-A)\cup A\\&=(B\cap\sim A)\cup A\\&=(B\cup A)\cap(\sim A\cup A)\\&=(B\cup A)\cap E\\&=B\cup A\\&=B\end{aligned}$$

例 3.8 设 A、B 和 C 为任意集合，证明 $A\cap(B-C)=(A\cap B)-(A\cap C)$。

证明 左式 $=A\cap(B-C)$

$$=A\cap(B\cap\sim C)$$

右式 $=(A\cap B)-(A\cap C)$

$$\begin{aligned}&=(A\cap B)\cap\sim(A\cap C)\\&=(A\cap B)\cap(\sim A\cup\sim C)\\&=(A\cap B\cap\sim A)\cup(A\cap B\cap\sim C)\\&=\varnothing\cup(A\cap B\cap\sim C)\\&=A\cap(B\cap\sim C)\end{aligned}$$

左式=右式。

定义 3.12 集合的对称差运算(环和)。

设任意给定集合 A 和 B，令集合 A 和 B 的对称差组成集合 S，则 S 中的元素属于 A 或 B 但不能既属于 A 又属于 B，其谓词定义如下：

$A \oplus B=(A-B) \cup (B-A)=(A \cup B)-(A \cap B)=\{x \mid x \in A \bar{\vee} x \in B\}$

环和运算的性质：

(1) $A \oplus B=B \oplus A$；

(2) $A \oplus A=\varnothing$；

(3) $A \oplus \varnothing=A$；

(4) $A \oplus B=(A \cap \sim B) \cup (B \cap \sim A)$；

(5) $(A \oplus B) \oplus C=A \oplus (B \oplus C)$。

例 3.9 设 $E=\{1,2,3,\{1,2\}\}$，$A=\{1,2,3\}$，$B=\{\{1,2\},3\}$。

(1) 求 $A \cup B$，$A \cap B$，$A-B$，$B-A$，$A \oplus B$，$\sim A$，$\sim B$。

解 $A \cup B=\{1,2,\{1,2\},3\}$，$A \cap B=\{3\}$，$A-B=\{1,2\}$，$B-A=\{\{1,2\}\}$，$A \oplus B=\{1,2,\{1,2\}\}$，$\sim A=\{\{1,2\}\}$，$\sim B=\{1,2\}$。

(2) 下面哪种运算满足消去律？

A. $A \cup B=A \cup C$　　B. $A \cap B=A \cap C$

C. $A \oplus B=A \oplus C$　　D. $A-B=A-C$

答案：C

解 根据集合对称差运算的性质，对称差运算满足结合律，其他可举反例证明。

根据已知 $A \oplus B=A \oplus C$，等式两边同时环和 A 得 $A \oplus (A \oplus B)=A \oplus (A \oplus C)$。

$$
\begin{aligned}
\text{左式} &= A \oplus (A \oplus B) \\
&= (A \oplus A) \oplus B \\
&= \varnothing \oplus B \\
&= B \\
\text{右式} &= A \oplus (A \oplus C) \\
&= (A \oplus A) \oplus C \\
&= \varnothing \oplus C \\
&= C
\end{aligned}
$$

故得 $B=C$。

例 3.10 设 $A=\{1,2,\cdots,48\}$，运用集合运算求出下列集合。

(1) $B=\{$同时能被 2,3,8 整除$\}$；

(2) $C=\{$不能同时被 2,3,8 整除$\}$；

(3) $D=\{$能被 2 和 3 整除，不能被 8 整除$\}$；

(4) $E=\{$能被 2 和 3 整除$\}$；

(5) $F=\{$能被 2 或 3 整除$\}$；

(6) $G=\{$只能被 2,3,8 中一个数整除$\}$。

解 (1) 2,3,8 最小公倍数为 24，能被 24 整除的集合：

$B=\{24,48\}$；

(2) $C=\{1,2,\cdots,48\}-\{24,48\}=\{1,2,\cdots,22,23,25,26,\cdots,46,47\}$；

(3) 能被 2 和 3 整除的集合：$\{6,12,18,24,30,36,42,48\}$；

能被 2 和 3 整除的集合中找出能被 8 整除的集合：$\{24,48\}$；

能被 2 和 3 整除，不能被 8 整除的集合：

$$D=\{6,12,18,24,30,36,42,48\}-\{24,48\}=\{6,12,18,30,36,42\}$$

（4）能被 2 和 3 整除的集合：

$$E=\{6,12,18,24,30,36,42,48\}$$

（5）能被 2 整除的集合：$\{2,4,6,\cdots,48\}$，能被 3 整除的集合：$\{3,6,9,\cdots,48\}$；

能被 2 或 3 整除的集合：$\{2,4,6,\cdots,48\}\cup\{3,6,9,\cdots,48\}$；

$F=\{2,3,4,6,8,9,10,12,14,15,16,18,20,21,22,24,26,27,28,30,32,33,34,36,38,39,40,42,44,45,46,48\}$

（6）能被 2 整除的集合：

$$G_1=\{2,4,6,8,10,12,14,16,18,20,22,24,26,28,30,32,34,36,38,40,42,44,46,48\}$$

能被 3 整除的集合：

$$G_2=\{3,6,9,12,15,18,21,24,27,30,33,36,39,42,45,48\}$$

能被 8 整除的集合：

$$G_3=\{8,16,24,32,40,48\}$$

只能被 2 整除，不能被 3 或 8 整除的集合：

$$G_1-G_2-G_3=\{2,4,10,14,20,22,26,28,34,38,44,46\}$$

只能被 3 整除，不能被 2 或 8 整除的集合：

$$G_2-G_1-G_3=\{3,9,15,21,27,33,39,45\}$$

只能被 8 整除，不能被 2 或 3 整除的集合：

$$G_3-G_2-G_1=\varnothing$$

只能被 2,3,8 中一个数整除的集合：

$$(G_1-G_2-G_3)\cup(G_2-G_1-G_3)\cup(G_3-G_1-G_2)$$
$$=G=\{2,3,4,9,10,14,15,20,21,22,26,27,28,33,34,38,39,44,45,46\}$$

3.3　关系

关系是一个广泛的概念，就是集合的元素之间按照某种规则构成的关系，可以是不同集合之间元素的关系，也可以是相同集合内部元素之间关系。例如，人和面包所属不同集合，人和面包之间构成食物关系；人的集合，可以构成同学关系、朋友关系等；数的集合元素之间可以构成大小关系、相等关系、整除关系等。两个元素之间的关系通常称为二元关系。

本章重点介绍一个集合内部的两个元素之间的关系，称为集合上的二元关系。

3.3.1　笛卡儿积

定义 3.13　序偶。

两个具有固定次序的元素构成一个序偶，用于表达两个元素间的关系，记作$<x,y>$。序偶又称为二元组，x 称序偶第一元素，y 称序偶第二元素。如，

<北京，中国>，北京是中国的首都；

<狗,面包>,狗和面包是食物关系,狗吃面包;

$<1,-1>$,1 和 -1 是相反数关系;

<棉花,铁>,棉花和铁可以构成重量关系;

<张三,李四>,人与人之间可以是同学或朋友等人际关系。

其中,$<x,y>\neq<y,x>$,如果$<x,y>=<y,x>$,则 iff $x=y$。

定理 3.5 序偶相等。

$<x,y>=<u,v>$,iff $x=u,y=v$。

如,$<x+1,y-1>=<2,-3>$,求 x 和 y 值。

解 根据序偶相等定理:$x+1=2,y-1=-3$,求得 $x=1$, $y=-2$。

定义 3.14 n 元序偶。

二元序偶:$<x,y>$;

三元序偶:$<<x,y>,z>$,简化为$<x,y,z>$;

四元序偶:$<<x,y,z>,w>$,简化为$<x,y,z,w>$;

⋮

n 元序偶:$<<x_1,x_2,\cdots,x_{n-1}>,x_n>$,简化为$<x_1,x_2,\cdots,x_{n-1},x_n>$。

定义 3.15 笛卡儿积。

设 A 和 B 是任意两个集合,则 A 和 B 的笛卡儿积如下:

$$A\times B=\{<a,b>\mid \forall a\in A,\forall b\in B\}$$

其中,当 $A=\varnothing$ 或 $B=\varnothing$ 时,$A\times B=\varnothing$,因为序偶对与顺序有关,所以笛卡儿积不满足交换律,即 $A\times B\neq B\times A$。

例 3.11 设 $A=\{\alpha,\beta\}$,$B=\{1,2,3\}$,求 $A\times B$,$B\times A$,$A\times A$,$A\times B\cap B\times A$。

解 $A\times B=\{<\alpha,1>,<\alpha,2>,<\alpha,3>,<\beta,1>,<\beta,2>,<\beta,3>\}$;

$B\times A=\{<1,\alpha>,<2,\alpha>,<3,\alpha>,<1,\beta>,<2,\beta>,<3,\beta>\}$;

$A\times A=\{<\alpha,\alpha>,<\alpha,\beta>,<\beta,\alpha>,<\beta,\beta>\}$;

$A\times B\cap B\times A=\varnothing$。

定理 3.6 笛卡儿积的基数。

设$|A|=m$,$|B|=n$,则$|A\times B|=mn$。

因为两个集合的笛卡儿积仍然是一个集合,集合中的元素均为序偶对,故对于有限集合笛卡儿积可以进行多次的笛卡儿积运算。为了与 n 元序偶相一致,先约定如下:

$$\begin{aligned}A_1\times A_2\times\cdots\times A_n&=(A_1\times A_2\times\cdots\times A_{n-1})\times A_n\\&=\{<x_1,x_2,\cdots,x_n>\mid(x_1\in A_1)\wedge\\&\qquad(x_2\in A_2)\wedge\cdots\wedge(x_n\in A_n)\}\end{aligned}$$

故 $A_1\times A_2\times\cdots\times A_n$ 是 n 元序偶为元素构成的集合,特别指出,集合 A 上的多次笛卡儿积分别如下:

$A\times A=A^2$;

$A\times A\times A=A^3$;

⋮

$A\times A\times\cdots\times A=A^n$。

如例 3.11,$A\times A=A^2=\{<\alpha,\alpha>,<\alpha,\beta>,<\beta,\alpha>,<\beta,\beta>\}$。

3.3.2 关系及其表示

定义 3.16 二元关系。

设任意集合 A 和 B，令 $R\subseteq A\times B$，其中 $R=\{<a,b>|a\in A,b\in B\}$，则称 R 为集合 A 到 B 之间的某种关系。如果 $A=B$，则称 R 为集合 A 上的关系。

关系从宏观定义上看仍然是集合，只不过关系的元素是序偶对，所以序偶对和关系之间的属于或者不属于关系可以遵从集合的表示法，当然也有自己特定的表示方法。如果序偶对$<a,b>$属于关系 R，则记作$<a,b>\in R$ 或者 aRb，如果序偶对$<a,b>$不属于关系 R，则记作$<a,b>\notin R$ 或 $a\not R b$。

定义 3.17 特殊关系。

1. 全域关系

如果是集合 A 和 B 之间的关系，则笛卡儿积 $A\times B$ 为全域关系，如果是集合 A 上的关系，则 $A\times A$ 称为全域关系，全域关系相当于集合的全集。

2. 空关系

$$\varnothing=\{\ \}$$

3. 恒等关系

令 I_A 为集合 A 上的关系，且满足：

$$I_A=\{<a,a>\mid \forall a\in A\}$$

则称 I_A 为集合 A 上的恒等关系。

如，$A=\{1,2,3,4\}$，则 $I_A=\{<1,1>,<2,2>,<3,3>,<4,4>\}$。

定义 3.18 关系域。

1. 前域

设 R 是一个二元关系，则集合 $\mathrm{dom}\ R=\{x\mid \exists y<x,y>\in R\}$称为 R 的前域，即把 R 关系序偶对中的第一个元素拿出来构成的集合。

2. 值域

设 R 是一个二元关系，则集合 $\mathrm{ran}\ R=\{y\mid \exists x<x,y>\in R\}$称为 R 的值域，即把 R 关系序偶对中的第二个元素拿出来构成的集合。

3. 域

关系 R 的前域和值域的并集，称为关系 R 的域，记作 $\mathrm{FLD}\ R=\mathrm{dom}\ R\cup\mathrm{ran}\ R$。

如，$R=\{<1,x>,<2,x>,<3,y>,<4,z>\}$。

$\mathrm{dom}\ R=\{1,2,3,4\}$，$\mathrm{ran}\ R=\{x,y,z\}$，$\mathrm{FLD}\ R=\mathrm{dom}\ R\cup\mathrm{ran}\ R=\{1,2,3,4,x,y,z\}$。

定义 3.19 二元关系的表示。

关系的常见表示方法有关系式、关系矩阵和关系图。

1. 关系式

(1) 列举法。

把关系序偶对一一列举出来。

如，$R=\{<1,x>,<2,x>,<3,y>,<4,z>\}$。

(2) 描述法。

把关系序偶对的构成规则描述出来。

如,设自然数集合 **N** 上的 $R=\{<x,y>|x+y=4\}$。

2. 关系矩阵

设给定两个有限集合 $X=\{x_1,x_2,\cdots,x_m\}$,$Y=\{y_1,y_2,\cdots,y_n\}$,$R\subseteq X\times Y$,则 R 的关系矩阵 $\boldsymbol{M}_R=[r_{ij}]_{m\times n}$,$r_{ij}$ 定义如下:

$$r_{ij}=\begin{cases}1 & <x_i,y_j>\in R\\ 0 & <x_i,y_j>\notin R\end{cases},\quad i\in\{1,2,\cdots,m\},\quad j\in\{1,2,\cdots,n\}$$

其中,$x_i\in X$,$y_j\in Y$。当 $X=Y$ 时,R 的关系矩阵为 $\boldsymbol{M}_R=[r_{ij}]_{m\times m}$。

若 $X=Y$,则称 R 为集合 X 上的关系,R 对应的关系矩阵为方阵。

例 3.12 设 $X=\{1,2,3,4\}$,$Y=\{a,b,c\}$,已知 $R_1\subseteq X\times Y$,$R_2\subseteq X\times X$,求 R_1 和 R_2 的关系矩阵。

解 $R_1=\{<1,a>,<1,b>,<2,b>,<2,c>,<3,a>\}$,$R_2=\{<1,1>,<1,2>,<2,3>,<3,4>\}$,则 R_1 和 R_2 关系矩阵分别如下:

$$\boldsymbol{M}_{R_1}=\begin{bmatrix}1&1&0\\0&1&1\\1&0&0\\0&0&0\end{bmatrix},\quad \boldsymbol{M}_{R_2}=\begin{bmatrix}1&1&0&0\\0&0&1&0\\0&0&0&1\\0&0&0&0\end{bmatrix}$$

3. 关系图

(1) 集合间的关系图。

设给定两个有限集合 $X=\{x_1,x_2,\cdots,x_m\}$,$Y=\{y_1,y_2,\cdots,y_n\}$,$R\subseteq X\times Y$,则 R 对应的关系图画法步骤如下:

① 在平面上做 m 个结点,分别标记为 $x_1,x_2,\cdots,x_m$;

② 在平面上做 n 个结点,分别标记为 $y_1,y_2,\cdots,y_n$;

③ 如果 x_iRy_j,则从 x_i 向 y_j 画一条有向弧,箭头指向 y_j。

例 3.13 设 $X=\{1,2,3\}$,$Y=\{a,b,c,d\}$,$R\subseteq X\times Y$,画出 R 关系图。

解 $R=\{<1,a>,<1,b>,<2,b>,<2,c>,<3,a>,<3,d>\}$,$R$ 关系图如图 3.2 所示。

(2) 集合上的关系图。

设给定有限集合 $X=\{x_1,x_2,\cdots,x_m\}$,$S\subseteq X\times X$,则 S 对应的关系图画法如下:

① 在平面上做 m 个结点,分别标记为 $x_1,x_2,\cdots,x_m$;

② 如果 x_iRy_j,则从 x_i 向 y_j 画一条有向弧,箭头指向 y_j。

例 3.14 设 $X=\{1,2,3,4\}$,$R\subseteq X\times X$,$R=\{<1,1>,<1,2>,<2,3>,<3,4>\}$,画出 R 关系图。

解 R 关系图如图 3.3 所示。

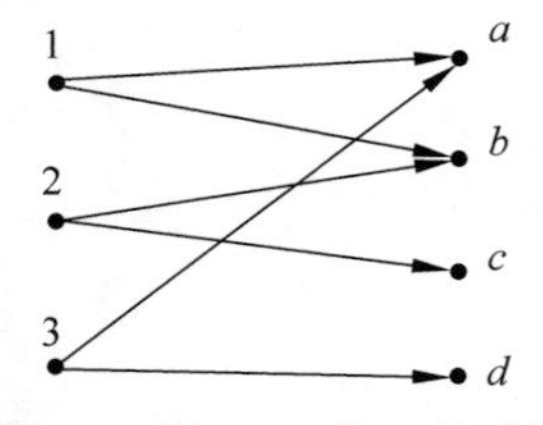

图 3.2 例 3.13 的 R 关系图

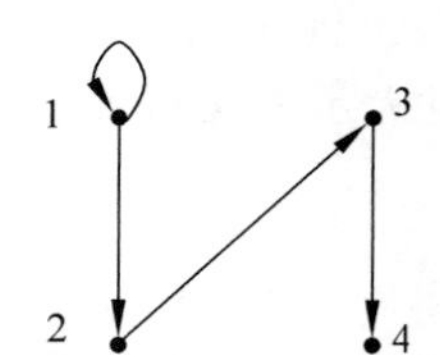

图 3.3 例 3.14 的 R 关系图

3.3.3 集合上关系的性质

集合上的关系是重点讲授内容，知道了关系的定义、表示方法后，进一步讨论集合上关系的性质。

定义 3.20 集合上关系的性质。

已知非空集合 A，R 是集合 A 上的二元关系，$R \subseteq A \times A$，则集合上关系性质的定义和判断方法分别如下。

1. 自反性

$\forall x(x \in A \rightarrow xRx)$，则称 R 具有自反性。

如，自然数集合 **N** 上元素之间的$\leqslant$（小于或等于）关系具有自反性，自然数集合 **N** 上元素之间的$>$（大于）关系不具有自反性。

【注】 若关系 R 是自反的，当且仅当关系矩阵中，主对角线元素都为 1，关系图上的每个结点都有自回路。

2. 对称性

$\forall x \forall y(x \in A \land y \in A \land xRy \rightarrow yRx)$，则称 R 具有对称性。

如，学生之间的同学关系是对称的，不相等的数之间的整除关系是不对称的。

【注】 若关系 R 是对称的，当且仅当关系矩阵是关于主对角线对称的，关系图上任意两个不同结点间若有弧，则往返出现。

3. 传递性

$\forall x \forall y \forall z(x \in A \land y \in A \land Z \in A \land xRy \land yRz \rightarrow xRz)$，则称 R 具有传递性。

如，大学生的同一个班级关系是传递的，但是同学之间的朋友关系未必传递。又如，张三和李四是朋友，李四和王五是朋友，但是张三和王五未必是朋友关系。

【注】 若关系是传递的，当且仅当关系图上，任意不同的三个结点的有向弧是首尾相连的，如图 3.4 所示，x 结点经过 y 结点到 z 结点有一条路，x 为路的起点，z 为路的终点，则路的起点 x 和路的终点 z 首尾相连。可见用关系图判断传递性比较麻烦，通常是直接按照传递性定义去判断的。

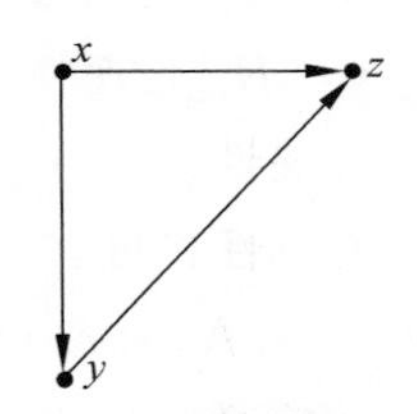

图 3.4 传递序偶对

4. 反自反性

$\forall x(x \in A \rightarrow <x,x> \notin R)$，则称 R 是反自反的。

如，自然数集合 **N** 上元素之间的$<$（小于）关系具有反自反性。

【注】 若关系 R 是反自反的，当且仅当关系矩阵中，主对角线元素都为 0，关系图上的每个结点都没有自回路。

5. 反对称

$\forall x \forall y(x \in A \land y \in A \land xRy \land yRx \rightarrow x=y)$，则称 R 具有反对称。

通过反对称性定义不难看出，如果任意 $x \neq y, x \in A, y \in A, <x,y> \in R$ 则$<y,x> \notin R$。

自然数集合 **N** 上的元素之间的/（整除）关系具有反对称性，集合子集的包含关系具有反对称性。

【注】 若关系 R 是反对称的，当且仅当关系矩阵关于主对角线是不对称的，关系图上任意两个不同结点间若有弧，则单向出现。

例 3.15 设集合 $A=\{1,2,3,4\}$，$R_1 \subseteq A\times A$，$R_2 \subseteq A\times A$、$R_3 \subseteq A\times A$，求以下关系具有的关系性质：

(1) $R_1=\{<1,2>,<2,1>,<1,3>\}$；

(2) $R_2=\{<1,2>,<1,4>\}$；

(3) $R_3=\{<1,1>\}$；

(4) I_A；

(5) $\varnothing$；

(6) $A\times A$。

解 (1) 反自反性。

$\forall a\in A$，$<a,a>\notin R_1$，每个元素自己和自己都没关系，所以具有反自反性；

$<1,3>\in R_1$ 但是$<3,1>\notin R_1$，所以不具有对称性；

$<1,2>\in R_1$ 且$<2,1>\in R_1$，但是$<1,1>\notin R_1$，所以不具有传递性；

$<1,2>\in R_1$ 且$<2,1>\in R_1$，所以不具有反对称性。

(2) R_2 具有传递性，反对称性。

根据传递性定义，$\forall x\forall y\forall z(x\in A\land y\in A\land Z\in A\land xRy\land yRz\rightarrow xRz)$。

将传递性定义符号化翻译成命题公式如下：

令 P：$x\in A\land y\in A\land z\in A\land xRy\land yRz$；$Q$：$xRz$，则符号化为 $P\rightarrow Q$。

对集合 $R_2=\{<1,2>,<1,4>\}$结合 $P\rightarrow Q$ 真值表进行语义分析，得知 P 真值为 0，即 R_2 真值为永真，所以 R_2 具有传递性。

R_2 反对称性直接根据反对称性定义判断即可。

(3) R_3 传递性，对称性和反对称性。

传递性判断方法与 R_2 传递性判断方法雷同。

对称性判断：对称性定义 $\forall x\forall y(x\in A\land y\in A\land xRy\rightarrow yRx)$符号化。令 P：$x\in A\land y\in A\land xRy$；$Q$：$yRx$，则符号化为 $P\rightarrow Q$，结合 $P\rightarrow Q$ 真值表找不到P 真值为 1，Q 真值为 0 情况，即不存在$<a,b>\in R$，$<b,a>\notin R$，所以为永真，即有对称性。

即不自反也不反自反，因为$<1,1>\in R_3$ 所以不反自反，又因为$<2,2>\notin R_3$、$<3,3>\notin R_3$、$<4,4>\notin R_3$，所以不自反。

(4) I_A 具有自反性、对称性、传递性、反对称性。

$\forall a\in A$，$<a,a>\in I_A$，每个元素自己和自己都有关系，所以具有自反性。

对称性、传递性、反对称性的判断方法都利用 $P\rightarrow Q$ 真值表方法判断。

(5) 反自反性，对称性，传递性，反对称性。

$\forall a\in A$，$<a,a>\notin\varnothing$，每个元素自己和自己都没关系，所以不具有自反性。

对称性、传递性、反对称性的判断方法都利用 $P\rightarrow Q$ 真值表方法判断。

(6) 自反性、对称性、传递性。

判断方法请读者自己完成。

【注】 利用 $P \to Q$ 真值表,如果前项 P 真值为 0,则 $P \to Q$ 真值为 1;或者前项 P 真值为 1、后项 Q 真值为 0,则 $P \to Q$ 真值为 0,其他情况 $P \to Q$ 真值都为 1,判断特殊关系具有对称性、反对称性和传递性。

【总结】 自反与反自反不能同时存在,但可以同时不存在,如例 3.15(3);

对称与反对称可以同时存在,如 I_A;

对称与反对称可以同时不存在,如例 3.15(1)。

本部分内容微课视频二维码如下所示:

集合 A 上关系性质的判断

3.4 关系的运算

首先关系是集合,所以关系具有集合的常见运算,如交、并、差、环合和补运算。其次,关系是以序偶对为元素的特殊集合,所以关系具有自己特殊的运算。

本节主要介绍关系的逆运算、复合运算和闭包运算。

3.4.1 关系的逆运算

定义 3.21 关系的逆运算。

设 $R \subseteq X \times Y$,如将 R 中每一个序偶对元素顺序互换,所得到新关系称为 R 的逆关系,记作 R^c 或者 R^{-1},其定义如下:

$$R^c = \{<y,x> \mid <x,y> \in R\}$$

例 3.16 设 $A=\{1,2,3,4\}$, $R=\{<1,1>,<1,2>,<2,4>,<1,4>\}$,求 R^c。

解 $R^c=\{<1,1>,<2,1>,<4,2>,<4,1>\}$

根据关系逆运算的性质:设 R_1、R_2、R_3 是集合 X 到 Y 之间的二元关系,则有

(1) $(R_1 \cup R_2)^c = R_1^c \cup R_2^c$;

(2) $(R_1 \cap R_2)^c = R_1^c \cap R_2^c$;

(3) $(A \times B)^c = B \times A$;

(4) $(\bar{R})^c = \overline{R^c}$;

(5) $(R_1 - R_2)^c = R_1^c - R_2^c$。

证明 (1) 设 $\forall <x,y> \in (R_1 \cup R_2)^c$

$= <y,x> \in R_1 \cup R_2$

$= <y,x> \in R_1 \vee <y,x> \in R_2$

$=<x,y>\in R_1^c \vee <x,y>\in R_2^c$

$=<x,y>\in R_1^c \cup R_2^c$

(4) 设 $\forall <x,y>\in (\bar{R})^c$

$=<y,x>\in \bar{R}$

$=<y,x>\notin R$

$=<x,y>\notin R^c$

$=<x,y>\in \overline{R^c}$

(2)、(3)和(5)请读者自己证明。

定理 3.7 设 R 为集合 X 上的二元关系,则

(1) R 是对称的,当且仅当 $R=R^c$。

(2) R 是反对称的,当且仅当 $R\cap R^c\subseteq I_x$。

证明 (1) 因为 R 是对称的,故

$$<x,y> \in R$$
$$=<y,x> \in R$$
$$=<x,y> \in R^c$$

所以 $R=R^c$。

(2) 因为 R 是反对称的,如果 $x\neq y$,则$<x,y>\in R\rightarrow <y,x>\notin R$,即$<x,y>\notin R^c$,结合反对称定义,如果$<x,y>\in R \wedge <y,x>\in R^c\rightarrow x=y$,所以 $R\cap R^c\subseteq I_x$。

3.4.2 关系的复合运算

关系的复合运算是针对两个二元关系之间的关系运算,把两个二元关系复合生成一个新的二元关系。

定义 3.22 复合运算。

设 R 为集合 X 和 Y 之间的关系,S 为集合 Y 和集合 Z 之间的关系,则 R 和 S 的复合关系记作 $R\circ S$,其复合运算定义如下:

$$R\circ S=\{<x,z> \mid x\in X \wedge z\in Z \wedge \exists y(y\in Y \wedge xRy \wedge ySz)\}$$

如,设 $X=\{1,2,3,4\}$,$Y=\{x,y,z\}$,$Z=\{a,b,c\}$,$R\subseteq X\times Y$,$S\subseteq Y\times Z$,$R=\{<1,x>,<2,x>,<3,y>\}$,$S=\{<x,a>,<z,b>,<y,c>\}$,则 $R\circ S=\{<1,a>,<2,a>,<3,c>\}$。

定理 3.8 关系的复合运算满足结合性。

证明 设 R 是 X 到 Y 的关系,S 是 Y 到 Z 的关系,T 是 Z 到 W 的关系,于是得到$(R\circ S)\circ T$ 和 $R\circ(S\circ T)$都是 X 到 W 的关系。

设 $\forall <x,w>\in (R\circ S)\circ T$,则根据关系复合运算定义得

$\exists z(<x,z>\in R\circ S \wedge <z,w>\in T)$

$\Leftrightarrow \exists z(\exists y(<x,y>\in R \wedge <y,z>S) \wedge <z,w>\in T)$

$\Leftrightarrow \exists z\exists y((<x,y>\in R \wedge <y,z>S) \wedge <z,w>\in T)$,利用量词辖域扩张

$\Leftrightarrow \exists z\exists y(<x,y>\in R \wedge (<y,z>S \wedge <z,w>\in T))$,利用 $\wedge$ 联结词结合性

$\Leftrightarrow \exists y(<x,y>\in R \wedge \exists z(<y,z>S \wedge <z,w>\in T))$,利用量词辖域收缩

$\Leftrightarrow \exists y(<x,y>\in R \wedge <y,w>S\circ T)$

$\Leftrightarrow \langle x,w \rangle \in R\circ(S\circ T)$

故容易证明复合关系满足结合律，即$(R\circ S)\circ W=R\circ(S\circ W)$。

【推论】 关系的多次复合运算。

由复合运算的结合性，$R\circ R$ 记作 R^2，$R\circ R\circ R$ 记作 R^3，以此类推 $\overbrace{R\circ\cdots\circ R}^{n}$ 记作 R^n，其中 $n\geqslant 1$，$\overbrace{R\circ\cdots\circ R}^{n-1}\circ R=R^{n-1}\circ R=R^n$。

如，$X=\{1,2,3,4\}$，设 $R=\{\langle 1,2\rangle,\langle 2,1\rangle,\langle 2,3\rangle\}$，$R\subseteq X\times X$，则

$$R^2=\{\langle 1,1\rangle,\langle 2,2\rangle,\langle 1,3\rangle\},\quad R^3=\{\langle 1,2\rangle,\langle 2,1\rangle,\langle 2,3\rangle\}$$

因为关系可以用矩阵表示，故复合关系可以用矩阵运算求解。

定理 3.9 关系复合运算布尔矩阵的乘法。

设 R 是 X 到 Y 的关系，S 是 Y 到 Z 的关系，其中$|X|=m$，$|Y|=n$，$|Z|=h$，则

$$(\boldsymbol{M}_{R\circ S})_{m\times h}=(\boldsymbol{M}_R)_{m\times n}\circ(\boldsymbol{M}_s)_{n\times h}=[w_{ik}]_{m\times h} \tag{3-6}$$

$$w_{ik}=\bigvee_{j=1}^{n}(u_{ij}\wedge v_{jk}) \tag{3-7}$$

其中，$i\in\{1,2,\cdots,m\}$，$j\in\{1,2,\cdots,n\}$，$k\in\{1,2,\cdots,h\}$。

$\vee$代表逻辑加，则逻辑加相当于析取；$\wedge$代表逻辑乘，则逻辑乘相当于合取，1 代表真，0 代表假。

例 3.17 设 $A=\{1,2,3,4\}$，$R\subseteq A\times A$，$R=\{\langle x,y\rangle | x>y\}$，利用关系矩阵布尔乘法求 R^2，$R=\{\langle 2,1\rangle,\langle 3,1\rangle,\langle 3,2\rangle,\langle 4,1\rangle,\langle 4,2\rangle,\langle 4,3\rangle\}$。

解 $\boldsymbol{M}_R=\begin{bmatrix}0&0&0&0\\1&0&0&0\\1&1&0&0\\1&1&1&0\end{bmatrix}$，$\boldsymbol{M}_R^2=\begin{bmatrix}0&0&0&0\\1&0&0&0\\1&1&0&0\\1&1&1&0\end{bmatrix}\circ\begin{bmatrix}0&0&0&0\\1&0&0&0\\1&1&0&0\\1&1&1&0\end{bmatrix}=\begin{bmatrix}0&0&0&0\\0&0&0&0\\1&0&0&0\\1&1&0&0\end{bmatrix}$

3.4.3 关系的闭包运算

即使集合上关系不具有自反、对称和传递这三种基本性质之一，但均可以通过对该关系最小扩充（增加最少序偶对），使扩充后的关系具有这样的性质，这种包含关系的最小扩充即为该关系对应性质的闭包运算。

关系闭包在工程中有广泛的应用领域，如在群决策中，专家评判水平分类是近年来群决策一个重要研究方向，专家评判水平的分类理论基础应用到闭包运算。第 4 章会有简单介绍，传递闭包求法本书利用的是 Warshall 算法，其实模糊数学中关于传递闭包求法还有其他算法，如平方法等，有兴趣的同学可以自己去关注。

定义 3.23 关系的闭包运算。

设 R 为集合 A 上的二元关系，$R\subseteq A\times A$，$|A|=n$，若 R' 满足：

(1) $R\subseteq R'$；

(2) R'有自反性（对称性，传递性）；

(3) 对于具有自反性（对称性，传递性）的并且包含 R 的任何 R''，满足 $R'\subseteq R''$，则称 R' 为 R 的自反（对称，传递）闭包，分别记作 $r(R)$、$s(R)$、$t(R)$。

【解释】 对于集合 A 上的二元关系 R，可以用扩充序偶对的方法来构造 R 的自反、对称、传递闭包，但是必须注意，自反（对称、传递）闭包是包含 R 的具有自反（对称、传递）性的序偶对最少的关系。

本部分内容微课视频二维码如下所示：

闭包运算定义

定理 3.10 设 R 为集合 A 上的二元关系，$|A|=n$，则

(1) 自反闭包。

$r(R)=R\cup I_A$；

(2) 对称闭包。

$s(R)=R\cup R^c$；

(3) 传递闭包。

求传递闭包有两种方法。

方法一：$t(R)=\bigcup_{i=1}^{n}R^i=R\cup R^2\cup R^3\cdots$。

证明 此定理用数学归纳法证明。

先证 $\bigcup_{i=1}^{\infty}R^i\subseteq t(R)$。

① 根据传递闭包定义 $R\subseteq t(R)$；

② 假设 $n\geqslant 1$，$R^n\subseteq t(R)$，设 $<x,y>\in R^{n+1}$，因为 $R^{n+1}=R^n\circ R$，故必存在某个 $c\in A$，使得 $<x,c>\in R^n$，$<c,y>\in R$，故有 $<x,c>\in t(R)$ 和 $<c,y>\in t(R)$，即 $<x,y>\in t(R)$，所以，$R^{n+1}\subseteq t(R)$，故 $\bigcup_{i=1}^{\infty}R^i\subseteq t(R)$。

再证 $t(R)\subseteq\bigcup_{i=1}^{\infty}R^i$，设 $<x,y>\in\bigcup_{i=1}^{\infty}R^i$，$<y,z>\in\bigcup_{i=1}^{\infty}R^i$，则必然存在整数 s,t，使得 $<x,y>\in R^S$，$<y,z>\in R^t$，$<x,z>\in R^S\circ R^t$，$<x,z>\in\bigcup_{i=1}^{\infty}R^i$，所以 $\bigcup_{i=1}^{\infty}R^i$ 传递。

由于包含 R 的可传递关系都包含 $t(R)$，故

$$t(R)\subseteq\bigcup_{i=1}^{\infty}R^i$$

综上所述，$t(R)=\bigcup_{i=1}^{\infty}R^i$，一般，$\bigcup_{i=1}^{\infty}R^i$ 记作 R^+。

③ 一般地，$t(R)$不用复合到 R^{∞}，存在正整数 k，$k\leqslant n$，$t(R)=\bigcup_{i=1}^{k}R^i=R\cup R^2\cup R^3\cdots\cup R^k$。

证明 设 $x_i,x_j\in A$，$t(R)=R^+$，如果 $x_iR^+x_j$ 成立，则存在整数 $P>0$，使得 $x_iR^px_j$ 成立，即存在序列：$e_1,e_2,\cdots,e_{p-1}$，有 $x_iRe_1,e_1Re_2,\cdots,e_{p-1}Rx_j$。设满足上述条件的最小 p 大于 n，则在上述序列中必有 $0\leqslant t<q\leqslant p$，使得 $e_t=e_q$。因此序列就变成：

$$x_iRe_1,e_1Re_2,\cdots,e_{t-1}Re_t,e_tRe_{q+1},\cdots,e_{p-1}Rx_j$$

表明 $x_iR^kx_j$ 存在，其中 $k=t+p-q=p-(q-t)<p$，这与 p 是最小的假设矛盾，故 $p>n$ 不成立。一般的，基数为 n 的有限集合上关系 R 的传递闭包：

$$t(R)=\bigcup_{i=1}^{n}R^i=R\cup R^2\cup R^3\cdots\cup R^n$$

当有限集合 A 元素较多时，用该传递闭包定义方法求关系 R 的传递闭包 $t(R)$，需要进行多次矩阵运算，显然很烦琐，为此 Warshall 在 1962 年提出了一个有效的传递闭包算法。

方法二：Warshall 算法。

设 $R\subseteq A\times A$，$|A|=n$，具体步骤如下：

(1) 置 R 的关系矩阵为 $\boldsymbol{M}$；

(2) 置 $i:=1$；

(3) 对所有 j，如果 $\boldsymbol{M}[j,i]=1$，则对 $k\in\{1,2,\cdots,n\}$；$\boldsymbol{M}[j,k]:=\boldsymbol{M}[j,k]+\boldsymbol{M}[i,k]$；

(4) $i++$；

(5) 如果 $i\leqslant n$，则转步骤(3)，否则停止。

例 3.18 设 $A=\{1,2,3,4\}$，$R\subseteq A\times A$，$R=\{<1,2>,<2,1>,<2,3>,<3,4>\}$，求 $t(R)$。

$$\boldsymbol{M}=\begin{bmatrix}0&1&0&0\\1&0&1&0\\0&0&0&1\\0&0&0&0\end{bmatrix}\xrightarrow{i=1}\begin{bmatrix}0&1&0&0\\1&1&1&0\\0&0&0&1\\0&0&0&0\end{bmatrix}\xrightarrow{i=2}\begin{bmatrix}1&1&1&0\\1&1&1&0\\0&0&0&1\\0&0&0&0\end{bmatrix}\xrightarrow{i=3}\begin{bmatrix}1&1&1&1\\1&1&1&1\\0&0&0&1\\0&0&0&0\end{bmatrix}$$

$$\xrightarrow{i=4}\begin{bmatrix}1&1&1&1\\1&1&1&1\\0&0&0&1\\0&0&0&0\end{bmatrix}$$

定理 3.11 已知非空集合 A，$R\subseteq A\times A$：

(1) R 是自反的，当且仅当 $r(R)=R$；

(2) R 是对称的，当且仅当 $s(R)=R$；

(3) R 是传递的，当且仅当 $t(R)=R$。

证明 (1) $R\supseteq R$，因为 R 是自反的，并且其他所有包含 R 又具有自反性的 R''，都满足 $R''\supseteq R$，所以 R 满足自反闭包定义，即 $r(R)=R$。反之，如果 $r(R)=R$，根据定义 3.23 可知，R 肯定具有自反性。

(2)和(3)的证明过程类似。

设 $A=\{1,2,3,4\}$，$I_A=\{<1,1>,<2,2>,<3,3>,<4,4>\}$，采用 Warshall 算法，求 $t(I_A)=\{<1,1>,<2,2>,<3,3>,<4,4>\}=I_A$，说明 I_A 本身就具有传递性。

传递闭包是图的连通性关系理论基础，图的连通性第 7 章会讲授，所谓图的连通性是图的任意两个结点之间是否有路，利用图的传递闭包（可达矩阵）来判断。传递闭包求法：对图的邻接矩阵利用 Warshall 算法求其传递闭包，回路判断传递闭包主对角线元素是否有 1。

Warshall 算法的实现：

```
#include<stdio.h>
#include<math.h>
void main()
{
  int A[10][10];
  int n,i,j.k;
  printf("请输入关系矩阵的维数 n (n<10)\n");
  scanf("%d".,&n);
  printf("输入 n* n个数据(0 or 1) \n");
  for(i=1;i=n;i++)
  {
    for(j=1;j<=n;j++)
    {
      scanf("%d",&A[i][j]);
      if(A[i][j]!=1 && A[i][j)
      printf("There is an error!");
    }
}
  for(i=1;i<=n;i++)
  {
  for(j=1;j<=n;j++)
    {
        for(k=1;k<=n;k++)
        {
          if(A[i][j]&&(A[i][k]||A[j][k]))
          A[i][k]=1;
        }
    }
    printf("传递闭包的关系矩阵:\n");
    for(i=1;i<=n;i++)
    { for(j=1;j<=n;j++)
          printf("%2d",A[i][j]);
        printf("\n");
    }
  }
```

3.5 集合在关系数据库查询中的应用

一个关系数据表就是其行的集合，数据表中每个行就是由其数据项组成的一个 n 元组(表中有几列就是几元组)，关系代数中选择运算和投影运算即为二元关系中的限制运算和象运算，笛卡儿积运算可以使用 SQL 语句中的多表连接查询来实现，SQL 查询中还允许使用普通的并、交、差、补等运算。在教学中，针对某学生管理数据库中的三个数据表：学生表 S(SNO，SNAME，SEX，AGE，DEP)，课程名表 C(CNO，CNAME，TEACHER)，学生选课表 SC(SNO，CNO，GRADE)。完成下列 SQL 查询，要求学生用连接运算和集合运算完成，并鼓励学生在课外上机验证，以激发学生的学习兴趣。

例 3.19 完成下列 SQL 查询。

(1) 检索数学系和计算机系的所有学生的姓名；

(2) 检索选修 CNO=1 课程的学生的姓名；

(3) 检索既选修 CNO=1 又选修 CNO=2 课程的学生的姓名；

(4) 检索选修 CNO=1 或 CNO=2 课程的学生的姓名。

这个例子有助于学生很好地理解逻辑运算和集合运算之间的关系。如(1)的两种 SQL 查询语句分别如下：

① SELECT SNAME FROM S WHERE DEP="数学系" AND DEP="计算机系"

② SELECT SNAME FROM S WHERE DEP="数学系"

UNION SELECT S.SNAME FROM S WHERE DEP="计算机系"

③ SELECT SNAME FROM S WHERE SNO IN(SELECT SNO FROM SC WHERE CNO=2)

④ SELECT SNO FROM SC WHERE CNO=1 INTERSECT SELECT SNO FROM SC WHERE CNO=2

⑤ SELECT SNO FROM SC WHERE CNO=1 UNION SELECT SNO FROM SC WHERE CNO=2

例 3.20 显示下列 SQL 语句的执行结果，分析该结果的正确性及其原因。

SELECT S.SNAME，C.CNAME FROM S，C

该例子的查询结果是表 S 和表 C 的笛卡儿积，无论学生与课程之间是否有选课关系，都会将学生的姓名和课程名连接起来。

3.6 本章小结

本章介绍的是集合与集合的运算，但是与高中讲授的集合内容有本质区别，是从谓词定义角度去展开集合定义和集合运算。在集合之间的叉乘运算基础上引出笛卡儿积，由笛卡儿积引出关系，所以归根结底关系也是集合，具有集合的运算性质，并且关系是以序偶对为元素的特殊集合，所以关系又具有自己的运算：逆运算、复合运算和闭包运算。集合证明有两种方式：利用集合谓词定义证明和利用集合运算性质证明。

3.7 习题

一、填空题

1. $\{\varnothing,\{\varnothing\}\}-\varnothing=$(　　　　)。
2. 以$\{1,2\}$，$\{1,3\}$，$\varnothing$为子集的最少元素的集合为(　　　　)。
3. 若关系R是自反的，当且仅当在关系矩阵中(　　　　)，在关系图上(　　　　)。
4. 若关系R是反自反的，当且仅当在关系矩阵中(　　　　)，在关系图上(　　　　)。
5. 设关系R是自反的，则$r(R)=$(　　　　)。

二、选择题

1. 设集合$A=\{a,b,\{a,b\}\}$，则下列选项为集合A的子集的是(　　)。

A. $\{a,b,\{a\}\}$　　B. $\{b,\{a\}\}$

C. $\{\{a,b\}\}$　　D. 都不正确

2. 设$S=\{\{a\},3,4,\varnothing\}$，则下列选项不正确的是(　　)。

A. $\{\varnothing\}\in S$　　B. $\{a\}\in S$

C. $\varnothing\in S$　　D. $\varnothing\subseteq S$

3. 设$A=\{a,\{a\}\}$，$P(A)$表示A的幂集，则下列选项不正确的是(　　)。

A. $\{a\}\in P(A)$　　B. $\{a\}\subseteq P(A)$

C. $\{\{a\}\}\in P(A)$　　D. $\{\{a\}\}\subseteq P(A)$

4. 设三元序偶$\langle\langle 1,y+2\rangle,z\rangle=\langle x,2,4\rangle$，则$x,y,z$的值依次为(　　)。

A. 1,0,4　　B. 0,0,4

C. 1,0,1　　D. 4,0,1

5. 下面为四元序偶的是(　　)。

A. $\langle\langle 1,2\rangle,\langle 3,4\rangle\rangle$　　B. $\langle\langle\langle 1,2\rangle,3\rangle,4\rangle$

C. $\langle 1,\langle\langle 2,3\rangle,4\rangle\rangle$　　D. $\langle\langle 1,\langle 2,3\rangle\rangle,4\rangle$

6. 下面关于笛卡儿积叙述正确的是(　　)。

A. $A\times B=B\times A$　　B. $A\times(B\times C)=(A\times B)\times C$

C. $A\times(B\cap C)=(A\times B)\cap(A\times C)$　　D. 都不正确

7. 下列关于二元关系说法，不正确的是(　　)。

A. 二元关系是集合

B. 二元关系中的元素是序偶对

C. 二元关系可以为空集

D. 二元关系中的元素均来自两个不同的集合

8. 设A、B为两个集合，R、S、T为集合A上的二元关系。下面关于运算性质叙述不正确的是(　　)。

A. $(R^c)^c=R$　　B. $(R\circ S)^c=S\circ R$

C. $(A\times B)^c=B\times A$　　D. $(R\circ S)\circ T=R\circ(S\circ T)$

9. 下列选项中既是对称又是反对称的关系是(　　)。

A. 空关系、全域关系　　B. 全域关系、恒等关系

C. 空关系、恒等关系　　D. 都满足

10. 已知 $A=\{a,b,\{a,b\}\}$，则下列选项中集合基数最大的是(　　)。

A. $|A|$　　B. $P(A)$

C. $A\times A$　　D. $P(P(A))$

11. 设 $A=\{1,2,3\}$上定义的 $R=\{<1,2>,<2,1>,<2,3>\}$，则 $R^c\circ R=$(　　)。

A. $\{<2,2>,<1,1>,<3,3>\}$

B. $\{<2,2>,<1,1>,<1,3>,<3,3>\}$

C. $\{<1,3>,<3,3>,<3,1>\}$

D. $\{<2,2>,<1,1>,<1,3>,<3,3>,<3,1>\}$

12. 有关集合上的关系 R 说法不正确的是(　　)。

A. R 既可能具有自反性，又可能具有反自反性

B. R 既可能具有对称性，又可能具有反对称性

C. R 既可能不具有自反性，又可能不具有反自反性

D. R 既可能不具有对称性，又可能不具有反对称性

三、集合运算

1. 设集合 $A=\{a,\{a\},b\}$，$B=\{a,\{a\},\{b\}\}$，求 $A\cup B, A\cap B, A-B, (A-B)\cup(B-A), A\oplus B$。

2. 设 $A=\{\varnothing,\{\varnothing\}\}$，求 $P(A), P(P(A))$。

3. 设 $A=\{a,b,c\}$，求：

(1) A_1, A_2, A_3；

(2) $\{a,b\},\{a,c\}$。

4. 设 $A=\{1,2\}, B=\{1,2,3\}$，则

(1) $A\times B$，$B\times A, A\times A$；

(2) 根据(1)判断笛卡儿积是否满足交换律。

5. 设 $A=\{1,2,3,\cdots,60\}$，则

(1) $A_1=\{x\mid x\in A$，且 x 能被 2 整除$\}$，$A_2=\{x\mid x\in A$，且 x 能被 3 整除$\}$，求 $A_1\cap A_2, A_1\cup A_2$；

(2) $|P(A)|, |A_1\cap A_2|, |A_1\cup A_2|$。

6. 设 A 表示计算机学院的学生集合，B 表示自动化学院的学生集合，C 表示喜欢音乐的学生集合，D 表示喜欢运动的学生集合，E 表示喜欢学习的学生集合，用集合运算表示下列学生集合。

(1) 计算机学院喜欢音乐的学生集合；

(2) 计算机学院喜欢音乐、喜欢运动、喜欢学习的学生集合；

(3) 计算机学院只喜欢音乐的学生集合；

(4) 所有喜欢音乐的学生集合；

(5) 既喜欢音乐、喜欢运动又喜欢学习的学生集合；

(6) 既不喜欢音乐、不喜欢运动又不喜欢学习的学生集合；

(7) 所有只喜欢音乐的学生集合。

四、集合的证明

对任意集合 A,B,C，证明：

1. $(A-B)-C=A-(B\cup C)$；
2. $(A-B)-C=(A-C)-B$；
3. $(A-B)-C=(A-C)-(B-C)$；
4. $A\times(B\cap C)=(A\times B)\cap(A\times C)$；
5. $(A-B)\times C=(A\times C)-(B\times C)$。

五、集合运算

1. $((A\cup B)\cap B)-(A\cup B)$；
2. $(A\cup B\cup C)-(B\cup C)\cup A$；
3. $(A\cap B)-(C-(A\cup B))$。

六、集合上的关系和集合之间的关系

1. 已知从 $A=\{0,1,2\}$ 到 $B=\{0,2,4\}$ 的关系 $R=\{<a,b>|\ a\cdot b\in A\cap B\}$，试求 R 及 R^c，并画出 R 的关系图。

2. 设 $A=\{1,2,3\}$，R、S 为集合 $A\times A$ 上的关系，已知：

$R=\{<1,2>,<2,1>,<1,3>\}$，$S=\{<1,2>,<2,3>,<3,2>,<2,1>\}$，则

(1) $R\cup S$，$R\cap S$，$R-S$，$R\oplus S$，$\sim R$；

(2) dom R，ran R，FLD R；

(3) 画出 R 的关系图；

(4) 求 R 的关系矩阵；

(5) $r(R)$，$s(R)$，$t(R)$；

(6) 求 $R\circ S$，$R^c\circ S$；

(7) 判断 R，S，$R\circ S$，$R^c\circ S$ 分别具有什么关系性质。

3. 设 $A=\{1,2,3\}$，则

(1) $A\times A$ 关系性质；

(2) I_A 关系性质；

(3) $\varnothing$关系性质；

(4) 设集合 A 上关系 $R=\{<1,2>\}$，则

① 求 R 的性质；

② 求 $s(t(R))$和 $t(s(R))$；

③ 判断 $s(t(R))$一定有传递性吗？并说明理由。

4. 试举实例。

(1) 既不自反也不反自反；

(2) 既不对称也不反对称；

(3) 对称与反对称共存。

5. 已知集合 $A=\{1,2,3,4\}$，设 A 上关系 $R=\{<x,y>|x+y<5\}$，则

(1) R 的关系式；

(2) R 的关系矩阵和关系图；

(3) R 的关系性质；

(4) 如何给 R 加最少序偶对，使其具有自反性、对称性和传递性？

第4章
CHAPTER 4

特殊关系及应用

本章主要介绍等价关系、偏序关系和函数关系，无限集合的可数与不可数，无限集合等势证明等。等价关系主要介绍等价类的定义及性质、等价关系与集合划分的关系；偏序关系主要介绍偏序关系定义及性质、哈斯图(偏序关系图)及八个特殊元素，哈斯图为格部分内容的理论奠基；函数关系主要介绍函数定义、函数运算及特殊函数。本章难点是集合等势证明，以及特殊关系的应用。

4.1　集合的划分

在专业理论和工程实践中，经常会有将集合元素按照某种关系分类，如学生成绩分类为优秀、良好、中等、及格和不及格等；教师教学质量分类为优秀、良好、一般和差等；软件测试中基于黑盒测试，测试用例的等价类设计方法问题；编译原理中确定 DFA 的化简问题，都属于集合元素分类问题，而集合元素分类是集合划分与等价关系应用方面问题，数据分布式存储属于集合覆盖问题。

定义 4.1　集合的划分。

令 A 为给定的非空集合，$S=\{S_1,S_2,\cdots,S_n\}$，$S_i\neq\varnothing$，$S_j\neq\varnothing$，$i,j\in\{1,2,\cdots,n\}$，其中，

(1) $S_i\subseteq A$；

(2) $S_i\cap S_j=\varnothing$，$\forall i\in\{1,2,\cdots,n\}(i\neq j)$；

(3) $\bigcup\limits_{i=1}^{n}S_i=A$。

则集合 S 称为集合 A 的划分。

在划分定义中，如果满足(1)和(3)，则集合 S 称为集合 A 的覆盖，可见划分为覆盖的特殊情况。

例 4.1　设集合 $A=\{1,2,3,4\}$，举例说明 A 的 3 种不同的划分、覆盖。

解　集合 A 的 3 种不同划分：$S_1=\{\{1,2\},\{3,4\}\}$，$S_2=\{\{1\},\{2\},\{3\},\{4\}\}$，$S_3=$

$\{\{1,2,3,4\}\}$。

集合 A 的 3 种不同覆盖：$P_1=\{\{1,2,3\},\{3,4\}\}$，$P_2=\{\{1,2\},\{3,4\}\}$，$P_3=\{\{1,2,3,4\},\{2,4\}\}$。

其中，S_2 是最大(细)划分，S_3 是最小(粗)划分。

【注】 划分必是覆盖，覆盖未必是划分；最小划分：全部集合元素组成一个划分块；最大划分又叫最细划分：集合的每一个元素组成一个划分块。

4.2 等价关系与等价类

4.2.1 等价关系

定义 4.2 等价关系。

设 $R\subseteq A\times A$，若 R 满足自反、对称和传递性质，则称 R 为集合 A 上的等价关系。

例 4.2 设 $A=\{1,2,3\}$，R_1 和 R_2 为集合 A 上不同的关系，分别如下：

$R_1=\{<1,1>,<2,2>,<3,3>,<1,2>,<2,1>,<2,3>,<3,2>,<1,3>,<3,1>\}$；

$R_2=\{<1,1>,<2,2>,<3,3>,<1,3>,<3,1>\}$，可见 R_1 和 R_2 都是集合 A 上的等价关系。

由该例可知集合 A 上定义的等价关系不是唯一的。

4.2.2 等价类

定义 4.3 等价类。

设 $R\subseteq A\times A$，并且 R 为等价关系，$\forall a\in A$，集合

$$[a]_R=\{x \mid x\in A, xRa\}$$

则称为元素 a 形成的等价关系的 R 等价类，a 为代表元素。

【思考】 请大家对等价类定义思考，$[a]_R=\{x\mid x\in A, aRx\}$，是否可以？

答案是可以的，因为等价关系 R 定义满足对称性。

【总结】 $[a]_R$ 是指和 a 有 R 关系的一切元素构成的集合。

例 4.3 设 $A=\{1,2,3,4\}$，$R=\{<1,1>,<2,2>,<3,3>,<4,4>,<1,2>,<2,1>\}$，则 $[1]_R=[2]_R=\{1,2\}$，$[3]_R=\{3\}$，$[4]_R=\{4\}$。

观察本例，得到如下等价类性质，并且这些性质不是偶然而是必然，可以通过理论给出证明。

定理 4.1 等价类性质。

设 R 为集合 A 上的等价关系，$\forall a,b,c\in A$，则

(1) $[a]_R\neq\varnothing$，因为自反性 $<a,a>\in R$，所以，至少有 $a\in[a]_R$，证明完毕；

(2) aRb，iff $[a]_R=[b]_R$。

证明 充分性：若 $[a]_R=[b]_R$ 成立，因为 $a\in[a]_R$，所以 $a\in[b]_R$，即 aRb；

必要性：反之若 aRb 成立，设 $\forall c\in[a]_R\Rightarrow cRa\Rightarrow cRb\Rightarrow c\in[b]_R$，所以 $[a]_R\subseteq[b]_R$；

同理，可证 $[b]_R\subseteq[a]_R$；

故$[a]_R=[b]_R$，根据集合子集包含关系的反对称性。

(3) 若$<a,b>\notin R$，则$[a]_R\cap[b]_R=\varnothing$。

反证法　设$[a]_R\cap[b]_R=\{c\}$，则$c\in[b]_R$，即cRb，$c\in[a]_R$，aRc，故aRb，与$<a,b>\notin R$矛盾。

本部分内容微课视频二维码如下所示：

等价类定义

4.2.3　等价关系与集合划分之间的关系

定义 4.4　商集。

设R为集合A上的等价关系，以不同等价类为元素构成的集合称作A关于R的商集，记作$A/R=\{[a]_R \mid \forall a\in A\}$。

接例 4.3，$A/R=\{[1]_R,[3]_R,[4]_R\}=\{\{1,2\},\{3\},\{4\}\}$。

观察A/R得$[1]_R\cup[3]_R\cup[4]_R=A$，它们都为集合$A$的子集，并且任意两个不相等的等价类相交均为$\varnothing$，即$A/R$满足集合$A$划分定义，所以不难看出$A/R$为集合$A$的一种划分。

定理 4.2　集合A上的等价关系R决定了集合A的一种划分，该划分就是商集A/R。

证明　利用划分定义三点：

(1) $\forall a\in[a]_R$，$a\in A$，$[a]_R\subseteq A$，依据等价类定义；

(2) $\bigcup\limits_{\forall a\in A}[a]_R=A$；

(3) 设$[a]_R\neq[b]_R$，$[a]_R\cap[b]_R=\varnothing$。

反证法　设$[a]_R\cap[b]_R\neq\varnothing$，$[a]_R\cap[b]_R=\{c\}$，则$c\in[b]_R$，$cRb$，$c\in[a]_R$，$aRc$，故$aRb$，由等价类的性质得$[a]_R=[b]_R$，则与已知矛盾。

定理 4.3　设S为集合A的一个划分，则其对应A上的一个等价关系，$R=\{<a,b>\mid \text{iff } a$与$b$在同一划分块中$\}$。

证明　利用等价关系定义三点：

(1) 自反性：$\forall a\in A$，因为a与自己在一个划分块中，故aRa；

(2) 对称性：设$\forall a,b\in A$，若aRb，因为a与b在一个划分块中，自然有bRa；

(3) 传递性：设$aRb\wedge bRc$，且$S_i\neq S_j$，即$a,b\in S_i$且$b,c\in S_j$，则$S_i\cap S_j=\{b\}$，根据划分定义$S_i=S_j$，所以aRc成立。

例 4.4　设集合$A=\{1,2,3,4\}$，S为集合A的一种划分，$S=\{\{1,2\},\{3\},\{4\}\}$。

(1) 划分S对应的等价关系R是什么？

$$\begin{aligned}R&=\{1,2\}\times\{1,2\}\cup\{3\}\times\{3\}\cup\{4\}\times\{4\}\\&=\{<1,1>,<2,2>,<3,3>,<4,4>,<1,2>,<2,1>\}\end{aligned}$$

（2）R 的不同等价类是什么？

$$\{1,2\},\{3\},\{4\}$$

（3）等价关系 R 的商集是什么？

$$A/R=\{\{1,2\},\{3\},\{4\}\}$$

【总结】 等价关系与集合的划分的关系。

（1）集合 A 上的等价关系 R，决定 A 的一个划分，该划分就是商集 A/R，等价类即划分块。

（2）集合 A 上的一种划分，就决定了集合 A 上的一种等价关系，设 S 为 A 的一种划分，其中 $S=\{S_1,S_2,\cdots,S_n\}$，则对应的等价关系如下：

$$R=S_1\times S_1\cup S_2\times S_2\cup\cdots\cup S_n\times S_n$$

本部分内容微课视频二维码如下所示：

等价关系与集合划分关系

4.2.4 等价关系的应用案例

1. 案例一 等价关系建模

（1）已知一个班学生成绩为百分制，设 A 为学生成绩集合，$|A|=50$，把学生成绩 A 分类为优秀、良好、中等、及格和不及格，构造其等价关系理论模型如下：

$$R=\{<a,b>\mid(\forall a,b\in A)\wedge((a,b\geqslant 90)\vee(90>a,b\geqslant 80)\vee (80>a,b\geqslant 70)\vee(70>a,b\geqslant 60)\vee(60>a,b))\}$$

不难证明 R 为集合 A 上的等价关系，对应的等价类为对学生成绩的分类，设 $a_i\in A,i\in\{1,2,\cdots,50\}$，若 $a_i=91$，则 $[a_i]_R=\{x\mid x\in A,x\geqslant 90\}$，为优秀；设 $a_j\in A,j\in\{1,2,\cdots,50\}$，若 $a_j=81$，则 $[a_j]_R=\{x\mid x\in A,90>x\geqslant 80\}$，为良好；设 $a_k\in A,k\in\{1,2,\cdots,50\}$，若 $a_k=71$，则 $[a_k]_R=\{x\mid x\in A,80>x\geqslant 70\}$，为中等；设 $a_m\in A,m\in\{1,2,\cdots,50\}$，若 $a_m=61$，则 $[a_m]_R=\{x\mid x\in A,70>x\geqslant 60\}$，为及格；设 $a_l\in A,l\in\{1,2,\cdots,50\}$，若 $a_l=51$，则 $[a_l]_R=\{x\mid x\in A,x<60\}$，为不及格。

（2）高校每学年都有学生对授课教师教学质量评价，这属于典型模糊多属性群决策问题，学生为评价的专家群体，教师为被评估的方案。设学生集合 $S=\{S_1,S_2,\cdots,S_n\}$，被评教师集合 $T=\{t_1,t_2,\cdots,t_m\}$，设评价指标属性为备课情况，互动情况，授课信息量，上课是否流利，上课是否有激情，即指标属性集合 $F=\{f_1,f_2,\cdots,f_5\}$，学生 S_i 对第 k 个教师的第 j 个评价指标的评价矩阵为 $\boldsymbol{A}_i=(a_{kj}^i)_{m\times 5}$，$\boldsymbol{A}_i$ 如下所示：

$$\boldsymbol{A}_i=\begin{bmatrix} a_{11}^i & a_{12}^i & a_{13}^i & a_{14}^i & a_{15}^i \\ a_{21}^i & a_{22}^i & a_{23}^i & a_{24}^i & a_{25}^i \\ \vdots & \vdots & \vdots & \vdots & \vdots \\ a_{m1}^i & a_{m2}^i & a_{m3}^i & a_{m4}^i & a_{m5}^i \end{bmatrix}$$

其中，$i \in \{1,2,\cdots,n\}$，$k \in \{1,2,\cdots,m\}$，$j \in \{1,2,\cdots,5\}$。a_{kj}^{i} 为第 i 位学生对第 k 位授课教师的 j 个评价指标的打分，优秀=90，良好=80，中等=70，及格=60，学生群体对 k 位授课教师的各个评价指标的打分为

$$a_{kj}^{*} = \frac{1}{n}\sum_{i=1}^{n} a_{kj}^{i}$$

第 i 位学生对第 k 位授课教师的第 j 个评价指标的打分偏离专家群体程度为

$$a_{kj}^{i-} = |a_{kj}^{i} - a_{kj}^{*}|$$

第 i 位学生对所有授课教师的所有评价指标的打分偏离专家群体程度为

$$a^{i-} = \frac{1}{m}\sum_{k=1}^{m} \frac{1}{5}\left(\sum_{j=1}^{5} a_{kj}^{i-}\right)$$

根据第 i 位、第 j 位学生对所有授课教师所有指标评价偏离群体程度之间的差异程度，构造 R 关系，$R=\{<s_i,s_j> \mid |a^{i-}-a^{j-}| \leqslant \delta\}$。

群决策评估要求专家评判水平达成共识，所谓共识并不是要求专家评判水平完全一致，而是要求专家评判水平差异在一定程度内。用 δ 阈值表示差异程度，其值大小由群决策主持人和专家根据群决策评估要求结合模糊数学算法探讨决定，显然 R 关系满足自反性、对称性，但不一定传递。为了对学生评判水平分类，要对 R 加入最少序偶对使其满足传递性，即通过构造 R 的传递闭包 $t(R)$，使 R 为等价关系，然后求其等价类从而实现对学生评判水平的分类。

2. 案例二　等价类在软件测试中的应用

软件测试是软件开发的最后一个阶段，其目的是通过运行程序，发现程序中潜在的错误。等价类划分是黑盒测试最常用的方法，其基本思想是把输入数据的可能取值划分为若干个等价类，使每个等价类中的数据可以发现程序中的一类错误，这样只需从每个等价类中选择一个数据作为测试用例就可测试出这类错误，而不需要穷举所有的数据。

例如，在进行黑盒测试用例的设计时，如果输入条件规定了取值范围或值的个数，则可确定一个有效等价类和两个无效等价类。

假设某数据取值范围为 1～999，那么，有效等价类为 1≤数据≤999。无效等价类为两个，其中一个为数据<1；另一个为数据>999。

假如在学生选课系统中，学生一学期只能选修 2～4 门选修课程，那么有效等价类为选课 2～4 门。无效等价类两个，其中一个为只选一门课或未选课；另一个为选课超过 4 门。

4.3 偏序关系

除了等价关系之外，偏序关系也是集合中一种重要关系，有很广泛的实际工程应用背景，偏序关系主要体现在元素之间的次序关系。

4.3.1 偏序关系的定义

定义 4.5 偏序关系。

设 $A \neq \varnothing$，$R \subseteq A \times A$，若 R 满足自反性、反对称性和传递性，则称 R 为集合 A 上的偏

序关系，并记作“$\leqslant$”，序偶$<A,\leqslant>$称为偏序集。

例 4.5 设 A 是整数 12 因子构成的集合，$A=\{1,2,3,4,6,12\}$，R 为集合 A 上整除关系，则整除关系为偏序关系。

【常见偏序关系总结】

(1) 数集合上元素的整除关系；

(2) 数集合上元素的大于或等于、小于或等于关系；

(3) 集合 A 上的恒等关系 I_A；

(4) 集合 $P(A)$元素的子集包含关系，$<P(A),\subseteq>$。

4.3.2 哈斯图

虽然关系有关系图表示方法，但是为了更好地表达偏序关系的层次关系，给出偏序关系自己特有的图形表示方法，即哈斯图(Hasse 图)。在介绍哈斯图方法之前，先介绍盖住集合的概念。

定义 4.6 盖住集合。

在偏序集合$<A,\leqslant>$中，如果 $x,y\in A$，$x\neq y$，$x\leqslant y$，且不存在任何其他元素 z 满足：$z\in A$，$x\leqslant z$，$z\leqslant y$，则称元素 y 能盖住 x，并且所有盖住关系的序偶对构成盖住集合 COV A，其定义如下：

$$\text{COV } A=\{<x,y>\mid x,y\in A, y \text{ 盖住 } x\}$$

对于确定的偏序关系，其盖住关系是唯一确定的，可以根据盖住关系画出偏序关系哈斯图，作图规则如下：

(1) 集合元素用小黑点·表示；

(2) 如果$<x,y>\in$ COV A，则将代表 y 元素的小黑点画在代表 x 元素的小黑点之上(或斜上方)，x 和 y 之间用直线连接。

例 4.6 常见类型的偏序关系哈斯图示例。

(1) 设 $A=\{1,2,3,4,6,12\}$，R 为集合 A 上元素的整除关系，哈斯图如图 4.1(a)所示。

(2) 设 $A=\{1,2,3,4\}$，R 为集合 A 上元素小于或等于关系，哈斯图如图 4.1(b)所示。

(3) 设 $A=\{a,b,c\}$，$<P(A),\subseteq>$，哈斯图如图 4.1(c)所示。

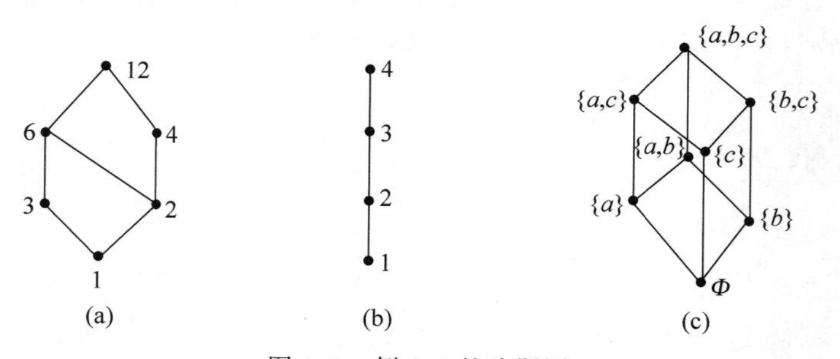

图 4.1 例 4.6 的哈斯图

定义 4.7 哈斯链。

设$<A,\leqslant>$为偏序集合，在 A 的某个子集中，如果任意两个元素都有偏序关系，则称这个子集为哈斯链，子集中元素的个数为链长度，反之，若在 A 的某个子集中，如果任意两个元素都无偏序关系,则称这个子集为反链。

从哈斯图下边元素开始,沿着哈斯图链往上边或者斜上方走都在一条哈斯链上。图 4.1(a) 中,{1,3,6,12},{1,2,6,12},{1,2,4,12}都是哈斯链,但是{1,3,4,12}不是哈斯链,因为 3 和 4 没有偏序关系。子集{3,4}是反链。

4.3.3 偏序集中的特殊元素

设 $R\subseteq A\times A$,R 为偏序关系,$<A,\leqslant>$是偏序集合,偏序集合一共有 8 个特殊元素,分别定义如下:

定义 4.8 极大元(极小元)。

设$<A,\leqslant>$是一个偏序集合,且 $B\subseteq A$,$\exists b\in B$,若 B 中不存在任何元素 x,且 $x\neq b$ 满足 $b\leqslant x$,则称 b 为 B 的极大元,反之称 b 为 B 的极小元。简单理解是 B 中无任何元素盖住 b 时,b 是极大元,B 中无任何元素被 b 盖住时,b 是极小元。

【注】 在子集 B 中,极大元和极小元不唯一,也可能不存在,不同的极大元之间无关系,同理,不同的极小元之间无关系。

例 4.7 已知集合 $A=\{0,1,2,3,4,5,6,7,8,9\}$,集合 A 上偏序关系哈斯图如图 4.2 所示,$B\subseteq A$,其中 $B=\{0,1,2,4,5,6\}$,求 B 的极大元和极小元。

解 子集 B 的极大元:5,6;极小元:0。

定义 4.9 最大元(最小元)。

设$<A,\leqslant>$是一个偏序集合,$B\subseteq A$,$\exists b\in B$,若 $\forall x\in B$,$x\leqslant b$,则称 b 为 B 的最大元,反之称 b 为 B 的最小元。

接例 4.7,子集 B 的最大元:无,最小元:0。若子集 $B=\{0,1,2,4,5,6,7\}$,则子集 B 的最大元:7。

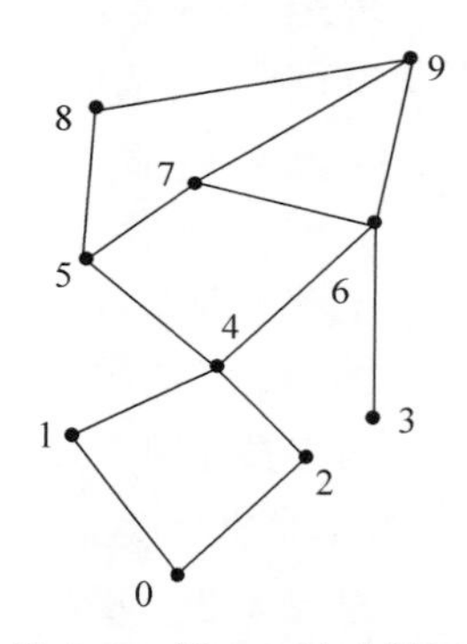

图 4.2 例 4.7 的哈斯图

通过最大元(最小元)定义不难看出,如果子集存在最大元(最小元),则最大元(最小元)一定是极大元(极小元);如果存在唯一的极大元(极小元),则极大元(极小元)一定是最大元(最小元);如果子集存在两个以上的极大元(极小元),则其一定无最大元(最小元)。

【总结】

极大元和极小元只能在子集内,但是不一定唯一;

最大元和最小元只能在子集内且唯一。

定义 4.10 上界(下界)。

设$<A,\leqslant>$是一个偏序集合,$B\subseteq A$,$\exists b\in A$,若 $\forall x\in B$,$x\leqslant b$,则称 b 为子集 B 的上界,反之称 b 为 B 的下界。

接例 4.7,子集 $B=\{0,1,2,4,5,6\}$的上界:7,9,下界:0。

定义 4.11 上确界(最小上界)/下确界(最大下界)。

设$<A,\leqslant>$是一个偏序集合,$B\subseteq A$,设 a 为 B 的任意上界,若对 B 的所有上界 y,均有 $a\leqslant y$,则称 a 为 B 的最小上界(上确界),记作 LUB B;反之称为最大下界(下确界),记作 GLB B。

通过上确界和下确界定义不难看出,上确界是所有上界中找最小的,下确界是所有下界中找最大的。

接例 4.7,子集 $B=\{0,1,2,4,5,6\}$ 的上确界：7,下确界：0。

本部分内容微课视频二维码如下所示：

最大元最小元定义

【总结】 上界、下界子集内外均可以,但是不一定唯一。

4.3.4 特殊偏序集——良序集和全序集

定义 4.12 良序集。

任意偏序集,如果它的每一个非空子集都存在最小元素,则称这种偏序集为良序集。

例如,$I_n=\{0,1,2,\cdots,n\}$,$N=\{0,1,2,\cdots\}$,对于小于或等于关系来说都是良序集,即 $<I_n,\leqslant>$,$<N,\leqslant>$ 是良序集。

定义 4.13 全序集。

设 $<A,\leqslant>$ 为偏序集,如果 $\forall a,b\in A,a\leqslant b$,则称这种偏序集为全序集。

定理 4.4 良序集一定是全序集,反之不一定成立。

证明 设 $<A,\leqslant>$ 为良序集,则 $\forall a,b\in A$ 可以构成 $\{a,b\}\subseteq A$ 都存在最小元素,则这个最小元素不是 a 就是 b,即这两个任意元素之间都有偏序关系：$a\leqslant b$ 或者 $b\leqslant a$,所以 $<A,\leqslant>$ 一定是全序。

如果是无限全序集不一定是良序,例如,实数区间(0,2)上的大于或等于关系是全序关系,但不是良序关系,因为集合本身就不存在最小元素。

定理 4.5 每一个有限全序集一定是良序集。

证明 利用反证法。

已知 $<A,\leqslant>$ 为有限全序集,其中 $A=\{a_1,a_2,\cdots,a_n\}$,假设 $<A,\leqslant>$ 不是良序集,按照良序集定义,必然存在 $B\subseteq A,B\neq\varnothing$,$B$ 中不存在最小元素,因为 B 是有限集,所以在 B 中一定存在两个元素 x 与 y 没有偏序关系,这与题目已知条件 $<A,\leqslant>$ 为全序集矛盾。

4.3.5 偏序关系在项目管理中的应用

项目经理会对项目划分,即划分成子模块,按照模块之间先后顺序进行人员分配。某些模块只能在其他模块完成之后才能开始,某些模块之间没有先后顺序,设模块 X 在模块 Y 结束之后才能开始,则模块 $Y\leqslant X$,由此建立模块的先后顺序,本问题属于典型偏序关系,可以用哈斯图解决。假设一个项目由 9 个子模块构成,模块为 A,B,C,D,E,F,G,L,M,假设这 9 个模块划分顺序的哈斯图如图 4.3 所示,求一个拓扑排序使得可以按照此顺序执行这些任务以完成项目。

通过分析图 4.3 可知,A 和 B 可以并列,C 在 A 和 B 之后,D 和 E 可以并列,F 在 D 和

E 之后，F 和 C 可以并列，G 在 F 和 C 之后，L 和 G 可以并列，M 在 L 和 G 之后。元素并列表示不存在偏序关系，某元素是某些元素之后的元素，则代表之后的元素是该子集最小上界。

模块的拓扑排序可能情况有 A,B,C,D,E,F,G,L,M 和 D,E,F,A,B,C,G,L,M 等。

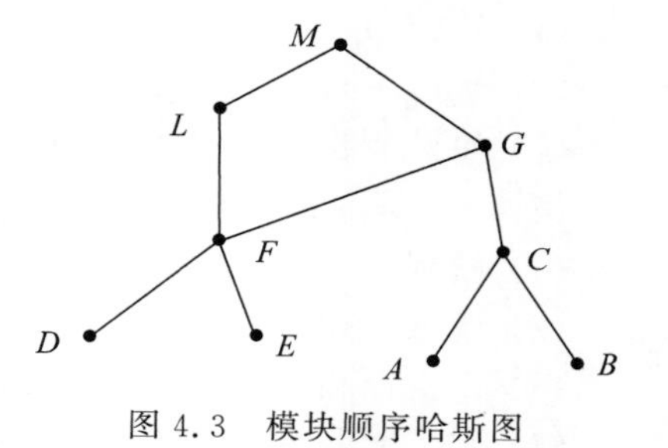

图 4.3 模块顺序哈斯图

4.4 函数关系

函数是一个基本数学概念，在数学中函数相关术语：定义域（原象）、值域（象），抽象函数式符号 $f(x)$、$g(x)$ 等，这里是从特殊关系角度来研究函数，而不是高等数学里的集中函数。例如，把计算机的输入输出关系看成是一种函数。在计算机自动化理论和可计算性理论等领域中，函数有广泛的应用背景。

4.4.1 函数

定义 4.14 函数。

(1) 设 $f \subseteq X \times Y$，若 $\forall x \in X$，都存在唯一 $y \in Y$，即 $<x,y> \in f$ 或 xfy，则称 f 为集合 X 到 Y 的一个函数。记作 $f: X \to Y$ 或 $X \xrightarrow{f} Y$。

函数定义的简单理解：原象都有象，并且象唯一。

(2) $f(X)=\{y \mid y \in Y, f(x)=Y, \forall x \in X\}=\{f(x) \mid \forall x \in X\}$，$f(X)$ 为函数 f 的象集。

例 4.8 设 $X=\{1,2,3\}$，$Y=\{a,b,c,d\}$，判断下列关系是否为函数。

$f_1=\{<1,a>,<1,b>,<2,a>,<3,a>\}$；$f_2=\{<1,a>,<2,a>\}$；$f_3=\{<1,a>,<2,a>,<3,a>\}$。

解 f_1 不是函数，元素 1 的象不唯一；

f_2 不是函数，元素 3 无象；

f_3 是函数。

【函数与关系的区别】

(1) 函数 $\mathrm{dom}\, f=X$，但是关系 $\mathrm{dom}\, R \subseteq X$；

(2) $\forall x \in X$，x 都有象，并且象唯一，但是关系无此要求。

函数属于特殊关系，所以函数的表示方法与关系的表示方法相同，在此不再介绍。

4.4.2 特殊函数

理论上会使用特殊函数做一些证明，主要介绍三种常用的特殊函数，分别为入射函数、满射函数和双射函数。

定义 4.15 设 $f: X \to Y$，特殊函数定义分别如下：

(1) $\forall y \in Y$,都存在 $x \in X$,使 $f(x)=y$,即任何象都有原象,则称 f 为满射函数。

(2) $\forall x_1 \neq x_2$,且 $x_1, x_2 \in X$, $f(x_1) \neq f(x_2)$,则称 f 为入射函数。

(3) 如果函数 f 既是入射又是满射,则称 f 为双射函数。

例 4.9 设 $f: X \to Y$,判断下列函数类型。

(1) 设 $X=\{1,2,3\}$, $Y=\{a,b\}$, $f=\{<1,a>,<2,a>,<3,b>\}$;

(2) 设 $X=\{1,2\}$, $Y=\{a,b,c\}$, $f=\{<1,a>,<2,b>\}$;

(3) 设 $X=\{1,2,3\}$, $Y=\{a,b,c\}$, $f=\{<1,a>,<2,c>,<3,b>\}$。

解 (1)满射,(2)入射,(3)双射。

例 4.10 已知:$\mathbf{Z}$ 为整数集合,$\mathbf{N}$ 为自然数集合,$\mathbf{R}$ 为实数集合,判断下列函数类型。

(1) $f: \mathbf{Z} \to \{0,1,2\}$, $f(i)=i(\bmod 3)$,其中 $i \in \mathbf{Z}$;

(2) $f: \mathbf{Z} \to \{0,1,-1\}$, $f(i)=\begin{cases} 1 & i \text{ 是正数} \\ 0 & i=0 \\ -1 & i \text{ 是负数} \end{cases}$,其中 $i \in \mathbf{Z}$;

(3) $f: \mathbf{N} \to \mathbf{N}$, $f(i)=2i+1$,其中 $i \in \mathbf{N}$;

(4) $f: \mathbf{R} \to \mathbf{R}$, $f(i)=2i+1$,其中 $i \in \mathbf{R}$。

解 (1)满射,(2)满射,(3)入射,(4)双射。

定理 4.6 特殊函数性质。

设 $f: X \to Y$,

(1) 若 f 为入射函数,则 $|X| \leqslant |Y|$;

(2) 若 f 为满射函数,则 $|X| \geqslant |Y|$;

(3) 若 f 为双射函数,则 $|X|=|Y|$。

4.4.3 函数的运算

关系运算有逆关系和复合关系,高中学过的函数有逆函数和复合函数,与此雷同,函数运算也有逆函数和复合函数。

定义 4.16 逆函数。

设 $f: X \to Y$ 是一双射函数;$f^{-1}: Y \to X$ 为 f 的逆函数,记作 f^{-1}。

接例 4.9 (3), $f^{-1}=\{<a,1>,<c,2>,<b,3>\}$。

定义 4.17 复合函数。

设函数 $f: X \to Y$, $g: W \to Z$,若 $f(X) \subseteq W$,则其复合函数为 f 和 g 的复合函数,遵循初等代数的表示习惯,记作 $g \circ f$,其定义如下:

$$g \circ f=\{<x,z> \mid x \in X \wedge z \in Z \wedge (\exists y)(y \in Y \wedge <x,y> \in f \wedge <y,z> \in g)\}$$

例 4.11 $X=\{1,2,3\}$, $Y=\{a,b,c,d\}$, $Z=\{h,m,n\}$, $f: X \to Y$, $g: Y \to Z$;

$f=\{<1,a>,<2,c>,<3,b>\}$, $g=\{<a,h>,<b,m>,<c,m>,<d,n>\}$,求 $g \circ f$。

解 $$g \circ f=\{<1,h>,<2,m>,<3,m>\}$$

【注】 如果是关系复合应该表示为 $f \circ g$,但是遵从高中函数复合习惯,所以函数复合表示为 $g \circ f$。

如, $<x,y> \in f \Leftrightarrow f(x)=y$, $<y,z> \in g \Leftrightarrow g(y)=z$,故 $g(f(x))=z$。

根据函数复合定义,显然 $g \circ f(x)=g(f(x))$。

例 4.12 令 $f: \mathbf{Z} \to \mathbf{Z}$，$\mathbf{Z}$ 是整数集合，$f(x)=2x+3$，$g(x)=3x+2$，求 $g \circ f$ 和 $f \circ g$。

解
$$g \circ f(x)=g(f(x))=g(2x+3)=3(2x+3)+2=6x+11$$
$$f \circ g(x)=f(3x+2)=2(3x+2)+3=6x+7$$

可以看出，函数的复合运算不满足交换律，由于函数也是关系，所以关系复合运算的性质可以传递给函数复合运算。

定理 4.7 两个函数的复合仍然是函数。

证明 (1) 证明函数定义原象都有象。

令 $f: X \to Y$，$g: Y \to Z$，设 $\forall x \in X$，因为 f 是函数，故必有唯一序偶对 $<x,y>$ 使 $y=f(x)$ 成立，而 $f(x) \in f(X)$，即 $f(x) \in Y$。又因为 g 是函数，故必有唯一序偶对 $<y,z>$ 使 $z=g(y)$ 成立，而 $g(y) \in g(Y)$，即 $g(y) \in Z$。根据函数复合定义，即 $\forall x \in X$，都有 $z \in Z$，成立，即复合函数原象都有象。

(2) 证明象唯一。

反证法 假定在 $g \circ f$ 函数中，$\forall x \in X$，对应两个象，即 $<x,z_1> \in g \circ f$，$<x,z_2> \in g \circ f$，且 $z_1 \neq z_2$，这样，在 Y 中必然存在 $y_1 \neq y_2$，使得 f 中有 $<x,y_1>$ 和 $<x,y_2>$，在 g 中有 $<y_1,z_1>$ 和 $<y_2,z_2>$，但是 f 是函数，故 $y_1=y_2$，g 是函数，$z_1=z_2$，所以 $\forall x \in X$ 都有唯一的 $<x,z> \in g \circ f$。

综上所述，$g \circ f$ 满足函数定义。

定理 4.8 函数的复合运算性质。

证明 (1) 满足结合律。

设 $f: A \to B$，$g: B \to C$，$h: C \to D$；

设 $\forall x \in A$，根据 $g \circ f(x)=g(f(x))$，得
$$(h \circ g) \circ f(x)=h \circ g(f(x))=h(g(f(x)))=h(g \circ f(x))=h \circ (g \circ f(x))$$

(2) 设 $g \circ f$ 是复合函数，则

① 若 g,f 是满射函数，则 $g \circ f$ 是满射函数；

② 若 g,f 是入射函数，则 $g \circ f$ 是入射函数；

③ 若 g,f 是双射函数，则 $g \circ f$ 是双射函数。

证明过程参考文献[1]。

4.4.4 函数的应用

函数在计算机领域中应用很多，如函数在数字图像平滑处理中的应用，在编译原理词法分析器中自动机状态转换函数中的应用等。

(1) 如设词法分析器字母表 $\sum=\{a,b\}$，正规式 $a^* | (a|b)a$，不确定有限自动机 NFA 的状态转换图如图 4.4(a)所示，化简后的确定有限自动机 DFA 如图 4.4(b)所示。

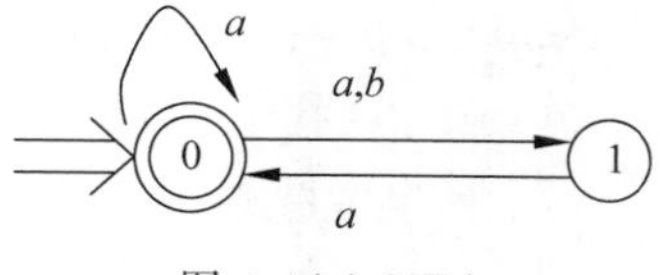

图 4-4(a) NFA

(2) NFA 状态转换函数为 $f(\{0\},a)=\{0,1\}$，$f(\{0\},b)=\{1\}$，$f(\{1\},a)=\{0\}$，NFA 确定化为 DFA 过程，如表 4.1(a)和表 4.1(b)所示。

表 4.1(a) NAF 确定化为 DFA

		a	b
A	0	0,1	1
B	0,1	0,1	1
C	1	0	

表 4.1(b) 重新命名

		a	b
终态	A	B	C
终态	B	B	C
	C	A	

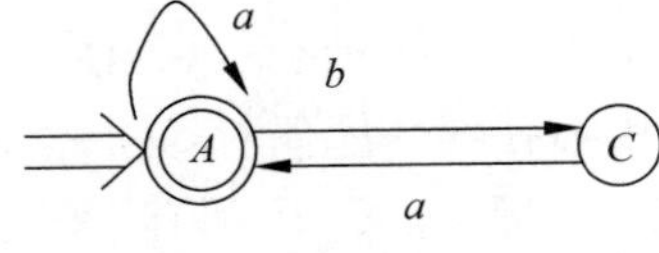

图 4-4(b) 化简后为 DFA

(3) DFA 最少化。

根据终态和非终态分组为(AB),(C);第一次化简得(AB),(C);重新命名得A,C。最少化的 DFA 状态转换如图 4.4(b)所示。

4.5 无限集合基数的比较与表示

本节研究集合的大小,不关注集合的运算,本节内容可以理解为函数的应用。第3章介绍了有限集合的基数,即集合中含有元素的个数,根据集合元素个数有限或者无限情况,集合可以分为有限集合和无限集合。下面通过引入后继集合定义引出自然数集合定义,利用自然数进行集合计数,比较集合大小给出无限集合等势证明等,通过自然数集合定义出无限集合、给出无限集合基数的表示等。

4.5.1 无限集合等势的证明

定义 4.18 后继集合。

设给定集合A,则A的后继集合记作$A^+=A\cup\{A\}$,若A为空集$\varnothing$,则

$$\varnothing^+=\varnothing\cup\{\varnothing\}=\{\varnothing\}$$

$$(\varnothing^+)^+=\{\varnothing\}\cup\{\{\varnothing\}\}=\{\varnothing,\{\varnothing\}\}$$

$$((\varnothing^+)^+)^+=\{\varnothing,\{\varnothing\}\}\cup\{\{\varnothing,\{\varnothing\}\}\}=\{\varnothing,\{\varnothing\},\{\varnothing,\{\varnothing\}\}\}$$

$$\vdots$$

根据集合中含有元素的个数,得$|\varnothing|=0$,$|\varnothing^+|=1$,$|(\varnothing^+)^+|=2$,以此类推,通过$\varnothing$的后继集合得到自然数集合的定义$\{0,1,2,3,\cdots\}$,这个集合亦能概括为如下公理形式(G. Peano 公理):

(1) $0\in\mathbf{N}$(其中$0=\varnothing$)。

(2) 如果$n\in\mathbf{N}$,那么$n^+\in\mathbf{N}$($n^+=n\cup\{n\}$)。

(3) 如果一个子集$S\subseteq\mathbf{N}$具有性质:

① $0\in S$;

② 如果$n\in S$,有$n^+\in S$,则$S=\mathbf{N}$。

说明:公理(3)称极小性质,它指出自然数系统的最小性,即自然数系统是满足公理(1)

和(2)的最小集合。

有了自然数集合的定义，可以引出无限集合定义，可以对无限集合的元素个数进行计数。第3章给出了有限集合基数定义：集合中含有元素的个数，按照有限集合基数定义，$\varnothing$的基数记作0，单元素集合的基数记作1，两个元素的集合基数记作2，以此类推，有限集合的基数就可以用自然数集合的元素计数。但是，对于无限集合，元素个数是无限的，所以无限集合大小不能用确定数值表示，但是无限集合之间元素个数可以进行比较多少。利用一一对应关系定义引出集合等势定义；利用无限集合之间比较基数大小关系给出无限集合等势证明；利用自然数集合给出无限集合定义和有限集合定义。

定义 4.19 一一对应。

设给定两个集合 A 和 B，如果 A 中每个不同元素和 B 中每个不同元素可以分别两两成对，则称 A 和 B 中元素存在一一对应关系。

例 4.13 $A=\{0,1,2,3,\cdots,n,\cdots\}$，$B=\{\cdots,-n,\cdots,-2,-1,0,1,2,3,\cdots,n,\cdots\}$，$A$ 与 B 之间元素一一对应关系如图 4.5 所示。

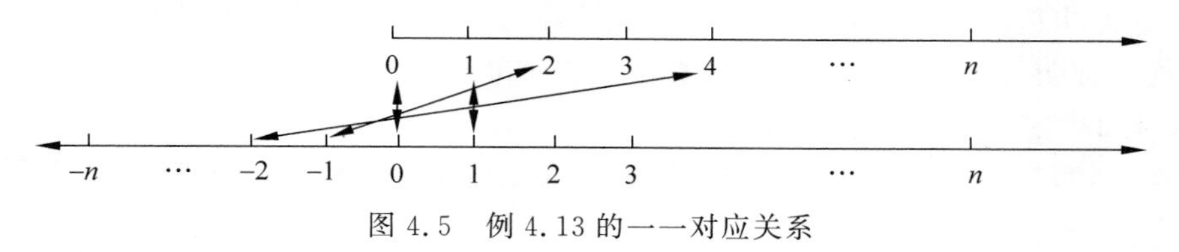

图 4.5 例 4.13 的一一对应关系

集合 A 中0与集合 B 中0对应，集合 A 中1与集合 B 中1对应，集合 A 中3与集合 B 中2对应，以此类推，集合 A 中奇数与集合 B 中正数一一对应。同理，集合 A 中偶数与集合 B 中负数一一对应。

定义 4.20 等势。

当且仅当集合 A 的元素与集合 B 的元素之间存在一一对应关系，则称集合 A 与集合 B 等势，记作 $A\sim B$。

例 4.14 $A=\{0,1,2,3,\cdots,n,\cdots\}$ 和 $B=\{\cdots,-n,\cdots,-2,-1,0,1,2,3,\cdots,n,\cdots\}$ 等势。

有限集合之间等势关系很容易判定，只要集合元素个数相等即可。但是对于无限集合，因为元素个数无法用确定数值衡量，所以不能按照有限集合等势方法判定，通过集合等势定义不难看出，设有无限集合 A，若有集合 B 并且 $A\sim B$，则无限集合 A 和无限集合 B 之间元素一一对应，所以无限集合 A 和无限集合 B 之间必然能定义出双射函数。根据双射函数性质可知，无限集合 A 和无限集合 B 元素个数相等，即基数相等。

例 4.15 证明区间$[0,1]$与$(0,1)$等势。

证明 设集合 $A=\left\{0,1,\dfrac{1}{2},\dfrac{1}{3},\cdots,\dfrac{1}{n},\cdots\right\}$，$A\subseteq[0,1]$；

定义 $f:[0,1]\to(0,1)$，$\forall x\in[0,1]$，使得

$$f(x)=\begin{cases} f(0)=\dfrac{1}{2} \\ f\left(\dfrac{1}{n}\right)=\dfrac{1}{n+2}, n \geqslant 1 \\ f(x)=x, x \in [0,1]-A \end{cases}$$

然后证明 f 是双射函数，由读者自己完成。

例 4.16 设 $\mathbf{R}$ 为实数集合，$S \subseteq \mathbf{R}$，$S=(0,1)$，证明 $\mathbf{R} \sim S$，其中，

$$S=\{x \mid x \in \mathbf{R} \wedge 0<x<1\}$$

证明 令 $f: \mathbf{R} \to S$

$$f(x)=\frac{1}{\pi} \arctan x+\frac{1}{2}, \quad -\infty<x<\infty$$

显然 f 的值域是 S，且 f 是双射函数。

其实，$(0,1) \sim [0,1) \sim (0,1] \sim [0,1] \sim \left(0, \dfrac{1}{2}\right)$，这些连续区间都是等势的。

可见虽然构造双射函数是证明无限集合等势的一种方法，但是如何构造双射函数难度很大，因此为证明无限集合之间等势需要寻求更简单的方法。

定义 4.21 有限集合和无限集合。

$f: \{0,1,2,3,\cdots,n-1\} \to A$，若能证明 f 为双射函数，则 A 是有限集合，否则 A 是无限集合。

定理 4.9 自然数集合 $\mathbf{N}$ 是无限的。

证明 $f: \{0,1,2,3,\cdots,n-1\} \to \mathbf{N}$，设 $k=1+\max\{f(0), f(1), \cdots, f(n-1)\}$，$k \in \mathbf{N}$，但是 k 无原象，所以 f 不是满射函数，故 f 不是双射函数，所以得出 $\mathbf{N}$ 为无限集合。

定义 4.22 若集合 A 到集合 B 存在一个入射，则根据入射函数性质可知 $|A| \leqslant |B|$。同理，若集合 B 到集合 A 存在一个入射，则根据入射函数性质可知 $|B| \leqslant |A|$。

定理 4.10 Cantor-Schroder-Bernstein。

设 A 和 B 为集合，如果 $K[A] \leqslant K[B]$，$K[B] \leqslant K[A]$，则 $K[A]=K[B]$。

根据 4.3 节可知数集合上的 $\leqslant$ 为偏序关系，根据偏序关系反对称性很容易理解这个定理内容。这个定理对证明无限集合有相等的基数（等势）提供了相对简单的方法，即如果能构造入射函数为 $f: A \to B$，则说明 $K[A] \leqslant K[B]$。同理，如果能构造入射函数为 $g: B \to A$，则说明 $K[B] \leqslant K[A]$，再根据定理 4.10 可知 $K[A]=K[B]$，即 $A \sim B$。

用定理 4.10 证明例 4.15。

证明区间 $[0,1]$ 与 $(0,1)$ 等势。

证明 $f: [0,1] \to (0,1)$，设 $\forall x \in [0,1]$；

设 $f(x)=\dfrac{1}{2}x+\dfrac{1}{3}$；证明 f 为入射函数，按照入射函数证明定义：

设 $\forall x_1, x_2 \in [0,1]$，并且 $\forall x_1 \neq x_2$，则 $f(x_1)=\dfrac{1}{2}x_1+\dfrac{1}{3}$，$f(x_2)=\dfrac{1}{2}x_2+\dfrac{1}{3}$。可见，$f(x_1) \neq f(x_2)$，$f([0,1])=\left[\dfrac{1}{3}, \dfrac{5}{6}\right] \subseteq (0,1)$，所以 f 满足入射函数定义，即 $|[0,1]| \leqslant |(0,1)|$。

$g:(0,1)\to[0,1],\forall x\in(0,1)$；

设 $g(x)=x$；证明 g 为入射函数，按照入射函数定义证明：

设 $\forall x_1,x_2\in(0,1)$，并且 $x_1\neq x_2$，则

$g(x_1)=x_1,g(x_2)=x_2,g(x_1)\neq g(x_2),g((0,1))=(0,1)\subseteq[0,1]$，所以 g 满足入射函数定义，即 $|(0,1)|\leqslant|[0,1]|$。

综上所述，$|[0,1]|=|(0,1)|,[0,1]\sim(0,1)$。

入射函数构造不唯一，读者可以通过构造其他入射函数证明此例。

定理 4.11 设 S 为集合族，即 $S=\{S_1,S_2,\cdots,S_i,\cdots\}$，$S_i$ 为集合并且 $S_i\in S$，R 为 S 上的等势关系，其中 $R=\{<S_i,S_j>|S_i、S_j\in S$，并且 $S_i\sim S_j\}$，则 R 是等价关系。

证明 按照等价关系定义证明，即判断 R 是否满足自反、对称和传递性。

自反性：设 $\forall S_i\in S$，必有 $S_i\sim S_i$。

对称性：设 $\forall S_i,S_j\in S$，如果 $S_i\sim S_j$，必有 $S_j\sim S_i$。

传递性：设 $\forall S_i,S_j,S_k\in S$，如果 $S_i\sim S_j$ 并且 $S_j\sim S_k$，必有 $S_i\sim S_k$。

根据集合族上等价关系可以对集合进行划分，凡是彼此等势的集合就划入同一等价类，它们有相同的元素个数，即基数相等。

4.5.2 可数集和不可数集

前面给出无限集合的定义及无限集合基数相等的证明方法，但是并非所有无限集合基数都是相等的。

定义 4.23 与自然数集合 **N** 等势的任意集合称为可数集合，可数集合基数用 $\aleph_0$（读作阿列夫 0）表示。

如，下列均为可数集合：

$\{0,1,2,3,\cdots,n,\cdots\}$；

$\{-n,\cdots,-2,-1,0,1,2,3,\cdots,n\}$；

$\left\{\frac{1}{2},\frac{1}{4},\cdots,\frac{1}{2n},\right\},n\in\{1,2,3,\cdots\}$。

定理 4.12 集合 A 为可数集合充分必要条件是元素可以排列成：

$$A=\{a_1,a_2,\cdots,a_i,\cdots\}$$

证明 若 A 可以排列成上述形式，那么把 A 的元素 a_i 与下标 i 对应，$i\in\{1,2,3,\cdots,n,\cdots\}$ 就可以得到 A 与 **N** 之间元素的一一对应关系，即 $A\sim\mathbf{N}$，即 A 为可数集合。

反之，若 A 为可数集合，那么 A 与集合 **N** 的元素之间存在一一对应关系 f，由对应关系 f 得到 $i(\forall i\in\mathbf{N})$ 的对应元素 a_i，即可得到 A 中元素可以排列为 $A=\{a_1,a_2,\cdots,a_i,\cdots\}$。

【总结】 该定理给我们提供了集合不可数的证明方法，即元素不能一个个排列。

定理 4.13 设自然数集合 **N**，则 $\mathbf{N}\times\mathbf{N}$ 是可数的。

证明 首先把 $\mathbf{N}\times\mathbf{N}$ 的元素按照表 4.2 的次序排列，对表中每个序偶对注加标号，$\mathbf{N}\times\mathbf{N}$ 中元素可以按照对应注加的标号顺序排列：

$\{0,1,2,3,4,5,6,7,8,9,10,11,12,13,14,15,16,17,18,19,20,\cdots\}$

表 4.2 N×N 表

0<0,0>	1<0,1>	3<0,2>	6<0,3>	10<0,4>	15<0,5>	…
2<1,0>	4<1,1>	7<1,2>	11<1,3>	16<1,4>	<1,5>	…
5<2,0>	8<2,1>	12<2,2>	17<2,3>	<2,4>	<2,5>	…
9<3,0>	13<3,1>	18<3,2>	<3,3>	<3,4>	<3,5>	…
14<4,0>	19<4,1>	<4,2>	<4,3>	<4,4>	<4,5>	…
20<5,0>	<5,1>	<5,2>	<5,3>	<5,4>	<5,5>	…

可以构造双射函数：f：$\mathbf{N}\times\mathbf{N}\to\mathbf{N}$，请参考文献[1]。

定理 4.14 全体实数集合 **R** 是不可数的，不可数集合基数$\aleph_1$（读作阿列夫 1）。

证明 因为例 4.16 的证明结论：$S=(0,1)$，$\mathbf{R}\sim S$，所以若能证明 S 是不可数集，则 **R** 必也为不可数集。

反证法。

设 S 是可数的，则 S 中元素必然可以排列为$\{a_1,a_2,\cdots,a_n,\cdots\}$，$\forall a_i\in(0,1)$，$i\in\{1,2,3,\cdots\}$。

设 $a_i=0.y_1y_2\cdots y_j\cdots$，其中 $y_j\in\{0,1,2,\cdots,9\}$，$j\in\{1,2,3,\cdots\}$；

设 $a_1=0.b_{11}b_{12}\cdots b_{1n}\cdots$；

$a_2=0.b_{21}b_{22}\cdots b_{2n}\cdots$；

$a_3=0.b_{31}b_{32}\cdots b_{3n}\cdots$；

$\vdots$

我们再构造一个实数：$r=0.r_1r_2r_3\cdots$，满足：

$$r_i=\begin{cases}1, & b_{ii}\neq 1\\ 0, & b_{ii}=1\end{cases}\quad i\in\{1,2,3,\cdots\}$$

则 r 与所有实数 $a_1,a_2,\cdots,a_n,\cdots$ 都不相等，因为它与 a_1 在位置 1 不同，与 a_2 在位置 2 不同，以此类推，因此证明了 $r\notin S$，矛盾。综上 S 是不可数的，即得出 **R** 是不可数集。

【总结】 $|(0,1)|$基数记作$\aleph_1$，因为 $R\sim(0,1)$，所有$|R|$基数也是$\aleph_1$。

可数集合代表：**N**，**N**×**N**，**Z**，可数集合基数：$\aleph_0$。

不可数集合代表：R，$(0,1)$，$(0,1]$，等，连续区间或者实数轴都是不可数的，不可数集合基数记作$\aleph_1$。

例 4.17 自然数集合 **N** 的基数小于区间$[0,1]$的基数，即$\aleph_0<\aleph_1$。

证明 设 f：$\mathbf{N}\to[0,1]$，则

$f(n)=\dfrac{1}{n+1}$，$n\in\{1,2,3,\cdots\}$，不难证明 f 为入射函数，故$\aleph_0\leqslant\aleph_1$；但是 $0\in[0,1]$无原象，所以 f 不是双射函数，故$\aleph_0\neq\aleph_1$，得出结论$\aleph_0<\aleph_1$。

4.6 本章小结

在集合、关系的基础上，进一步引出特殊关系（等价关系、偏序关系和函数关系）及其应

用。利用后继集合引出自然数集合的定义，利用自然数集合计数进一步拓展无限集合基数定义及其大小比较方法，利用构造入射函数方法证明集合等势，对无限集合分类，给出基数表示符号、可数集和不可数集的定义及证明方法。

【注】 不存在任何基数 $K[S]$，使 $\aleph_0 < K[S] < \aleph_1$ 成立，这就是著名的连续统假设。

4.7 习题

一、选择题

1. 设集合 $A=\{1,2,3\}$，则下列选项为集合 A 的划分的是（　　）。

   A. $\{\{1,2\},\{1,3\}\}$　　B. $\{\{1\},\{2\},\{1,3\}\}$

   C. $\{\{1\},\{2\},\{3\}\}$　　D. 都不正确

2. 设集合 $A=\{1,2,3\}$的划分为$\{\{2\},\{1,3\}\}$，则这种划分所对应的等价关系为（　　）。

   A. $\{<1,1>,<2,2>,<3,3>\}$

   B. $\{<1,1>,<2,2>,<3,3>,<1,3>,<3,1>\}$

   C. $\{<1,3>,<3,1>\}$

   D. $\{<1,1>,<2,2>,<3,3>,<1,3>,<3,1>,<2,1>,<1,2>\}$

3. 已知集合 $A=\{1,2,3\}$，则下列选项不为等价关系的是（　　）。

   A. $A\times A$

   B. I_A

   C. $\{<1,1>,<2,2>,<3,3>,<1,3>,<3,1>\}$

   D. $\{<1,3>,<3,1>\}$

4. 已知集合 $A=\{1,2,3\}$，I_A 对应的集合的划分是（　　）。

   A. $\{\{1,2,3\}\}$　　B. $\{\{1,2\},\{3\}\}$

   C. $\{\{1\},\{2\},\{3\}\}$　　D. $\{1\},\{2\},\{3\}$

5. 设 R 和 S 是集合 A 上的等价关系，则 $R\cup S$ 满足（　　）。

   A. 自反性，对称性　　B. 对称性，传递性

   C. 自反性，传递性　　D. 反对称性，传递性

6. 设 R 和 S 是集合 A 上的等价关系，则 $R\cap S$（　　）。

   A. 一定是等价关系　　B. 不一定是等价关系

   C. 一定不是等价关系　　D. 以上都不对

7. 二元关系 R 是偏序关系的必要条件是（　　）。

   A. 自反的和传递的　　B. 自反的、反对称的和传递的

   C. 反对称的和传递的　　D. 反自反的和反对称的

8. 设 $A=\{1,2,3\}$，下列选项不是偏序关系的是（　　）。

   A. I_A　　B. $A\times A$

   C. 集合 A 元素的大于或等于关系　　D. $<P(A),\subseteq>$

9. 关于偏序关系下列叙述正确的是（　　）。

   A. 最大元最小元不唯一　　B. 极大元不唯一

C. 极小元可以在子集外　　　　D. 上界必须子集内部

10. 已知集合 $A=\{1,2,3\}$，$<P(A),\subseteq>$，则其最大元和最小元分别为(　　)。

A. $\{1,2,3\},\varnothing$　　　　B. $\{1,2,3\},\{1\}$

C. $\varnothing,\{1\}$　　　　D. $\varnothing,\{1,2,3\}$

11. 令 $f:\mathbf{N}\to\{0,1,2\}$，$\forall i\in\mathbf{N}$，$f(i)=i \bmod 3$，则 $f(i)$ 为(　　)。

A. 入射　　　　B. 满射

C. 双射　　　　D. 都不是

12. 令 $f:\mathbf{N}\to\{0,1\}$，$\forall i\in\mathbf{N}$，$f(i)=\begin{cases}1, & i\text{ 是偶数}\\0, & i\text{ 是奇数}\end{cases}$，则 $f(i)$ 为(　　)。

A. 入射　　　　B. 满射

C. 双射　　　　D. 都不是

13. 令 $f:\mathbf{N}\to\mathbf{N}$，$\forall i\in\mathbf{N}$，$f(i)=2i$，则 $f(i)$ 为(　　)。

A. 入射　　　　B. 满射

C. 双射　　　　D. 都不是

14. 令 $f:\mathbf{R}\to\mathbf{R}$，$\forall i\in\mathbf{R}$，$f(i)=\frac{i}{2}-1$，则 $f(i)$ 为(　　)。

A. 入射　　　　B. 满射

C. 双射　　　　D. 都不是

15. 设 $A=\{1,2,3,4,5\}$，$R\subseteq A\times A$，$R=\{<1,2>,<2,1>,<3,5>,<4,4>,<5,1>\}$，则对 R 的描述正确的是(　　)。

A. 关系 R 不是双射函数　　　　B. 关系 R 不是函数

C. 关系 R 是满射函数　　　　D. 关系 R 是入射函数

16. 设 $A=\{1,2,3\}$，f 为定义在集合 A 上的关系，则 f 为函数的是(　　)。

A. $\{<1,2>,<1,3>,<2,3>,<3,1>\}$　　　　B. I_A

C. $A\times A$　　　　D. $\{<1,2>,<2,3>\}$

17. 设 $A=\{1,2,3,4,5\}$，A 上划分 $S=\{\{1,3\},\{2,4\},\{5\}\}$，则该划分对应的等价关系中包含的序偶数量为(　　)。

A. 5　　　　B. 7

C. 9　　　　D. 11

18. 设集合 $A=\{a,b,c\}$，$R\subseteq A\times A$，$R=\{<a,a>,<b,b>,<a,b>,<b,a>,<c,c>\}$ 是 A 上的二元关系，则 R 是(　　)。

A. 既是等价关系又是偏序关系　　　　B. 是偏序关系但不是等价关系

C. 是等价关系但不是偏序关系　　　　D. 既不是等价关系又不是偏序关系

19. 设 $g\circ f$ 是复合函数，若 f,g 都是满射的，则 $g\circ f$ 必是(　　)。

A. 映射　　　　B. 入射

C. 满射　　　　D. 双射

20. 设 $g\circ f$ 是复合函数，若 f 和 g 都是入射的，则 $g\circ f$ 必是(　　)。

A. 映射　　　　B. 入射

C. 满射　　　　D. 双射

21. 集合 $S=\{n^{60} \mid n\in\mathbf{N}\}$ 的基数为(　　)。

A. n　　B. $2n$

C. 60　　D. $\aleph_0$

22. $\mathbf{N}$ 为自然数集合，$(0,1)$ 为 0 到 1 连续区间，则下列基数大小顺序正确的是(　　)。

A. $|\mathbf{N}|=|\mathbf{N}\times\mathbf{N}|=|(0,1)|$　　B. $|\mathbf{N}|=|\mathbf{N}\times\mathbf{N}|<|(0,1)|$

C. $|\mathbf{N}|=|\mathbf{N}\times\mathbf{N}|>|(0,1)|$　　D. $|\mathbf{N}|<|\mathbf{N}\times\mathbf{N}|<|(0,1)|$

二、等价关系

1. 设 $A=\{1,2,3\}$，R 为集合 A 上等价关系，已知 $R=\{<1,1>,<2,2>,<3,3>,<1,2>,<2,1>\}$，求：

(1) R 不同的等价类；

(2) 该等价关系所对应的集合的划分；

(3) $t(s(r(R)))=($　　　$)$。

2. 设 $A=\{1,2,\cdots,10\}$，$R\subseteq A\times A$，$R=\{<a,b>\mid \forall a,b\in A$，并且除以 4 有相同的余数$\}$，证明：

(1) R 是等价关系；(2) 求 R 不同的等价类。

3. 设 $A=\{1,2,3,4,5\}$：

(1) 设 A 的划分为 $\{\{1,3\},\{2,4,5\}\}$，求：

① 该划分对应的等价关系；

② 该等价关系对应的集合的商集；

③ 该等价关系不同的等价类。

(2) 设 A 上等价关系 $R=\{<1,1>,<2,2>,<3,3>,<4,4>,<5,5>,<1,2>,<2,1>\}$，求该等价关系不同的等价类和对应的集合划分；

(3) 通过(1)和(2)总结集合上等价关系与划分的关系，等价类与划分块的关系。

4. 设 $A=\{1,2,3\}$，$R\subseteq A\times A$，已知 $R=\{<1,1>,<1,2>,<2,1>\}$，求：

(1) $r(R)$；(2) $s(R)$；(3) $t(R)$；(4) $t(s(r(R)))$；

(5) 给 R 加最少的序偶对，使 R 具有自反性、对称性和传递性；

(6) 比较(4)和(5)运算结果，得出什么结论？

三、偏序关系

1. 设集合 $A=\{1,2,3,4,6,8,12,24\}$ 上定义整除关系：

(1) 画出哈斯图；

(2) 求子集 $B=\{1,3,4,6,12\}$ 的最大元、最小元、极大元、极小元、上界、下界、上确界和下确界。

2. 设集合 $A=\{0,1,2,3,4\}$ 上定义的偏序关系为 R，其中 $R=\{<0,0>,<1,1>,<2,2>,<3,3>,<4,4>,<1,3>,<0,1>,<0,3>,<0,2>,<2,4>,<0,4>\}$。

(1) 画出哈斯图；

(2) 求子集 $B=\{0,1,2,3\}$ 的最大元、最小元、极大元、极小元、上界、下界、上确界和下确界。

3. 设 $<A,\preccurlyeq>$ 为偏序集，哈斯图如图 4.6 所示，给定子集，$B=\{b,c,d,e,f,g\}$，求其最

大元、最小元、极大元、极小元、上界、下界、上确界和下确界。

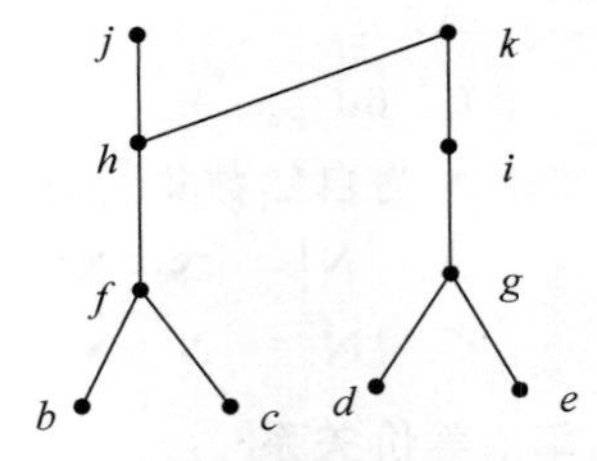

图 4.6 偏序关系题题 3 的哈斯图

4. 已知集合 $A=\{1,3,5,15\}$，$B=\{2,4,8,24\}$，$C=\{2,3,6,9,12,24,36\}$，在集合 A、B、C 上定义整除关系，画出这些偏序关系的哈斯图，并指出哪些是全序关系，哪些是良序关系。

5. 设 $<A,\leqslant>$ 为偏序集，R 为 A 上的偏序关系，证明：

(1) 若 R 为偏序关系，则 R^c 也是偏序关系；

(2) 若 R 为全序关系，则 R^c 也是全序关系。

6. 已知集合 $A=\{1,2,3,4\}$，定义在集合 A 上的四个关系图分别如图 4.7(a)～图 4.7(d)的所示，画出它们的哈斯图，并说明哪个是全序关系，哪个是良序关系。

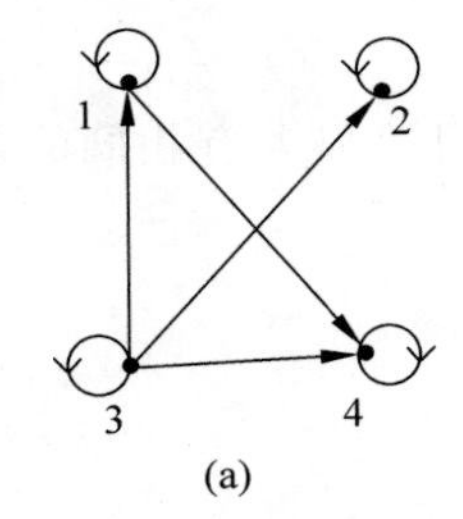

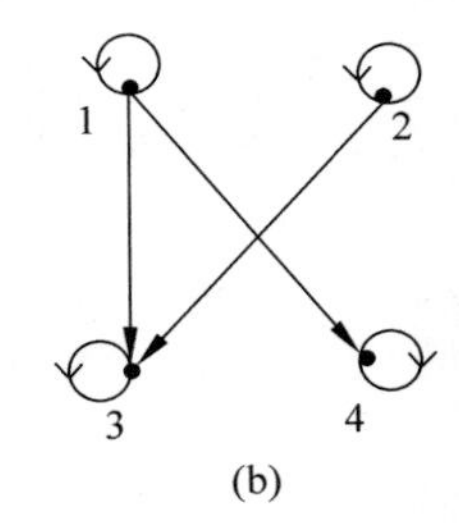

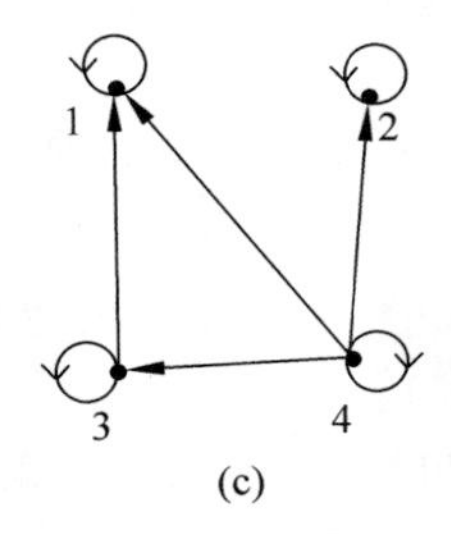

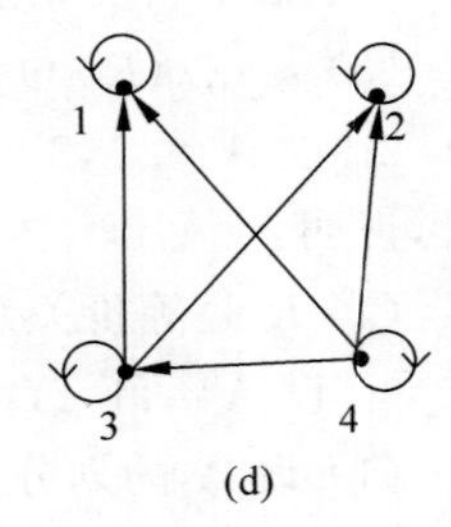

图 4.7 偏序关系题题 6 的关系图

7. 证明 $\left(0,\frac{1}{2}\right)\sim[0,1)$ 等势。

第二篇知识结构总结

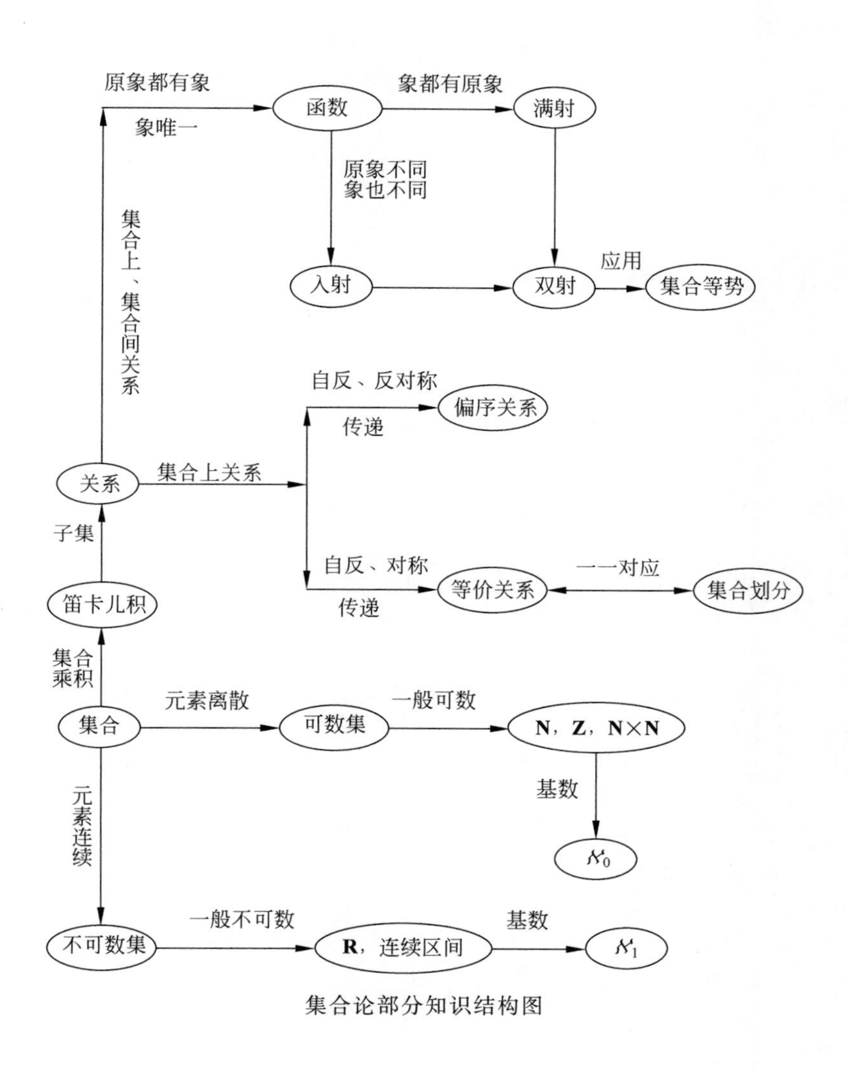

集合论部分知识结构图

第三篇

代数系统

代数系统是数学的一个分支，是代数研究的主要对象，代数系统由一个非空集合和定义在该集合上的一个或多个代数运算组成。代数系统的研究方法和研究结果在计算机科学中有广泛的应用背景，如构造可计算数学模型、研究计算复杂性、编码理论、程序设计语言的语义学、网络安全研究等。反过来，计算机科学的发展对代数系统又提出了新的要求，促使抽象代数系统不断涌现新概念、发展新理论。

代数系统研究起源于19世纪，那时的数学家开始关注数学的体系结构而不是它们的具体内涵。群论概念就是这种抽象数学结构中最重要的概念。埃瓦里斯特·伽罗瓦，法国数学家，出生于巴黎近郊一个小镇，现代数学中的分支学科群论的创立者。他用群论彻底解决了根式求解代数方程的问题，而且由此发展了一整套关于群和域的理论，人们称为伽罗瓦理论，并把其创造的“群”叫作伽罗瓦群(Galois Group)。他还创立了抽象代数学，把代数学的研究推向了一个新的里程碑，标志着数学发展现代阶段开始。

尼尔斯·亨利奇·阿贝尔，挪威数学家，他在数学领域做出了很多开创性的工作，后人称其为天才数学家。他首次完整给出了高于四次的一般代数方程没有一般形式的代数解的证明，他也是椭圆函数领域的开拓者、阿贝尔函数的发现者。虽然阿贝尔成就极高，但是他在生前没有得到认可，其生活非常贫困，去世时只有27岁。1828年，他贡献了方程理论及椭圆函数，也就是有关阿贝尔方程和阿贝尔群的理论。从而伽罗瓦和阿贝尔被后人并称为现代群论创始人。

本篇主要介绍代数系统的基本内容：代数结构、格和布尔代数，目的是让读者了解代数系统的基本理论知识、基本思想、基本方法，并希望读者能利用代数系统理论知识和方法去解决实际问题。

第5章
CHAPTER 5

代数结构

本章主要介绍代数系统抽象定义、抽象二元运算的性质及判断方法，代数系统特殊元素：幺元、零元、逆元的定义及求法；基本代数系统：广群、半群、子半群、独异点；特殊代数系统：群、子群、阿贝尔群和循环群；不同代数系统之间的运算：子群陪集、左陪集关系；拉格朗日定理内容及推论；同态和同构。本章难点群、子群、同构的证明，以及群的应用。

5.1 代数结构及运算

5.1.1 代数系统

定义 5.1 代数系统。

设 $A\neq\varnothing$，$\{f_1,f_2,\cdots,f_n\}$为定义在 A 上的二元运算，由此构成代数系统，记作$<A,f_1,f_2,\cdots,f_n>$，$n\in\mathbf{N}$(非 0 自然数)。

例 5.1 常见的代数系统，$<\mathbf{R},+,-,\times,\div>$，实数集合上定义的算数运算，加、减、乘、除法；

$<P(A),\cap,\cup,-,\oplus>$，集合 A 的幂上定义的集合运算，交、并、差、环和运算；

$<X,\wedge,\vee,\rightarrow,\leftrightarrow>$，设 X 为命题变元集合，命题变元集合上定义的逻辑运算，合取、析取、条件、双条件等。

5.1.2 二元运算

定义 5.2 二元运算。

设代数系统$<A,*>$，$A\neq\varnothing$，$A=\{a_1,a_2,\cdots,a_n\}$，$*$ 为定义在 A 上的抽象二元运算。二元运算的本质是三元序偶集合，每个元素的形式为$<a_i,a_j,b_{ij}>$，其中 $a_i,a_j\in A$，b_{ij} 为 a_i*a_j 的运算结果，其中 $i\in\{1,2,\cdots,n\}$，$j\in\{1,2,\cdots,n\}$，$*$ 二元运算如表 5.1 所示。

表 5.1 * 二元运算表

*	a_1	a_2	…	a_n
a_1	b_{11}	b_{12}	…	b_{1n}
a_2	b_{21}	b_{22}	…	b_{2n}
⋮	⋮	⋮	⋮	⋮
a_n	b_{n1}	b_{n2}	…	b_{nn}

例 5.2 二元运算{T,F}的合取运算。

解 其定义为{<T,T,T>,<T,F,F>,<F,T,F>,<F,F,F>}。

从而可以看出运算就是关系，一个多元的函数关系。

定义 5.3 二元运算性质。

设代数系统$<A,*,\Delta>$,$A\neq\varnothing$,$A=\{a_1,a_2,\cdots,a_n\}$，$*$ 和 Δ 为定义在 A 上的抽象二元运算，总结抽象二元运算性质如下：

1. 封闭性

如果$\forall a,b\in A,a*b\in A$，则称二元运算$*$在集合 A 上满足封闭性。

例 5.3 $<\mathbf{N},+,\times,-,\div>$,$<P(A),\cap,\cup,-,\oplus>$。

解 在 **N** 集合上，+和×是封闭的，−和÷都是不封闭的运算；

在 $P(A)$集合上，∩、∪、−、⊕都是封闭的运算。

本部分内容微课视频二维码如下所示：

封闭性定义

2. 交换律

如果$\forall a,b\in A,a*b=b*a$，则称二元运算$*$在集合 A 上满足交换律。

例 5.4 $<\mathbf{N},+,\times,-,\div>$,$<P(A),\cap,\cup,-,\oplus>$。

解 在 **N** 集合上，+和×都满足交换性，在 $P(A)$集合上，∩、∪、⊕都满足交换性。但是，在 **N** 集合上，−、÷都不满足交换性，在 $P(A)$集合上，−不满足交换性。

3. 结合律

如果$\forall a,b,c\in A,(a*b)*c=a*(b*c)$，则称二元运算$*$在集合 A 上满足结合律。

例 5.5 $<\mathbf{N},+,\times,-,\div>$,$<P(A),\cap,\cup,-,\oplus>$。

解 在 **N** 集合上，+和×都满足结合律，在 $P(A)$集合上，∩、∪、⊕都满足结合律。但是，在 **N** 集合上，−、÷都不满足结合律，在 $P(A)$集合上，−不满足结合律。

4. 分配律

如果$\forall a,b,c\in A,a*(b\Delta c)=(a*b)\Delta(a*c)$和$(b\Delta c)*a=(b*a)\Delta(c*a)$同时成立，则称$*$对$\Delta$可分配。

例 5.6 $<\mathbf{N},\times,+>$。

解 $\times$对$+$可以分配，反之$+$对$\times$不可分配。$<P(A),\cap,\cup>$，$\cap$对$\cup$可以分配，$\cup$对$\cap$可以分配。

5. 吸收律

设$*$和Δ为定义在A上的可交换的二元运算，如果$\forall a,b,c\in A$，$a*(a\Delta b)=a$和$a\Delta(a*b)=a$同时成立，则称$*$运算和Δ运算满足吸收律。

例5.7 $A\cap(A\cup B)=A$，$A\cup(A\cap B)=A$。

解 $\cap$和$\cup$满足吸收律。

6. 等幂律

设$\forall a\in A$，$a*a=a$，则称二元运算$*$在集合A上满足等幂律。

例5.8 $<A,\cap,\cup>$。

解 $\cap$和$\cup$运算都满足等幂律。

$<\mathbf{N},+>$，虽然$0+0=0$，但$+$在$\mathbf{N}$上不满足运算等幂律，0是等幂元素。

7. 消去律

设$\forall a,b,c\in A$，$a*b=a*c$，$b*a=c*a$，最后得出$b=c$，则称二元运算$*$在集合A上满足消去律。

例5.9 (1) $A\oplus B=A\oplus C$；(2) $A\cap B=A\cap C$，$A\cup B=A\cap C$

解 (1) 满足消去律；(2) 不满足消去律。

【注】 设$<A,*>$是一个代数系统，$*$是A上的二元运算，则直接可由运算表判断的运算性质如下：

(1) 运算$*$具有封闭性，当且仅当运算表中的每个元素都属于A；

(2) 运算$*$具有交换律，当且仅当运算表关于主对角线是对称的；

(3) 运算$*$具有等幂律，当且仅当运算表的主对角线上的每一个元素与它所在行(列)的表头元素相同。

例5.10 已知代数系统$<\mathbf{Z},*>$，$\mathbf{Z}$为整数集合，$\forall a,b\in\mathbf{Z}$，$a*b=a+b-1$，证明$*$运算满足封闭性、交换律和结合律。

证明 封闭性：设$\forall a,b\in\mathbf{Z}$，$a*b=a+b-1\in\mathbf{Z}$，所以$*$运算满足封闭性。

交换律：设$\forall a,b\in\mathbf{Z}$，$a*b=a+b-1$，$b*a=b+a-1$，即$a*b=b*a$，故$*$运算满足交换律。

结合律：$\forall a,b,c\in\mathbf{Z}$，则

左：$(a*b)*c=(a+b-1)*c=a+b-1+c-1=a+b+c-1-1$；

右：$a*(b*c)=a*(b+c-1)=a+b+c-1-1=a+b+c-1-1$；

即$(a*b)*c=a*(b*c)$，所以$*$运算满足结合律。

例5.11 设$\forall a,b\in\mathbf{Z}_+$，$\mathbf{Z}_+$为正整数集合，定义$\mathbf{Z}_+$上的两个二元运算分别为

$$a*b=a^b,\quad a\Delta b=a\cdot b$$

试证明$*$对Δ运算不可分配。

证明 设$\forall a,b\in\mathbf{Z}_+$；

$a*(b\Delta c)=a*(b\cdot c)=a^{b\cdot c}$；

$(b\Delta c)*a=(b\cdot c)*a=(b\cdot c)^a$；

$a*(b\Delta c)\neq(b\Delta c)*a$，所以 $*$ 对 Δ 运算不可分配。

例 5.12 设代数系统 $<\{0,1,2,3,4,5\},+_6>$，其中 $+_6$ 为 mod 6 加法运算，运算表如表 5.2 所示，通过运算表求其运算性质。

表 5.2 例 5.12 的 $+_6$ 加法运算表

$+_6$	0	1	2	3	4	5
0	0	1	2	3	4	5
1	1	2	3	4	5	0
2	2	3	4	5	0	1
3	3	4	5	0	1	2
4	4	5	0	1	2	3
5	5	0	1	2	3	4

解 通过运算表可知：运算结果都属于 $\{0,1,2,3,4,5\}$，所以满足集合封闭性，运算结果关于主对角线对称，所以运算满足交换律。运算表主对角线上的元素和行(列)表头不一致，所以 $+_6$ 不满足等幂律，其他性质在运算表中判断不出来。

5.2 代数系统中的特殊元素

代数系统中常见的特殊元素有三个，分别为幺元、逆元和零元，下面从抽象定义和运算表两个方面介绍代数系统中的特殊元素的定义及求法。

定义 5.4 幺元。

设代数系统 $<A,*>$，$*$ 为定义在非空集合 A 上的一个二元运算，对于 $\forall a\in A$，都存在 $e\in A$，使得 $a*e=e*a=a$ 成立，则称 e 为代数系统 $<A,*>$ 的幺元，幺元符号记作 e。

【推论】 通过幺元定义不难理解：在运算表中，幺元所对应的行(列)都和运算表的行(列)表头一致，此推论给我们提供了在运算表中求幺元的方法。

例 5.13 求下列代数系统的幺元。

解 $<\mathbf{N},+>,e=0$；$<\mathbf{N},\times>,e=1$；

$<P(A),\cup>,e=\varnothing$；$<P(A),\cap>,e=A$。

接例 5.12，观察 $+_6$ 加法的运算表 5.2。0 元素所对应的行(列)都和运算表的行(列)表头一致，故 $e=0$。

定理 5.1 幺元唯一性。

设代数系统 $<A,*>$，$*$ 为定义在非空集合 A 上的一个二元运算，若 e 为幺元，则幺元唯一。

证明 反证法。

设代数系统 $<A,*>$ 中存在两个不相等的幺元，分别为 e_1 和 e_2，并且 $e_1\neq e_2$。

按照幺元定义：$e_1*e_2=e_2=e_1$，所以矛盾。

接例 5.10，已知代数系统 $<\mathbf{Z},*>$，$\mathbf{Z}$ 为整数集合，设 $\forall a,b\in\mathbf{Z}$，$a*b=a+b-1$，求幺元 e。

设 $\forall a \in \mathbf{Z}$，则 $a * e = a + e - 1 = a$，$e * a = e + a - 1 = a$，求得 $e = 1$，$1 \in \mathbf{Z}$。

定义 5.5 零元。

设代数系统 $<A, *>$，$*$ 为定义在非空集合 A 上的一个二元运算，对于 $\forall a \in A$，都存在一个 $\theta \in A$，使得 $a * \theta = \theta * a = \theta$ 成立，则 θ 为代数系统 $<A, *>$ 的零元，零元符号记作 θ。

例 5.14 求下列代数系统零元。

解 $<\mathbf{N}, \times>$，$\theta = 0$；$<P(A), \cup>$，$\theta = A$；$<P(A), \cap>$，$\theta = \varnothing$；

$<\mathbf{N}, +>$，无零元。

定理 5.2 零元唯一性。

设代数系统 $<A, *>$，$*$ 为定义在非空集合 A 上的一个二元运算，若 θ 为零元，则零元唯一。

【提示】 利用反证法，请读者自己证明。

定理 5.3 设代数系统 $<A, *>$，$|A| > 1$，若该代数系统中存在幺元 e 和零元 θ，则 $e \neq \theta$。

证明 反证法。

设 $e = \theta$，对于 $\forall a \in A$，$a = e * a = \theta * a = \theta$，说明任何元素都等于零元 θ，则得出 $|A| = 1$ 的结论，与已知 $|A| > 1$ 矛盾。

定义 5.6 元素的逆元。

设代数系统 $<A, *>$，幺元为 e，若某元素 $a \in A$，存在 $b \in A$，使得

$$a * b = b * a = e$$

则称 b 为 a 的逆元，记作 $a^{-1} = b$。

【注】 b 与 a 互为逆元，$a^{-1} = b$，$b^{-1} = a$。

例 5.15 设集合 $S = \{\alpha, \beta, \gamma, \delta, \zeta\}$，$*$ 为定义在集合 S 上的一个二元运算，运算表如表 5.3 所示，求逆元。

表 5.3 例 5.15 的 $*$ 运算表

$*$	α	β	γ	δ	ξ
α	α	β	γ	δ	ξ
β	β	δ	α	γ	δ
γ	γ	α	β	α	β
δ	δ	α	γ	α	γ
ξ	ξ	δ	α	γ	ξ

解 α 为幺元，$\alpha^{-1} = \alpha$，$\beta^{-1} = \gamma$，$\gamma^{-1} = \beta$，$\delta^{-1} = \delta$，ξ 无逆元。

再接例 5.10，已知代数系统 $<\mathbf{Z}, *>$，$\forall a, b \in \mathbf{Z}$，$a * b = a + b - 1$，$e = 1$，求每个元素都有逆元。

根据 $*$ 运算定义及逆元定义，设 $\forall a \in \mathbf{Z}$，则 $a^{-1} \in \mathbf{Z}$。

$a * a^{-1} = e$，则 $a + a^{-1} - 1 = 1$；

$a^{-1} * a = e$，则 $a^{-1} + a - 1 = 1$。

所以求得 $a^{-1} = 2 - a$。

【总结】 设代数系统为$<A, *>$,则

(1) A 有零元 θ,当且仅当该元素所对应的行和列中的元素都与该元素相同;

(2) A 有幺元 e,当且仅当该元素所对应的行和列都与运算表的行表头和列表头相一致;

(3) 某元素 a 与某元素 b 互为逆元,当且仅当位于 a 所在行、b 所在列的元素以及位于 b 所在行、a 所在列的元素都是幺元 e。

定理 5.4 逆元唯一性。

设代数系统$<A, *>$,$*$ 是定义在非空集合 A 上的一个二元运算,幺元为 e,且每一个元素都有逆元。如果 $*$ 是可结合运算,则每个元素的逆元是唯一的。

证明 反证法。

设元素 a 有两个逆元,分别为 b 和 c,并且 $b \neq c$;

$b = b * e = b * (a * c) = (b * a) * c = e * c = c$;

因此 a 的逆元唯一。

5.3 基本代数系统

定义 5.7 基本代数系统。

1. 广群

代数系统$<A, *>$,$A \neq \varnothing$,$*$ 是 A 上的一个二元运算,如果运算 $*$ 是封闭的,则称代数系统$<A, *>$是广群。

例 5.16 判断下列哪个代数系统是广群。

解 广群:$<\mathbf{N}, +, \times>$,$<P(A), \cap, \cup, -, \oplus>$,$<\{0,1,2,3,4,5\}, +_6>$。

不是广群:$<\mathbf{N}, ->$,因为 $-$ 不满足封闭性;$<\{0,1,2\}, +_6>$,$+_6$ 在集合$\{0,1,2\}$上不封闭。

2. 半群

代数系统$<A, *>$,$A \neq \varnothing$,$*$ 是 A 上的一个二元运算,如果

(1) 运算 $*$ 是封闭的;

(2) 运算 $*$ 是可结合的;

则称代数系统$<A, *>$是半群。

例 5.17 判断下列哪个代数系统是半群。

解 半群:$<\mathbf{N}, +, \times>$,$<P(A), \cap, \cup, \oplus>$,$<\{0,1,2,3,4,5\}, +_6>$。

不是半群:$<\mathbf{N}, ->$,因为 $-$ 不满足结合律,也不满足封闭性;$<\{0,1,2\}, +_6>$,$+_6$ 在集合$\{0,1,2\}$上不封闭。

3. 子半群

设代数系统$<A, *>$是半群,$A \neq \varnothing$,$B \subseteq A$,且 $*$ 在 B 上运算满足封闭性,那么$<B, *>$也是一个半群,通常称$<B, *>$是$<A, *>$的子半群。

例 5.18 判断下列哪个代数系统是子半群。

解 $<\mathbf{N},\times>$是$<\mathbf{R},\times>$的子半群，$<\{0,3\},+6>$是$<\{0,1,2,3,4,5\},+6>$的子半群。$<\{0,1,2\},+6>$不是$<\{0,1,2,3,4,5\},+6>$子半群，因为$+6$在$\{0,1,2\}$不满足封闭性。

4. 独异点(含幺半群)

含有幺元的半群称为独异点。

例 5.19 判断下列哪个代数系统是独异点。

解 独异点：$<\mathbf{N},+>$，$<\mathbf{N},\times>$，$<P(A),\cap>$，$<P(A),\cup>$，$<\{0,1,2,3,4,5\},+6>$；不是独异点：$<\mathbf{N}-\{0\},+>$，因为无幺元。

定理 5.5 有限半群性质。

设$<A,*>$是有限半群，则必存在等幂元素，即$\forall a\in A, a*a=a$。

证明 因为$<A,*>$是半群，所以$*$满足运算封闭性，对于$\forall b\in A$，则必有$b^1,b^2,b^3,\cdots,b^i,\cdots,b^j,\cdots\in A$，又因为$A$是有限集合，则必存在两个自然数：$i,j\in\mathbf{N}, i\neq j, b^i=b^j$，设$j=i+p$，即有$b^i=b^i*b^p$，则

$$b^{i+1}=b^{i+1}*b^p$$

$$b^{i+2}=b^{i+2}*b^p$$

$$\vdots$$

$$b^{kp}=b^{kp}*b^p$$

$$b^{kp}=(b^{kp}*b^p)*b^p$$

$$\vdots$$

$$b^{kp}=b^{kp}*b^{kp}$$

令$a=a^{kp}$，则$a=a*a$。

例 5.20 设$<\{a,b\},*>$是半群，且$a*a=b$，证明：

(1) $a*b=b*a$；

(2) 求$b*b$。

证明 (1) $a*b=a*(a*a)=(a*a)*a=b*a$，根据$*$结合律。

(2) $b*b=b$，根据有限半群必有等幂元素。

定理 5.6 独异点性质。

(1) 设$<A,*>$是独异点，$A\neq\varnothing$，$*$运算的运算表中任意两行或两列都是不相同的。

证明 因为$<A,*>$是独异点，所以有幺元e，$*$运算表中幺元所对应的行和列都和行列表头一致，而行列表头是集合A中元素，根据集合元素互异性，所以运算表中不可能有两行或两列相同。

(2) 设$<A,*>$是独异点，$\forall a,b\in A$，且a,b均有逆元，则

① $(a^{-1})^{-1}=a$；

② 若$a*b$有逆元，则$(a*b)^{-1}=b^{-1}*a^{-1}$。

证明 ① $a^{-1}*a=e=a*a^{-1}$，所以$(a^{-1})^{-1}=a$。

② $(a*b)*(b^{-1}*a^{-1})=a*(b*b^{-1})*a^{-1}=a*e*a^{-1}=a*a^{-1}=e$，同理可证$(b^{-1}*a^{-1})*(a*b)=e$。

所以$a*b$有逆元，且$(a*b)^{-1}=b^{-1}*a^{-1}$。

例 5.21 设$<\{0,1\},\vee>$，运算表如表 5.4 所示，证明该代数系统为独异点。

表 5.4 例 5.21 的∨运算表

∨	0	1
0	0	1
1	1	1

证明 ∨运算可结合，由运算表可知，∨满足封闭性，幺元为 0，所以该代数系统为独异点。

例 5.22 设 $<A=\{a^n \mid a \text{ 是正整数}, n\in \mathbf{N}\}, \times>$，证明该代数系统为独异点。

证明 封闭律：设 $\forall a^i, a^j \in A, a^i\times a^j=a^{i+j}\in A$，因为 $i,j\in \mathbf{N}, i+j\in \mathbf{N}$，即×运算对集合 A 满足封闭律。

×运算结合律：设 $\forall a^i, a^j, a^k\in A$，其中 $i,j,k\in \mathbf{N}$，则

$$(a^i\times a^j)\times a^k=a^{(i+j)+k}=a^{i+(j+k)}=a^i\times(a^j\times a^k)$$

存在 e 元：设 $\forall a^i\in A$，证明 e 是否存在？

$a^i\times e=a^i=e\times a^i$，故 $e=a^0\in A$。

综上可知，满足独异点定义，即满足封闭律、结合律、e 元存在，故该代数系统为独异点。

5.4 特殊代数系统

5.4.1 群

定义 5.8 群。

设代数系统 $<G, *>$，$G\neq\varnothing$，$*$ 是 G 上的一个二元运算，如果

(1) 运算 $*$ 是封闭的；

(2) 运算 $*$ 是可结合的；

(3) 存在幺元 e；

(4) $\forall x\in G$，则 $\forall x^{-1}\in G$。

则称代数系统 $<G, *>$ 是群。

例 5.23 利用群定义证明下列代数系统为群。

(1) 证明代数系统 $<\{0,1,2,3,4,5\}, +_6>$ 为群，运算表如表 5.2 所示。

证明 $+_6$ 可结合，并且由群表可知，运算封闭，$e=0, 0^{-1}=0, 1^{-1}=5, 5^{-1}=1, 2^{-1}=4, 4^{-1}=2, 3^{-1}=3$，所以代数系统为群。

(2) 证明代数系统 $<\mathbf{Z}, *>$ 为群，$\mathbf{Z}$ 为整数集合，$\forall a,b\in \mathbf{Z}, a*b=a+b-1$。

① 封闭律：设 $\forall a,b\in \mathbf{Z}, a*b=a+b-1\in \mathbf{Z}$，所以 $*$ 运算满足封闭律。

② 结合律：设 $\forall a,b,c\in \mathbf{Z}$，则

左：$(a*b)*c=(a+b-1)*c=a+b-1+c-1=a+b+c-1-1$；

右：$a*(b*c)=a*(b+c-1)=a+b+c-1-1=a+b+c-1-1$；

所以，$(a*b)*c=a*(b*c)$，满足结合律。

③ 存在幺元 e：

设$\forall a\in \mathbf{Z}$,$a*e=a+e-1=a$;

$e*a=e+a-1=a$;

所以求得$e=1$,$1\in \mathbf{Z}$。

④ 存在逆元:设$\forall a\in \mathbf{Z}$,证明存在$a^{-1}\in \mathbf{Z}$。

根据$*$运算定义及逆元定义,$a*a^{-1}=e$,则$a*a^{-1}=1=a+a^{-1}-1$;

$a^{-1}*a=e$,则$a^{-1}+a-1=1$;

所以求得$a^{-1}=2-a$。

综上所述,满足群定义,该代数系统为群。

定义 5.9 群的阶。

设$<G,*>$是一个群,如果G是有限集,那么称$<G,*>$为有限群,G中元素的个数通常称为该有限群的群阶,记为$|G|$;如果G是无限集,则称$<G,*>$为无限群。

例 5.24 $<\{0,1,2,3,4,5\},+_6>$为有限群,群阶为6,$<\mathbf{R},+>$为无限群。

定理 5.7 群的性质。

设代数系统$<G,*>$为群,则其性质如下:

(1) 群中无零元。

证明 当群阶为1时,它的唯一元素是幺元e。

假设当群阶$|G|>1$且群中含有零元θ,设$\forall x\in G$,$x*\theta=\theta*x=\theta\neq e$,所以零元无逆元,这与群定义矛盾。

(2) 群中方程有唯一解。

对于$a,b\in G$必存在唯一的$x\in G$,使得$a*x=b$。

证明 设a的逆元为a^{-1},令$x=a^{-1}*b$,则$a*x=a*(a^{-1}*b)=(a*a^{-1})*b=e*b=b$。

若另有一解x_1,满足$a*x_1=b$,两端同乘以a^{-1}得$a^{-1}*(a*x_1)=a^{-1}*b=(a^{-1}*a)*x_1=x_1$,即$x_1=a^{-1}*b$,因此$x$是唯一的。

(3) 群满足消去律。

设$\forall a,b,c\in G$,如果有$a*b=a*c$或者$b*a=c*a$,则必有$b=c$,即群满足消去律。

证明 设$a*b=a*c$,且a的逆元为a^{-1},则有

$$a^{-1}*(a*b)=a^{-1}*(a*c)$$

$$(a^{-1}*a)*b=(a^{-1}*a)*c$$

$$e*b=e*c$$

$$b=c$$

当$b*a=c*a$时,同理可证$b=c$。

(4) 群中除幺元e外,无其他等幂元素。

证明该性质先了解等幂元素定义,在代数系统$<A,*>$中,若存在$a\in G$,有$a*a=a$,则称a为等幂元素。

证明 因为$e*e=e$,所以e是等幂元素。

设元素a是G中不等于e元的等幂元素,即$a\in G$,$a\neq e$且$a*a=a$,则有

$$a=e*a=(a^{-1}*a)*a=a^{-1}*(a*a)=a^{-1}*a=e$$

这与假设$a\neq e$矛盾。

（5）有限群运算表中每一行或每一列都是 G 元素的一个置换。

设 S 是一个非空集合，从集合 S 到 S 的一个双射函数称为 S 的一个置换。

例如，设集合 $S=\{a,b,c,d\}$，则下例是 S 的一个置换。

$$\begin{pmatrix} a & b & c & d \\ b & c & d & a \end{pmatrix}$$

即 a 映射到 b，b 映射到 c，c 映射到 d，d 映射到 a。

证明 ① 运算表中任一行或任一列所含 G 中的一个元素不可能多一次。

设 $a\in G$，a 对应的那行元素有两个 c，则有 $a*b_1=a*b_2=c$，且 $b_1\neq b_2$，$b_1,b_2\in G$。根据群满足消去律得到 $b_1=b_2$，这与 $b_1\neq b_2$ 矛盾，列的证明过程同理可证。

② G 中每一个元素都在运算表中的每一行或每一列中出现。

设 $a\in G$，a 对应的那行中，b 没出现，且 $\forall b\in G$，则有

$$b=e*b=(a*a^{-1})*b=a*(a^{-1}*b)$$

根据群定义封闭律，得到 $a^{-1}*b\in G$。

所以 b 肯定会出现在对应于 a 的那一行中。

综上所述，群 G 中的任意元素在 $*$ 运算表中每一行（列）中出现一次且仅一次，所以定理得证。

例 5.25 利用群定义和性质写出 1～4 阶群的群表。

解 群表分别如表 5.5(a)、表 5.5(b)、表 5.5(c)、表 5.5(d)、表 5.5(e)所示，设 e 为幺元。

表 5.5(a) 1 阶群表

*	e
e	e

表 5.5(b) 2 阶群表

*	e	a
e	e	a
a	a	e

表 5.5(c) 3 阶群表

*	e	a	b
e	e	a	b
a	a	b	e
b	b	e	a

表 5.5(d) 4 阶群表

*	e	a	b	c
e	e	a	b	c
a	a	b	c	e
b	b	c	e	a
c	c	e	a	b

表 5.5(e) 4 阶群表

*	e	a	b	c
e	e	a	b	c
a	a	e	c	b
b	b	c	e	a
c	c	b	a	e

本部分内容微课视频二维码如下所示：

利用群定义证明群-实例

【注】 1 阶群、2 阶群和 3 阶群只有一个；4 阶群有两个，其中表 5.5(d)除了幺元 e 外，有两个不同元素互为逆元，有一个元素逆元是自己本身；表 5.6(e)每个元素逆元都是自己本身。

5.4.2 子群

定义 5.10 子群。

设$<G,*>$是一个群，$S\subseteq G$，$S\neq\varnothing$，如果$<S,*>$也构成群，则称$<S,*>$是$<G,*>$的子群。

例 5.26 $<\mathbf{Z},+>$是$<\mathbf{R},+>$子群。

解 设$<G,*>$是一个群，且$|G|>1$，$<S,*>$是$<G,*>$的一个子群，如果 $S=\{e\}$或$S=G$，则称$<S,*>$是$<G,*>$的平凡子群。

定理 5.8 子群性质及子群证明定理。

(1) 设$<G,*>$是一个群，$<S,*>$是$<G,*>$的一个子群，那么$<G,*>$中的幺元 e 必定也是$<S,*>$中的幺元，即群与子群共幺元。

证明 反证法(用消去律证明)

设$<G,*>$幺元为 e_1，$<S,*>$幺元为 e_2，并且 $e_1\neq e_2$，设$\forall x\in S$，已知 $S\subseteq G$，所以 $x\in G$ 得 $e_1*x=e_2*x$，利用群消去律，故 $e_1=e_2$，与假设矛盾，所以群和子群共幺元。

(2) 有限子群证明定理：运算满足封闭律。

设$<G,*>$是一个群，$B\subseteq G$，$B\neq\varnothing$，如果 B 是一个有限集，那么只要运算 $*$ 在 B 上封闭，则$<B,*>$必定是其子群。

证明 根据已知 $B\subseteq G$，设$\forall b\in B$，因为运算 $*$ 在 B 上封闭，故元素 $b^1,b^2,\cdots\in B$，又由于 B 是有限集，所以必然存在正整数 i 和 j，不妨设 $i<j$，使得 $b^i=b^j$，即 $b^i=b^i*b^{j-i}$，这说明 b^{j-i} 是 G 和 B 中的幺元。

如果 $j-i>1$，那么由 $b^{j-i}=b*b^{j-i-1}$ 可知 b^{j-i-1} 是 b 的逆元，并且 $b^{j-i-1}\in B$；

如果 $j-i=1$，那么由 $b^i=b^i*b$ 可知 b 是幺元，幺元逆元是自己本身。

根据已知$<G,*>$是一个群，所以 $*$ 运算满足结合律，又因为 $B\subseteq G$，故 $*$ 在 B 上也结合。

综上所述，$<B,*>$满足子群定义。

【注】 本定理内容可以作为证明有限子群的方法。

例 5.27 已知$<\{0,1,2,3,4,5\},+_6>$是群。

利用群和子群共幺元、有限子群证明定理满足封闭性可得其子群分别为

$$<\{0,3\}+_6>,<\{0,2,4\}+_6>$$

【注】 不理解的读者可以作出$\{0,3\}$和$\{0,2,4\}$的$+_6$ 运算表，通过运算表可知都是封闭的。

(3) 任意子群证明定理。

设$<G,*>$是群，S 是 G 的非空子集，如果对于$\forall a,b\in S$ 都有 $a^*b^{-1}\in S$，则$<S,*>$是$<G,*>$的子群。

证明 首先证明$<G,*>$的幺元也是$<S,*>$的幺元，设$\forall a\in S$，已知 $S\subseteq G$，所以 $a\in G$，则 $a*a^{-1}=e\in S$，且 $a*e=e*a=a$，即 e 既是 G 中的幺元同时也是 S 中的幺元。

其次证明 S 中任意元素都存在逆元，由上可知 e 在 S 中，设 $\forall a\in S, e*a^{-1}=a^{-1}\in S$，即 $\forall a\in S, a^{-1}\in S$。

最后证明 $*$ 运算在 S 中满足封闭律，设 $\forall a,b\in S$，由上证明可知 $b^{-1}\in S$，则 $a*(b^{-1})^{-1}\in S$，即 $*$ 运算满足封闭律。

根据已知条件 $<G,*>$ 是群，$S\subseteq G$，所以 $*$ 运算的结合性可以继承在 S 中，可知 $<S,*>$ 满足子群定义。

【注】 本定理内容可以作为证明任意子群(群阶无限制)的方法。

例 5.28 设 $<H,*>$ 和 $<K,*>$ 都是群 $<G,*>$ 的子群，证明 $<H\cap K,*>$ 也是群 $<G,*>$ 的子群。

证明 **方法一** 用任意子群证明定理 5.8(3)。

因为 $H\subseteq G$ 且 $K\subseteq G$，所以 $H\cap K\subseteq G$。

设 $\forall a,b\in H\cap K$，则 $\forall a,b\in H$，并且 $\forall a,b\in K$，因为 $<H,*>$ 和 $<K,*>$ 是 $<G,*>$ 子群，所以 a^{-1} 和 $b^{-1}\in H$ 并且 a^{-1} 和 $b^{-1}\in K$，即 $a*b^{-1}\in H$ 且 $a*b^{-1}\in K$，故 $a*b^{-1}\in H\cap K$。

综上所述，$<H\cap K,*>$ 也是群 $<G,*>$ 的子群。

方法二 利用子群定义证明。

因为 $H\subseteq G$ 且 $K\subseteq G$，所以 $H\cap K\subseteq G$；

封闭律：设 $\forall a,b\in H\cap K$，即 $a\in H$ 且 $a\in K$，$b\in H$ 且 $b\in K$。

因为 $<H,*>$ 和 $<K,*>$ 都是 $<G,*>$ 群，所以 $a*b\in H$，$a*b\in k$，故 $a*b\in H\cap K$。

幺元：因为 $<H,*>$ 和 $<K,*>$ 都是 $<G,*>$ 子群，所以 $e\in H$，$e\in K$，故 $e\in H\cap K$。

结合律：由已知 $<G,*>$ 是群，$H\cap K\subseteq G$，所以 $*$ 运算的结合律继承在 $H\cap K$ 中。

逆元：设 $\forall a\in H\cap K$，即 $a\in H$ 且 $a\in K$，又因为 $<H,*>$ 和 $<K,*>$ 都是 $<G,*>$ 子群，所以 $a^{-1}\in H$ 且 $a^{-1}\in K$，故 $a^{-1}\in H\cap K$。

综上可知，$<H\cap K,*>$ 满足子群定义。

【注】 根据方法二可知，$<H\cap K,*>$ 满足群定义，并且根据集合性质可知 $H\cap K\subseteq H$ 和 $H\cap K\subseteq K$，所以 $<H\cap K,*>$ 不仅是 $<G,*>$ 子群，也是 $<H,*>$ 和 $<K,*>$ 子群。

5.4.3 交换群(阿贝尔群)

定义 5.11 如果群 $<G,*>$ 中的 $*$ 运算是可交换的，则称该群为阿贝尔群或交换群。

根据 $*$ 运算交换律可知运算表关于主对角线对称。

例 5.29 证明 1～4 阶群都是阿贝尔群，6 阶群不是阿贝尔群。

解 根据例 5.25，1～4 阶群的运算表可知，$*$ 运算都关于运算表对称，故都是阿贝尔群。

定义在集合 $S=\{a,b,c\}$ 上所有的双射函数为

$$f_0: f_0(a)=a, f_0(b)=b, f_0(c)=c$$

$$f_1: f_1(a)=a, f_1(b)=c, f_1(c)=b$$

$$f_2: f_2(a)=b, f_2(b)=a, f_2(c)=c$$

$$f_3: f_3(a)=b, f_3(b)=c, f_3(c)=a$$

$$f_4: f_4(a)=c, f_4(b)=a, f_4(c)=b$$

$$f_5: f_5(a)=c, f_5(b)=b, f_5(c)=a$$

集合 $F=\{f_0,f_1,f_2,f_3,f_4,f_5\}$中任意函数的复合运算∘构成群，群阶为 6，其运算表如表 5.6 所示，显然不是阿贝尔群(复合运算不关于主对角线对称)。

表 5.6 例 5.29 的函数复合运算群表

∘	f_0	f_1	f_2	f_3	f_4	f_5
f_0	f_0	f_1	f_2	f_3	f_4	f_5
f_1	f_1	f_0	f_4	f_5	f_2	f_3
f_2	f_2	f_3	f_0	f_1	f_5	f_4
f_3	f_3	f_2	f_5	f_4	f_0	f_1
f_4	f_4	f_5	f_1	f_0	f_3	f_2
f_5	f_5	f_4	f_3	f_2	f_1	f_0

定理 5.9 设$<G,*>$是群，$<G,*>$是阿贝尔群的充要条件为 $\forall a,b\in G$，有$(a*b)*(a*b)=(a*a)*(b*b)$。

证明 充分性：设 $\forall a,b\in G$，有$(a*b)*(a*b)=(a*a)*(b*b)$。

左：$(a*b)*(a*b)=a*(b*a)*b$；

右：$(a*a)*(b*b)=a*(a*b)*b$。

故 $a*(b*a)*b=a*(a*b)*b$，按照群性质满足消去律得 $b*a=a*b$，即$<G,*>$是阿贝尔群。

必要性：设$<G,*>$是阿贝尔群，则对于 $\forall a,b\in G$，有 $a*b=b*a$，$(a*b)*(a*b)=a*(b*a)*b=a*(a*b)*b=(a*a)*(b*b)$。

如，$<R,+>$，$<\{0,1,2,3,4,5\},+6>$都是阿贝尔群。

定理 5.10 设$<G,*>$是阿贝尔群，则其任何子群都是阿贝尔群。

证明 根据阿贝尔群定义，$*$运算满足交换律，而运算的交换律可以传递给 G 的任何子群。

5.4.4 循环群

定义 5.12 设$<G,*>$为群，$a\in G$，定义 a 的方幂运算如下：

$$a^0=e$$

$$a^{n+1}=a^n*a \quad (n\in \mathbf{Z},\mathbf{Z}\text{ 为整数集合})$$

$$a^{-n}=(a^{-1})^n \quad (n\in \mathbf{Z})$$

由方幂运算定义，可以得到方幂运算性质如下：

$$a^n*a^m=a^{n+m} \quad (n,m\in \mathbf{Z})$$

$$(a^n)^m=a^{nm} \quad (n,m\in \mathbf{Z})$$

$$a^{-n}=(a^{-1})^n=(a^n)^{-1} \quad (n\in \mathbf{Z})$$

定义 5.13 设$<G,*>$为群，如果 $\exists a\in G$，使得 $\forall b\in G$，都能表示为 $b=a^i$，$i\in \mathrm{Z}$，则称该群为循环群，元素 a 称为循环群 G 的生成元。

例 5.30 证明$<\mathbf{Z},+>$为无限循环群，$\mathbf{Z}$ 为整数集合。

证明 不难证明$+$在 $\mathbf{Z}$ 上是封闭的，$+$运算可结合，$e=0$，$\forall i\in \mathbf{Z}$，$i^{-1}=-i$。

根据方幂定义 $1^0=e=0$；

$\forall i \in \mathbf{Z}_+, i=1^i$；

$\forall i \in \mathbf{Z}_-, i=(-1^i)=(1)^{-i}$。

即 1 为群$<\mathbf{Z},+>$生成元，所以$<\mathbf{Z},+>$为循环群。

定义 5.14 设$<G,*>$为有限循环群，$|G|=n$，$\exists b \in G, k \in N$，并且 k 是 n 的因子，$b^k=e$，其中 k 是使 $b^k=e$ 的最小正整数，则称 k 为元素 b 的阶或者周期。

例 5.31 显然幺元的周期为 1。

定理 5.11 设$<G,*>$为有限循环群，$|G|=n$，元素 $a \in G$ 为生成元，则 $a^n=e$，且 $G=\{a^1,a^2,a^3,\cdots,a^n=e\}$。

其中，e 是$<G,*>$的幺元，n 是群阶，n 是生成元 a 的周期。

证明 反证法。

设存在某个正整数 m，且 $m<n$，有 $a^m=e$，那么，由于$<G,*>$是循环群，所以 $\forall b \in G$，都能写成 $b=a^k, k \in N-\{0\}$，而且 $k=mq+r$，其中 q 是某个整数，$0 \leqslant r<m$，这就有 $a^k=a^{mq+r}=(a^m)^q * a^r=a^r$。

于是得到，G 中任意元素都可以表示成 $a^r, 0 \leqslant r<m$，故 G 中最多只有 m 个不同元素，与$|G|=n$ 矛盾，所以，$a^m=e(m<n)$是不可能的。

进一步证明 $a^1,a^2,\cdots,a^n$ 都不相同，利用反证法，设 $a^i=a^j$，其中 $1 \leqslant i<j \leqslant n$，就有 $a^{j-i}=e$，而 $1 \leqslant j-i<n$，这与上面证明 $a^n=e$ 矛盾，所以 $a^1,a^2,\cdots,a^n$ 都不相同，因此 $G=\{a^1,a^2,\cdots,a^n\}$。

例 5.32 已知$<\{0,1,2,3,4,5\},+_6>$为群，证明其为循环群。

解 $1^1=1, 1^2=2, 1^3=3, 1^4=4, 1^5=5, 1^6=0$，所以 1 为生成元；

$5^1=5, 5^2=4, 5^3=3, 5^4=2, 5^5=1, 5^6=0$，所以 5 也为生成元；

$2^1=2, 2^2=4, 2^3=0$，故 2 的周期为 3，同理可求得 4 的周期为 3，3 的周期为 2。

【注】 循环群生成元不唯一，并且 a 如果为生成元，则 a^{-1} 也为生成元；有限循环群中元素 b 的周期如果为 k，则 b^{-1} 的周期也为 k。

定理 5.12 任何一个循环群必定是一个阿贝尔群，反之不一定成立。

证明 设$<G,*>$为循环群，生成元为 a，$\forall x,y \in G$，则必有 $r,s \in \mathbf{Z}$，使得 $x=a^r, y=a^s$，而 $x*y=a^r*a^s=a^{r+s}=a^{s+r}=a^s*a^r=y*x$，故循环群一定是阿贝尔群。

例 5.33 已知$<\{a,b,c,d\},*>$为阿贝尔群，群表如表 5.7 所示。

表 5.7 例 5.33 的 4 阶阿贝尔群表

*	a	b	c	d
a	a	b	c	d
b	b	a	d	c
c	c	d	a	b
d	d	c	b	a

通过群表可见，无生成元，所以不是循环群。

5.5 陪集与拉格朗日定理

定义 5.15 设$<G,*>$为群，$A,B \subseteq G$，且 $A \neq \varnothing, B \neq \varnothing$，则集合 A,B 之积和 A^{-1} 分

别定义为

$$AB=\{a*b \mid \forall a \in A, \forall b \in B\}$$

$$A^{-1}=\{a^{-1} \mid \forall a \in A\}$$

例 5.34 已知<$\{a,b,c,d\}$，$*$>，群表如表5.8所示。

表 5.8 例 5.34 的群表

$*$	a	b	c	d
a	a	b	c	d
b	b	c	d	a
c	c	d	a	b
d	d	a	b	c

解 设子集 $A=\{a,b,c\}$ 和 $B=\{c,d\}$，则 $AB=\{a,b,c,d\}$，$A^{-1}=\{a,c,d\}$。

定理 5.13 拉格朗日定理之一。

设<H，$*$>是群<G，$*$>的子群，则

$$R_L=\{<a,b> \mid a,b \in G, a^{-1}*b \in H\}$$

则称 R_L 为子群 H 在 G 上的左陪集关系，并且 R_L 为等价关系。

证明 自反性：$\forall a \in G, a^{-1}*a=e \in H, <a,a> \in R_L$。

对称性：设 $<a,b> \in R_L, a^{-1}*b \in H$，故 $(a^{-1}*b)^{-1} \in H$，即 $b^{-1}*a \in H$，所以 $<b,a> \in R_L$。

传递性：设 $<a,b>,<b,c> \in R_L$，即 $a^{-1}*b \in H$ 并且 $b^{-1}*c \in H$，由子群 H 的封闭性得 $(a^{-1}*b)*(b^{-1}*c) \in H$ 即 $a^{-1}*c \in H$，所以 $<a,c> \in R_L$。

综上所述，R_L 满足等价关系定义，即自反性、对称性、传递性。

接例5.34，设子群为 $H=\{a,c\}$，则关于子群 H 的左陪集关系 R_L 为

$$R_L=\{<a,a>,<b,b>,<c,c>,<d,d>,<a,c>,<c,a>,<b,d>,<d,b>\}$$

$$[a]_{R_L}=[c]_{R_L}=\{a,c\}, \quad [b]_{R_L}=[d]_{R_L}=\{b,d\}$$

不难看出根据左陪集关系定义去求左陪集关系很麻烦，下面我们寻求左陪集关系的最简单办法。

定义 5.16 设<H，$*$>是群<G，$*$>的一个子群，$\forall a \in G$，则集合 $\{a\}H$（$H\{a\}$）为元素 a 关于子群 H 的左陪集（右陪集），简单记作 aH（Ha）。

$$aH=\{a*h \mid \forall h \in H\}$$

再接例5.34，设 $H=\{a,c\}$，求 H 的不同左陪集。

$$aH=cH=\{a,c\}, \quad dH=bH=\{b,d\}$$

综上所述，接例5.34的结论知

$$[a]_{R_L}=[c]_{R_L}=aH=cH=\{a,c\}, \quad [b]_{R_L}=[d]_{R_L}=bH=dH=\{b,d\}$$

$\forall a \in G, [a]_{R_L} \neq \varnothing$，这些不是巧合，是必然，下面给出证明。

定理 5.14 已知群<G，$*$>，则其左陪集的性质如下：

(1) $\forall a \in G, [a]_{R_L}=aH$；

(2) 若 $\forall a,b\in G$，则 $aH=bH$ 不可兼或 $aH\cap bH=\varnothing$；

(3) $\forall a\in G$，则 $H\sim aH$。

证明 (1) 设 $\forall b\in[a]_{R_L}$，则 $a^{-1}*b\in H$ 即 $b\in aH$，因此 $[a]_{R_L}\subseteq aH$；

反之也成立。设 $\forall b\in aH, a^{-1}*b\in H, <a,b>\in R_L$，故 $b\in[a]_{R_L}, aH\subseteq[a]_{R_L}$；

综上所述，$aH=[a]_{R_L}$。

(2) 请读者自己证明。

(3) 设 $H=\{h_1,h_2,\cdots,h_m\}, m\in\mathbf{N}$；

构造双射函数 $f: H\to aH$；

设 $\forall h\in H$，令 $f(h)=a*h$，证明 f 为双射函数。

首先证明 f 是入射函数：

设 $h_i\neq h_j, h_i, h_j\in H, i,j\in\{1,2,\cdots,m\}, f(h_i)=a*h_i, f(h_j)=a*h_j, f(h_i)\neq f(h_j)$，如果 $f(h_i)=f(h_j)$，利用群性质消去律会得到 $h_i=h_j$，所以 $f(h_i)\neq f(h_j)$。

其次证明 f 是满射函数：

设 $\forall a*h\in aH$，都存在原象 $h\in H$，故 f 是满射函数。

所以，f 是双射函数，得出结论 $H\sim aH$。

根据左陪集性质，设 $H=\{a,c\}$，继续接例 5.34，不同左陪集(等价类) $\{a,c\},\{b,d\}$，得出关于子群 H 的左陪集关系 R_L 的简单求法

$$R_L=\{a,c\}\times\{a,c\}\cup\{b,d\}\times\{b,d\}$$

定理 5.15 拉格朗日定理之二。

如果 G 为有限群，$|G|=n$，H 是 G 子群，$|H|=m$，则 m 是 n 的因子。

证明 因为 R_L 是 G 上的一个等价关系，所以 R_L 不同的等价类是 G 的划分块：$a_1H, a_2H,\cdots,a_kH$，并且每个划分块都和 H 等势。

$$n=|G|=\left|\bigcup_{i=1}^{k}a_iH\right|=mk$$

【总结】 **推论 1** 任何阶为质数的群只有平凡子群。

推论 2 有限群 G 任一元素的周期(阶)必是 $|G|$ 的因子。

证明 设 $\forall a\in G$，a 的周期为 m，即 $a^m=e$，则 a 为生成元构成子群 H，$H=\{a^1, a^2,\cdots,a^m=e\}$，不难看出该子群是循环子群。

此推论是证明有限循环群子群的常用方法。

推论 3 循环群子群仍然为循环群。

推论 4 阶为质数的群一定是循环群，并且除幺元 e 外都是生成元。

利用推论 2 证明循环子群的微课视频二维码如下所示：

元素周期求循环子群

例 5.35　已知$<H,*>$和$<K,*>$是群$<G,*>$子群，且$|H|=2$，$|K|=3$，且$|G|=6$，求$|H\cap K|$。

解　根据例 5.28 可知$H\cap K$不仅是$<G,*>$子群也是$<H,*>$和$<K,*>$子群，所以根据拉格朗日定理可知$|H\cap K|=1$。

5.6　同态与同构

本章前面主要介绍一个代数系统内部运算的性质，以及拥有某些这样性质的特殊代数系统，本节着重介绍两个代数系统的同态关系和同构关系。

定义 5.17　设代数系统$<A,★>$和$<B,*>$，★和$*$是分别为定义在集合A和B上的二元(n元)运算，设f是从A到B的一个映射，$\forall a,b\in A$，有

$$f(a★b)=f(a)*f(b)$$

则称f是从$<A,★>$到$<B,*>$的一个同态映射，并且称$<A,★>$同态于$<B,*>$，记作$A\sim B$，$<f(A),*>$为$<A,★>$的同态象

$$f(A)=\{y\mid y=f(a),a\in A\}\subseteq B$$

例 5.36　设$f:R\rightarrow R$，$f(x)=5^x$，证明f是$<R,+>$到$<R,\times>$的同态映射，其中$+$为普通加法，$\times$为普通乘法。

证明　$\forall x_1,x_2\in R$，$f(x_1+x_2)=5^{x_1+x_2}=5^{x_1}\times 5^{x_2}=f(x_1)*f(x_2)$。

还可以举出其他函数，如可以令$f(x)=4^x$，由此例得知，两个代数系统之间如果同态，则同态映射不一定唯一。

定义 5.18　设f是由$<A,★>$到$<B,*>$的同态映射，如果f是从A到B的一个满射函数，则称f为满同态；如果f是从A到B的一个入射函数，则称f为单一同态；如果f是从A到B的一个双射，则称f为同构映射，并称$<A,★>$和$<B,*>$是同构的，记作$A\cong B$。

接例 5.36，设$x_1\neq x_2$，$\forall x_1,x_2\in R$，$f(x_1)=5^{x_1}$，$f(x_2)=5^{x_2}$，$f(x_1)\neq f(x_2)$，故f为$<R,+>$到$<R,\times>$的单一同态，因为f不是$<R,+>$到$<R,\times>$的满射，故不是满同态。

例 5.37　设$A=\{x\mid x=5i,i\in \mathbf{N}\}$，$\mathbf{N}$为自然数集合。

设$f:\mathbf{N}\rightarrow A$，$\forall i\in \mathbf{N}$：$f(i)=5i$，证明$f$是$<\mathbf{N},+>$到$<A,+>$的同构映射。

证明　$\forall y\in A$，有$i=\frac{y}{5}$，$i\in \mathbf{N}$，显然f是$\mathbf{N}$到A的满射，故结论得证。

设$\forall x_1,x_2\in \mathbf{N}$，$x_1\neq x_2$，$f(x_1)=5x_1$，$f(x_2)=5x_2$，$f(x_1)\neq f(x_2)$，故$f$也是$<\mathbf{N},+>$到$<A,+>$的单一同态。

综上所述，f是$\mathbf{N}$到A的双射函数，即f是$<\mathbf{N},+>$到$<A,+>$的一个同构映射。

例 5.38　设$A=\{a,b,c,d\}$，$B=\{\alpha,\beta,\gamma,\delta\}$，在$A$和$B$上定义二元运算分别如表 5.9(a)和表 5.9(b)所示，证明$<A,★>$和$<B,*>$同构。

表 5.9(a) 例 5.38 的★运算表

★	a	b	c	d
a	a	b	c	d
b	b	a	a	c
c	b	d	d	c
d	a	b	c	d

表 5.9(b) 例 5.38 的 * 运算表

*	α	β	γ	δ
α	α	β	γ	δ
β	β	α	α	γ
γ	β	δ	δ	γ
δ	α	β	γ	δ

证明 设 $f(a)=\alpha, f(b)=\beta, f(c)=\gamma, f(d)=\delta$，显然 f 是一个从 A 到 B 的一个双射函数，通过表 5.9(a)和表 5.9(b)，不难验证 f 是$<A,★>$到$<B,*>$的同态映射，故$<A,★>$和$<B,*>$同构。如果设 $g(a)=\delta, g(b)=\gamma, g(c)=\beta, g(d)=\alpha$，则 g 也是$<A,★>$到$<B,*>$的一个同构。

从本例得出，如果两个代数系统同构，它们之间的同构映射不一定唯一，请读者自己构造该题其他可能的同构映射函数。

例 5.39 表 5.10(a)中的代数系统$<A,★>$，表 5.10(b)中代数系统$<B,*>$和表 5.10(c)中代数系统$<C,▲>$彼此都是同构的。

表 5.10(a) 例 5.39 的★运算表

★	a	b
a	a	b
b	b	a

表 5.10(b) 例 5.39 的 * 运算表

*	偶	奇
偶	偶	奇
奇	奇	偶

表 5.10(c) 例 5.39 的▲运算表

▲	x	y
x	x	y
y	y	x

证明 令 $f: A\to B, f(a)=$偶$, f(b)=$奇，显然 f 是 A 到 B 的双射函数。

通过表 5.10(a)和表 5.10(b)可知，$f(a★b)=f(b)=f(a)*f(b)=$奇，$f(b★a)=f(b)=f(b)*f(a)=$奇，$f(a★a)=f(a)=f(a)*f(a)=$偶，$f(b★b)=f(a)=f(b)*f(b)=$偶，所以$<A,★>$和$<B,*>$是同构的。

令 $g: B\to C, g($偶$)=x, g($奇$)=y$，雷同，$<B,*>$和$<C,▲>$同构。不仅如此，$<A,★>$和$<C,▲>$也同构，请读者自己证明。

通过本例不难看出代数系统之间的同构关系是等价关系，其实该结论不是偶然的而是必然的，定理 5.16 给出本结论的理论证明。

同构概念在后续章节和其他专业课都有广泛应用背景，所以同构概念很重要。从上例不难看出，同构的代数系统，虽然表面形式不同，但是完全可以抽象地把它们看作本质相同的代数系统，区别仅仅是表示符号不同而已。并且，同构的逆仍然是同构的。

定义 5.19 设$<A,★>$是一个代数系统，如果 f 是由$<A,★>$到$<A,★>$的同态，则称 f 是自同态，如果 f 是$<A,★>$到$<A,★>$的同构，则称 f 是自同构。

定理 5.16 设 H 是代数系统集合，即 $H=\{<A_1,★_1>,<A_2,★_2>,\cdots,<A_n,★_n>,\}$，$n\geqslant 1$，则 H 中代数系统之间的同构关系是等价关系。

证明 自反性：代数系统$<A_i,★_i>, i\in\{1,2,\cdots,n\}$恒等映射自同构，故满足自反性。

对称性：设$<A_i,★_i>\cong<A_j,★_j>$，其中 $i,j\in\{1,2,\cdots,n\}$，设它们的同构映射为 f，则 f^{-1} 的同构映射为$<A_j,★_j>$到$<A_i,★_i>$，即$<A_j,★_j>\cong<A,★_i>$，故满足对称性。

传递性：设 f 是 $<A_i,\bigstar_i>$ 到 $<A_j,\bigstar_j>$ 的同构映射，g 是 $<A_j,\bigstar_j>$ 到 $<A_k,\bigstar_k>$ 的同构映射，其中 $i,j,k\in\{1,2,\cdots,n\}$，则 $g\circ f$ 是 $<A,\bigstar_i>$ 到 $<A,\bigstar_k>$ 的同构映射。

综上所述，H 中代数系统之间的同构关系是等价关系。

例 5.39 可以利用本定理得到理论验证。

定理 5.17 设 f 是由 $<A,\bigstar>$ 到 $<B,*>$ 的同态映射，则

(1) 如果 $<A,\bigstar>$ 是半群，则在 f 的作用下，同态象 $<f(A),*>$ 也是半群；

(2) 如果 $<A,\bigstar>$ 是独异点，则在 f 的作用下，同态象 $<f(A),*>$ 也是独异点；

(3) 如果 $<A,\bigstar>$ 是群，则在 f 的作用下，同态象 $<f(A),*>$ 也是群。

证明 (1) 设 $<A,\bigstar>$ 是半群，$<B,*>$ 是代数系统，f 为 $<A,\bigstar>$ 到 $<B,*>$ 的同态映射，则根据函数象集定义有 $f(A)\subseteq B$。

封闭性：设 $\forall y_1,y_2\in f(A)$，根据函数定义必然有 $\forall x_1,x_2\in A$，使得 $f(x_1)=y_1$，$f(x_2)=y_2$，在 A 中必然有 $x=x_1\bigstar x_2$，$x\in A$（根据 $<A,\bigstar>$ 是半群，$\bigstar$ 满足封闭性），所以 $y_1*y_2=f(x_1)*f(x_2)=f(x_1\bigstar x_2)=f(x)\in f(A)$，得证 $<B,*>$ 代数系统中 $*$ 满足封闭性。

结合律：设 $y_1,y_2,y_3\in f(A)$，必然存在 $\forall x_1,x_2,x_3\in A$，使得

$$f(x_1)=y_1,\quad f(x_2)=y_2,\quad f(x_3)=y_3$$

由于 $<A,\bigstar>$ 是半群，故 $\bigstar$ 在 A 上可结合，所以

$$\begin{aligned}(y_1*y_2)*y_3&=[f(x_1)*f(x_2)]*f(x_3)\\&=f(x_1\bigstar x_2)*f(x_3)\\&=f(x_1\bigstar x_2\bigstar x_3)\\&=f(x_1\bigstar(x_2\bigstar x_3))\\&=f(x_1)*f(x_2\bigstar x_3)\\&=f(x_1)*[f(x_2)*f(x_3)]\\&=y_1*(y_2*y_3)\end{aligned}$$

故得知 $*$ 满足结合律。

综上所述，$*$ 满足封闭性、结合律，因此 $<f(A),*>$ 是半群。

(2) 设 $<A,\bigstar>$ 是独异点，e 是 A 的幺元，e 的象为 $f(e)$，则设 $\forall y\in f(A)$，必然存在 $x\in A$，使得 $f(x)=y$，所以有 $y*f(e)=f(x)*f(e)=f(x\bigstar e)=f(x)=y$。

同理可得 $f(e)*y=f(e)*f(x)=f(e\bigstar x)=f(x)=y$。

故得证 $f(e)$ 为 $<f(A),*>$ 幺元，所以 $<f(A),*>$ 是独异点，满足独异点定义。

(3) 设 $<A,\bigstar>$ 是群，$\forall y\in f(A)$，必然存在 $x\in A$，使得 $f(x)=y$，因为 $<A,\bigstar>$ 是群，所以必然存在 $x^{-1}\in A$，根据函数定义 $f(x^{-1})\in f(A)$。$f(x)*f(x^{-1})=f(x\bigstar x^{-1})=f(e)$，同理可得 $f(x^{-1})*f(x)=f(x^{-1}\bigstar x)=f(e)$。所以得证，$f(x)^{-1}=f(x^{-1})$。

综上所述，$<f(A),*>$ 也是群，满足群定义。

定义 5.20 设 f 是由群 $<A,\bigstar>$ 到群 $<B,*>$ 的同态映射，e' 是 B 的幺元，即

$$\mathrm{Ker}(f)=\{x\mid x\in A,f(x)=e'\}$$

称 $\mathrm{Ker}(f)$ 为同态映射 f 的核，简称 f 的同态核。

定理 5.18 设 f 是由群 $<A,\bigstar>$ 到群 $<B,*>$ 的同态映射，则 $\mathrm{Ker}(f)$ 是 A 的子群。

证明 由定理5.17可知：

$$f(e)=e', \quad e\in \mathrm{Ker}(f)$$

存在幺元。

设 $k_1, k_1 \in \mathrm{Ker}(f)$，则

$$f(k_1 \bigstar k_2)=f(k_1) * f(k_2)=e' * e'=e'$$

故 $k_1 \bigstar k_2 \in \mathrm{Ker}(f)$，满足封闭性。

设 $\forall k \in \mathrm{Ker}(f)$，由定理5.17可知：

$$f(k^{-1})=f(k)^{-1}=e'^{-1}=e'$$

所以 $k^{-1} \in \mathrm{Ker}(f)$，满足 $\forall k \in \mathrm{Ker}(f)$ 都存在逆元。

因为 $<A, \bigstar>$ 是群，所以★结合性可以继承给 A 的任何子群。

综上所述，$\mathrm{Ker}(f)$ 是 A 的子群。

5.7 群的应用

代数系统的研究方法和研究成果在构造可计算数学模型、研究计算复杂性、编码理论、程序设计语言的语义学等方面有着重要的理论价值。代数系统中的群论在计算机安全领域有广泛应用背景，如利用置换群实现密钥交换。在讲解枯燥无味的群论时，作者引入了如下应用实例。计算机网络安全中常用的数据加密技术有对称加密和不对称加密。恺撒密码是一种古老的对称加密体制，其基本思想是通过把字母移动一定的位数来实现加密和解密。恺撒密码容易被破解，在实际应用中无法保证通信安全。为了使密码具有更高的安全性，出现了单字母替换密码。如，

明码表：*A B C D E F G H I J K L M NO P Q RS T UV WXY Z*

密码表：*Q W E RT Y U I O P A S D F G H J K L ZXC V B N M*

即明文中的 A 替换成 Q、B 替换成 W、C 替换成 E 等，如果密码表是明码表的任意重排，密钥就会增加到26!种，破解非常困难。很显然，每个字母就是一个置换，这样在26个英文字母上的置换和置换的复合就构成了置换群。

使用字母表替换密码，通信双方需要预先约定好共享的保密密钥(即字母表)。若由于某种原因(如，原密钥受到威胁)需要临时改变密钥，密钥交换就成为一个至关重要的问题。置换群可以实现用户的密钥交换，为了便于理解，假定通信双方之间传输的信息只有 A, B, C 三个字母，三个字母有6个不同置换，这样用户 A, B 的公共信息为置换群 $G=\{\sigma_1, \sigma_2, \sigma_3, \sigma_4, \sigma_5, \sigma_6\}$，运算表如表5.11所示。

表5.11 置换群运算表

置换群	σ_1	σ_2	σ_3	σ_4	σ_5	σ_6
σ_1	σ_1	σ_2	σ_3	σ_4	σ_5	σ_6
σ_2	σ_2	σ_1	σ_5	σ_6	σ_3	σ_4
σ_3	σ_3	σ_6	σ_1	σ_5	σ_4	σ_2
σ_4	σ_4	σ_5	σ_6	σ_1	σ_2	σ_3
σ_5	σ_5	σ_4	σ_2	σ_3	σ_6	σ_1
σ_6	σ_6	σ_3	σ_4	σ_2	σ_1	σ_5

用户 A 从群 G 中构造一个序列 $SA=\{\sigma_2,\sigma_3,\sigma_4,\sigma_5\}$ 并向外界公布，用户 B 从群 G 中构造一个序列 $SB=\{\sigma_1,\sigma_4,\sigma_5,\sigma_6\}$ 也向外界公布；

用户 A 在序列 SA 中选择一个私钥 X，不妨设 $X^{-1}=\sigma_2\sigma_3\sigma_5=\sigma_6$，对 SB 中的元素进行共轭运算 $X\sigma_1X^{-1}$，$X\sigma_4X^{-1}$，$X\sigma_5X^{-1}$，$X\sigma_6X^{-1}$，并把结果发给用户 B，其运算结果为 $\{\sigma_1,\sigma_2,\sigma_5,\sigma_6\}$；

用户 B 在序列 SB 中选择一个私钥 Y，不妨设 $Y=\sigma_4\sigma_5\sigma_6=\sigma_4$，并对 SA 中的元素进行共轭运算 $Y\sigma_2Y^{-1}$，$Y\sigma_3Y^{-1}$，$Y\sigma_4Y^{-1}$，$Y\sigma_5Y^{-1}$，并把结果发给用户 A，其运算结果为 $\{\sigma_3,\sigma_2,\sigma_4,\sigma_6\}$；

用户 A 用自己的私钥 X 和用户 B 发给自己的信息可得

$$\begin{aligned}X\cdot YX^{-1}Y^{-1}&=X\cdot Y(\sigma_2\sigma_3\sigma_5)Y^{-1}=X\cdot Y\sigma_2Y^{-1}\cdot Y\sigma_3Y^{-1}\cdot Y\sigma_5Y^{-1}\\&=\sigma_5\sigma_3\sigma_2\sigma_6=\sigma_6\end{aligned}$$

用户 B 用自己的私钥 Y 和用户 A 发给自己的信息可得

$$\begin{aligned}XYX^{-1}\cdot Y^{-1}&=X(\sigma_4\sigma_5\sigma_6)X^{-1}\cdot Y^{-1}=X\sigma_4X^{-1}X\sigma_5X^{-1}\cdot X\sigma_6X^{-1}Y^{-1}\\&=\sigma_2\sigma_5\sigma_6\sigma_4=\sigma_6\end{aligned}$$

用户 A 和用户 B 即得公共会话密钥 $K=XYX^{-1}Y^{-1}=\sigma_3=(1\ 3)(2\ 4)$。

5.8　本章小结

首先给出代数系统抽象的定义，在非空代数系统上抽象出 7 个二元运算性质的定义及判断方法。然后根据满足的不同运算性质，定义出抽象的基本代数系统及特殊代数系统：广群、半群、子半群、独异点、群、子群、阿贝尔群和循环群，并给出其证明方法，总结出其性质。在子群运算基础上给出子群陪集定义、左陪集关系是等价关系，通过元素关于子群的左陪集是集合的划分块推理证明出拉格朗日定理内容（子群群阶是原群群阶的因子）及推论，通过拉格朗日定理的推论得出有限循环子群新的证明方法。由两个代数系统之间的运算关系引出同态定义，由同态定义结合双射函数定义引出同构定义，也可以理解为同态和同构是函数的应用。

5.9　习题

一、填空题

1. 设 $<\mathbf{R},\times>$，$\mathbf{R}$ 为实数集合，$\times$ 为乘法，则幺元为（　　），零元为（　　），任一非零元素 a 的逆元为（　　）。

2. 设 $<P(S),\cup>$，S 为集合，则零元为（　　），幺元为（　　）。

3. 设集合 $A=\{1,3,4,5,9\}$，$<A,\times_{11}>$，$\times_{11}$ 为模 11 乘法运算，能构成最强的代数系统为（　　）（独异点，群，阿贝尔群选一），3 的逆元为（　　）。

4. 设 $G=<\{1,2,3,4,5,6\},\times_7>$，$\times_7$ 是模 7 乘法，则 2 的周期为（　　）。

二、选择题

1. 在自然数集合 **N** 上，下列(　　)运算是可结合的。

A. $a*b=a-b$　　B. $a*b=\max\{a,b\}$

C. $a*b=a+2b$　　D. $a*b=|a-b|$

2. 设 $\mathbf{R}_+$，$\mathbf{Z}_+$ 分别是正实数和正整数集合，$+$，$-$，$\times$，$/$ 分别是普通的加法、减法、乘法、除法运算，则(　　)是半群。

A. $<\mathbf{Z}_+,->$　　B. $<\mathbf{R}_+,->$

C. $<\mathbf{R}_+,\times>$　　D. $<\mathbf{R}_+,/>$

3. 下列 $*$ 运算(　　)能使 $<\{a,b\},*>$ 成为独异点。

A.

*	a	b
a	a	b
b	a	b

B.

*	a	b
a	a	a
b	b	b

C.

*	a	b
a	a	a
b	a	a

D.

*	a	b
a	a	b
b	b	a

4. 半群、群及独异点之间的集合包含关系下列选项正确的是(　　)。

A. 群⊆独异点⊆半群　　B. 独异点⊆半群⊆群

C. 独异点⊆群⊆半群　　D. 群⊆半群⊆独异点

5. 任意具有多个等幂元的半群，其(　　)。

A. 不能构成群　　B. 不一定能构成群

C. 必能构成群　　D. 以上说法都不对

6. **Q** 为有理数集，$<\mathbf{Q},\times>$(其中 $\times$ 为普通乘法运算)不能构成(　　)。

A. 群　　B. 独异点

C. 半群　　D. 交换半群

7. 已知 **R** 为实数集合，设 $\forall a,b\in\mathbf{R}$，$a*b=a\cdot b$($\cdot$ 为普通乘法运算)，则代数系统 $<\mathbf{R},*>$ 能构成最强的代数系统是(　　)。

A. 半群　　B. 独异点

C. 群　　D. 阿贝尔群

8. 6 阶群的任何子群一定不是(　　)。

A. 2 阶　　B. 3 阶

C. 4 阶　　D. 6 阶

9. 已知代数系统 $<\mathbf{R}-\{0\},/>$，**R** 为实数集合，/ 为普通除法运算，设 $\forall r\in\mathbf{R}$，则幺元 e 和 r^{-1} 分别为(　　)。

A. $0,-\frac{1}{r}$　　B. 不存在，不存在

C. $1,\frac{1}{r}$　　D. $1,-r$

10. 下列(　　)阶群可能不是循环群。

A. 2 阶　　B. 3 阶

C. 1 阶　　D. 6 阶

11. 设 7 阶群,下列说法错误的是(　　)。

A. 该群为循环群,有 6 个生成元　　B. 该群只有 2 个平凡子群

C. 该群除幺元外每个元素的周期都为 7　　D. 该群不一定是阿贝尔群

12. $<A, *>$是群,$|A|=18$,则子群个数为(　　)。

A. 2　　B. 6

C. 3　　D. 4

13. 已知代数系统$<\mathbf{Z}, \times>$,$\mathbf{Z}$ 为整数集合,则该代数系统最细致的分类为(　　)。

A. 半群　　B. 广群

C. 独异点　　D. 群

14. 设半群为 $A=\{a,b\}$,其中 $a*a=b$,则 $b*b=$(　　)。

A. a　　B. b

C. a 或 b　　D. 都不正确

15. 已知$<\{0,1,2,3,4,5\},+6>$,该循环群的生成元为(　　)。

A. 1,5　　B. 2,4

C. 3,5　　D. 1,3

16. 循环群$<\mathbf{Z},+>$的所有生成元为(　　),$\mathbf{Z}$ 为整数集合。

A. 1,0　　B. −1,2

C. 1,2　　D. 1,−1

17. 设$<A, *>$是群,以下关于群性质描述错误的是(　　)。

A. 群中无等幂元素

B. 群满足消去率

C. 群表的任何行(列)都是 A 集合上的置换

D. 群中无零元

18. 满足运算表任意两行两列均不相同的代数系统,下列说法正确的是(　　)。

A. 广群　　B. 半群

C. 独异点　　D. 都不正确

19. 下面(　　)运算满足消去律。

A. $A\cup B=A\cup C$　　B. $A\cap B=A\cap C$

C. $A-B=A-C$　　D. $A\oplus B=A\oplus C$

20. 设$<\mathbf{N}, *>$,$\mathbf{N}$ 为自然数集合,$\forall a,b\in\mathbf{N}$,$a*b=a+b+a\times b$,则下列选项正确的是(　　)。

A. 有逆元　　B. 有零元

C. 不满足交换律　　D. 幂等律

21. 下列关于等幂元的说法正确的是(　　)。

A. 群中有多个等幂元

B. 由格所诱导的代数系统中所有元素均为等幂元

C. 独异点中只有一个等幂元

D. 有限半群中不可能有等幂元

22. 对于<**N**,+>,<**N**,×>,<**R**,+>,<(−1,1),×>4个代数系统,有(　　)个是群。

A. 0　　B. 1

C. 2　　D. 3

23. 设<G,*>为群,其中$G=\{e,a,b\}$,e为幺元,则$a*b$为(　　)。

A. e　　B. a

C. b　　D. 不确定

24. 设<$P(A)$,∪>,$A=\{a,b,c\}$,以下关于∪运算性质错误的是(　　)。

A. 交换律　　B. 结合律

C. 幂等律　　D. 消去律

25. 下列代数系统,幺元e正确的是(　　)。

A. <**N**,+>,$e=1$　　B. <$P(A)$,∪>,$e=A$

C. <**R**−{0},×>,$e=0$　　D. <{0,1,2,3,4,5},$+_6$>,$e=0$

26. 代数系统<**R**,×>不满足(　　)。

A. 有幺元　　B. 元素都有逆元

C. 结合律　　D. 零元

三、解答题

1. $G=\langle A,*\rangle$,$A=\{a,b,c\}$,*的运算表如表5.12所示。

表5.12　解答题题1的*运算表

*	a	b	c
a	a	b	c
b	b	c	a
c	c	a	b

(1) G是否为阿贝尔群;

(2) 找出G的幺元;

(3) 找出G的等幂元素;

(4) 求b^{-1}和c^{-1}。

2. 试求不同构的四阶群有多少个,其运算表是什么?

3. 已知代数系统<G,×>,集合$G=\{x\mid \exists m\exists n(m,n\in$有理数$\mathbf{Q}\wedge x=2^m\times 2^n)\}$,×为算术乘法运算,证明<$G$,×>为群。

$\forall a,b\in G$则必有$a=2^{m_1}\times 3^{n_1},b=2^{m_2}\times 3^{n_2},m_1,m_2,n_1,n_2\in\mathbf{Q}$

$a\times b=(2^{m_1}\times 2^{n_1})\times(2^{m_2}\times 2^{n_2})=2^{m_1+m_2}\times 2^{n_1+n_2}$

4. 已知代数系统<**R**−{−1},*>,其中**R**为实数集合,$\forall a,b\in\mathbf{R}-\{-1\}$,$a*b=a+b+a\times b$,证明该代数系统为交换群。

5. 已知代数系统<**Z**,*>,设$\forall a,b\in\mathbf{Z}$,$a*b=a+b-1$,**Z**为整数集合,证明代数系统<**Z**,*>为交换群,并说明是否为循环群。

6. 设$<S1,*>$,$<S2,*>$都是$<G,*>$的子群,证明$<S1\cap S2,*>$也是$<G,*>$的子群。

7. 设$<G,*>$是独异点,$\forall x\in G$,都有$x*x=e$,其中e是幺元,证明$<G,*>$是一个阿贝尔群。

8. 设$<S,*>$是群$<G,*>$的子群,令$H=\{x|x\in G$且$x*S*x^{-1}=S\}$,证明$<H,*>$也是群$<G,*>$的子群。

9. 设$<G,*>$是群,$\forall a\in G$,令$H=\{y|\ y\in G$且$y*a=a*y\}$,证明$<H,*>$也是群$<G,*>$的子群。

10. 设$<G,*>$是群,如果$\forall a,b\in G$,都有

$$a^3*b^3=(a*b)^3,\quad a^4*b^4=(a*b)^4,\quad a^5*b^5=(a*b)^5$$

证明$<G,*>$是阿贝尔群。

11. 已知$<\{0,1,2,3,4,5\},+_6>$为循环群,运算表如表5.2所示,找出其所有子群,判断这些子群是否为循环群,并求出子群对应的左陪集。

12. 设$G=\{1,2,3,4,5,6\}$,G上的二元运算$\times_7$表如表5.13所示。

(1) 证明$<G,\times_7>$是循环群,并找出其生成元;

(2) 求出其所有子群。

表5.13 解答题题12的$\times_7$运算表

$\times_7$	1	2	3	4	5	6
1	1	2	3	4	5	6
2	2	4	6	1	3	5
3	3	6	2	5	1	4
4	4	1	5	2	6	3
5	5	3	1	6	4	2
6	6	5	4	3	2	1

13. 设$G=<\mathbf{R}-\{0\},\times>$,$\mathbf{R}$为实数集合,$\times$为普通乘法运算,判断下述函数是否为$G$的自同态?如果不是,说明理由。如果是,判别它们是否为单一同态、满同态、同构。

(1) $f(x)=|x|+1$;

(2) $f(x)=|x|$;

(3) $f(x)=0$;

(4) $f(x)=2$。

14. 设$<A,*>$是群,$b\in A$,如果f是A到A的映射函数,并且$\forall x\in A$,都满足$f(x)=b*x*b^{-1}$。证明f是A到A的自同构。

15. 设代数系统$<\mathbf{Z},+>$和$<\mathbf{E},+>$,$\mathbf{Z}$、$\mathbf{E}$分别是整数集和偶数集,$+$是普通加法运算,证明$<\mathbf{Z},+>$与$<\mathbf{E},+>$同构。

第6章

CHAPTER 6

格与布尔代数

本章介绍另一类代数系统——格，由格诱导出来的代数系统叫格代数，该代数系统与前面讨论的代数系统之间存在着一个明显区别，即是在偏序关系基础上定义格。英国哲学家布尔(George Boole)于1847年利用数学方法研究了类与类(集合与集合)之间的关系法则，其研究后来发展成为一个数学分支——布尔代数。格与布尔代数在计算机科学中具有广泛的应用背景，如保密学、计算机语义学、开关理论、计算机理论和逻辑设计等。

布尔是19世纪最重要的数学家之一，1835年他开办了自己的学校，在备课的时候，布尔不满意当时的数学课本，便决定阅读伟大数学家的论文。在阅读伟大的法国数学家拉格朗日的论文时，布尔有了变分法方面的新发现。变分法是数学分析的分支，处理的是寻求优化某些参数的曲线和曲面。

1847年，布尔出版了《逻辑的数学分析》，这是他对符号逻辑诸多贡献中的第一次。1854年，他出版了《思维规律的研究》，这是他最著名的作品。在这本书中布尔介绍了现在以他的名字命名的布尔代数，由于其在符号逻辑运算中的特殊贡献，很多计算机语言中将逻辑运算称为布尔运算，将其结果称为布尔值。

本章主要介绍格的一些基本概念、性质和格的判断方法，以及介绍几种特殊格、性质及判断方法：有界格、分配格、有补格、布尔格及布尔格诱导的布尔代数。本章难点利用格性质证明格。

6.1 格代数

定义6.1 格。

设$<A,\leqslant>$是偏序集，对于偏序集中$\forall a,b\in A$，都存在最小上界和最大下界，则称$<A,\leqslant>$为格。

例6.1 已知偏序关系的哈斯图如图6.1所示，请判断哪个哈斯图是格。

解 A,B,C都是格，满足格的定义。D和E不是格，因为在D和E中结点1和2没有最小上界。

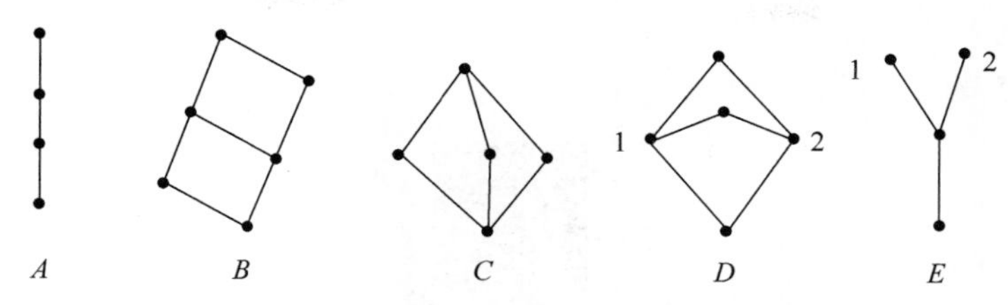

图 6.1 例 6.1 的偏序关系哈斯图

定义 6.2 格的运算。

设$<A,\leqslant>$为格，$\forall a,b\in A$ 的最小上界和最大下界用下列运算表示，分别如下：

(1) 并运算(保联) $\forall a,b\in A$，$a\vee b$，表示 a 和 b 的最小上界；

(2) 交运算(保交) $\forall a,b\in A$，$a\wedge b$，表示 a 和 b 的最大下界。

例 6.2 常见的格运算。

(1) $<\mathbf{N},\leqslant>$，$a\vee b=\max\{a,b\}$，$a\wedge b=\min\{a,b\}$；

(2) 设 $A=\{1,2,4,8\}$，集合 A 上元素的整除关系，$a\vee b$ 表示它们的最小公倍数，$a\wedge b$ 表示它们的最大公约数；

(3) 设 $A=\{a,b,c\}$，$<P(A),\subseteq>$，$\forall A_i,A_j\in P(A)$，则 $A_i\wedge A_j=A_i\cap A_j$，$A_i\vee A_j=A_i\cup A_j$。

【总结】 常见的格运算。

(1) 数集合上元素的小于或等于关系、大于或等于关系；

(2) 数集合上元素之间的整除关系；

(3) 集合子集的包含关系。

定义 6.3 格代数。

设$<A,\leqslant>$为格，由格诱导出来的代数系统叫格代数，记作$<A,\wedge,\vee>$。

定义 6.4 子格。

已知格$<A,\leqslant>$，$B\subseteq A$，且 $B\neq\varnothing$，如果 $\forall a,b\in B$，$\vee$ 和 $\wedge$ 在上满足封闭性：

$$a\vee b\in B,\quad a\wedge b\in B$$

则称为$<B,\leqslant>$是$<A,\leqslant>$的子格。

例 6.3 已知格 $A=\{a,b,c,d,e,f,g,h\}$，哈斯图如图 6.2 所示。判断下列哪个是格，哪个是子格。

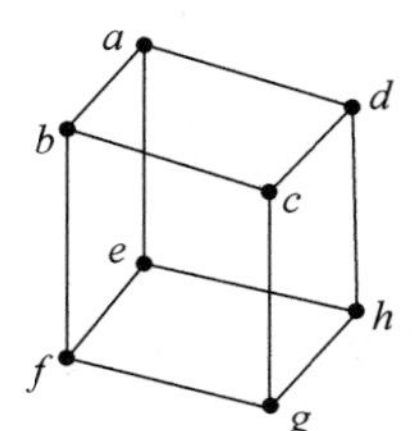

图 6.2 例 6.3 的哈斯图

$B_1=\{a,b,c,d\}$；

$B_2=\{a,b,c,d,f,g,h\}$；

$B_3=\{b,d\}$。

解 B_1 是格也是子格；

B_2 是格，因为图 6.2 中删除结点 e 及相关联的边，得到的哈斯图满足格定义。但不是子格，因为 $f\vee h=e\notin B_2$，不封闭，故 B_2 不是子格；B_3 不是格，当然也不是子格。

【说明】

并不是格的所有子集都是格；

即使是格也未必是它的子格。

本部分内容微课视频二维码如下所示：

格的定义及运算含义

6.2 格的性质

定理 6.1 设$<A,\preccurlyeq>$是格，$\forall a,b\in A$，都有

$$a \preccurlyeq a \vee b(b \preccurlyeq a \vee b)$$

$$a \wedge b \preccurlyeq a(a \wedge b \preccurlyeq b)$$

证明 因为$a\vee b$是a和b的最小上界，同理$a\wedge b$是a和b的最大下界，也可由对偶原理得证。

定理 6.2 设$<A,\preccurlyeq>$是格，对于$\forall a,b,c,d\in A$，如果有$a\preccurlyeq b$和$c\preccurlyeq d$，则

$$a \vee c \preccurlyeq b \vee d,\quad a \wedge c \preccurlyeq b \wedge d$$

证明

$\left.\begin{matrix} b\preccurlyeq b\vee d \\ d\preccurlyeq b\vee d\end{matrix}\right\}$，由传递性得$\left.\begin{matrix} a\preccurlyeq b\vee d \\ c\preccurlyeq b\vee d\end{matrix}\right\}$，故$b\vee d$是$a$和$c$的一个上界，而$a\vee c$是$a$和$c$的最小上界，所以$a\vee c\preccurlyeq b\vee d$。

同理可证$a\wedge c\preccurlyeq b\wedge d$，也可以利用对偶律得证。

推论 设$<A,\preccurlyeq>$是格，对于$\forall a,b,c\in A$，如果有$a\preccurlyeq b$，则

$$a \vee c \preccurlyeq b \vee c$$

$$a \wedge c \preccurlyeq b \wedge c$$

证明 因为偏序关系的自反性，$c\preccurlyeq c$，再利用定理 6.2 可证。

例 6.4 利用格的性质证明下列格不等式。

(1) $(a\wedge b)\vee(c\wedge d)\preccurlyeq(a\vee c)\wedge(b\vee d)$；

(2) $(a\wedge b)\vee(b\wedge c)\vee(c\wedge a)\preccurlyeq(a\vee b)\wedge(b\vee c)\wedge(c\vee a)$。

证明 (1)

$$\left.\begin{matrix}(a \wedge b) \preccurlyeq a \preccurlyeq (a \vee c) \\ (c \wedge d) \preccurlyeq c \preccurlyeq (a \vee c)\end{matrix}\right\} \Rightarrow (a \wedge b) \vee (c \wedge d) \preccurlyeq (a \vee c)$$

$$\left.\begin{matrix}(a \wedge b) \preccurlyeq b \preccurlyeq (b \vee d) \\ (c \wedge d) \preccurlyeq d \preccurlyeq (b \vee d)\end{matrix}\right\} \Rightarrow (a \wedge b) \vee (c \wedge d) \preccurlyeq (b \vee d)$$

综上所述，$(a\wedge b)\vee(c\wedge d)\preccurlyeq(a\vee c)\wedge(b\vee d)$。

(2)

$$\left.\begin{array}{l}(a \wedge b) \preccurlyeq a \preccurlyeq (a \vee b)\\(b \wedge c) \preccurlyeq b \preccurlyeq (a \vee b)\\(c \wedge a) \preccurlyeq a \preccurlyeq (a \vee b)\end{array}\right\}\Rightarrow (a \wedge b) \vee (b \wedge c) \vee (c \wedge a) \preccurlyeq (a \vee b)$$

$$\left.\begin{array}{l}(a \wedge b) \preccurlyeq b \preccurlyeq (b \vee c)\\(b \wedge c) \preccurlyeq b \preccurlyeq (b \vee c)\\(c \wedge a) \preccurlyeq c \preccurlyeq (b \vee c)\end{array}\right\}\Rightarrow (a \wedge b) \vee (b \wedge c) \vee (c \wedge a) \preccurlyeq (b \vee c)$$

$$\left.\begin{array}{l}(a \wedge b) \preccurlyeq a \preccurlyeq (c \vee a)\\(b \wedge c) \preccurlyeq c \preccurlyeq (c \vee a)\\(c \wedge a) \preccurlyeq a \preccurlyeq (c \vee a)\end{array}\right\}\Rightarrow (a \wedge b) \vee (b \wedge c) \vee (c \wedge a) \preccurlyeq (c \vee a)$$

综上所述，$(a \wedge b) \vee (b \wedge c) \vee (c \wedge a) \preccurlyeq (a \vee b) \wedge (b \vee c) \wedge (c \vee a)$。

定理 6.3 设$<A, \preccurlyeq>$为格，由格诱导出的代数系统$<A, \vee, \wedge>$，对于$\forall a, b, c \in A$，有如下性质：

(1) 交换律。

$$a \wedge b = b \wedge a$$
$$a \vee b = b \vee a$$

(2) 结合律。

$$(a \wedge b) \wedge c = a \wedge (b \wedge c)$$
$$(a \vee b) \vee c = a \vee (b \vee c)$$

(3) 幂等律。

$$a \wedge a = a$$
$$a \vee a = a$$

(4) 吸收律。

$$a \wedge (a \vee b) = a$$
$$a \vee (a \wedge b) = a$$

证明 (1) 设$\forall a, b \in A$，则a和b的最小上界(最大下界)必然等于b和a的最小上界(最大下界)，所以有$a \vee b = b \vee a$ ($a \wedge b = b \wedge a$)。

(2) 设$\forall a, b, c \in A$，由定理 6.1 可知：$b \preccurlyeq b \vee c \preccurlyeq a \vee (b \vee c)$，$a \preccurlyeq a \vee (b \vee c)$；通过定理 6.2 可知：$a \vee b \preccurlyeq a \vee (b \vee c)$，使用定理 6.1 可知：$c \preccurlyeq b \vee c \preccurlyeq a \vee (b \vee c)$，继续利用定理 6.2：$(a \vee b) \vee c \preccurlyeq a \vee (b \vee c)$，类似地可以证明$a \vee (b \vee c) \preccurlyeq (a \vee b) \vee c$。故由$\preccurlyeq$的反对称性可知：$a \vee (b \vee c) = (a \vee b) \vee c$。利用对偶原理可知：$a \wedge (b \wedge c) = (a \wedge b) \wedge c$。

(3) $a \vee a$表示元素a自己和自己的最小上界，按照偏序关系自反性可知：$a \preccurlyeq a$。结合最小上界定义，故$a \vee a = a$，同理也可以利用对偶性原理得$a \wedge a = a$。

(4) 由定理 6.1 可知：$a \preccurlyeq a \vee (a \wedge b)$；

又因为$a \preccurlyeq a$，$a \wedge b \preccurlyeq a$；

所以$a \vee (a \wedge b) \preccurlyeq a$；

综上所述，$a \vee (a \wedge b) = a$。

利用对偶原理可以得到$a \wedge (a \vee b) = a$。

定理 6.4 设$<A,\leqslant>$为格，$\forall a,b\in A$，有 $a\leqslant b\Leftrightarrow a\wedge b=a\Leftrightarrow a\vee b=b$。

证明 由定理 6.2 的推论结合定理 6.3 幂等律得$\left.\begin{array}{l}a\leqslant b\\a\leqslant a\end{array}\right\}\Rightarrow a\leqslant a\wedge b$。由定理 6.1 得：$a\wedge b\leqslant a$；由偏序关系的反对称性得 $a\wedge b=a$，故 $a\leqslant b\Rightarrow a\wedge b=a$。

反之，$a=a\wedge b\leqslant b$，即 $a\leqslant b$，故 $a=a\wedge b\Rightarrow a\leqslant b$。

综上所述，$a\leqslant b\Leftrightarrow a\wedge b=a$。

同理可证，$a\leqslant b\Leftrightarrow a\vee b=b$，由等价关系传递性得证 $a\leqslant b\Leftrightarrow a\wedge b=a\Leftrightarrow a\vee b=b$。

本部分内容微课视频二维码如下所示：

格的性质

6.3 分配格

定义 6.5 分配格。

已知$<A,\leqslant>$为格，该格诱导出的代数系统为$<A,\vee,\wedge>$，如果对于$\forall a,b,c\in A$，都满足分配率 $a\wedge(b\vee c)=(a\wedge b)\vee(a\wedge c)$，$a\vee(b\wedge c)=(a\vee b)\wedge(a\vee c)$，则称$<A,\leqslant>$是分配格。

不难看出，利用分配格定义判断分配格非常麻烦，因此需要寻求更简单的分配格的判断方法。

例 6.5 两个典型的五元素非分配格如图 6.3(a)、图 6.3(b)所示。

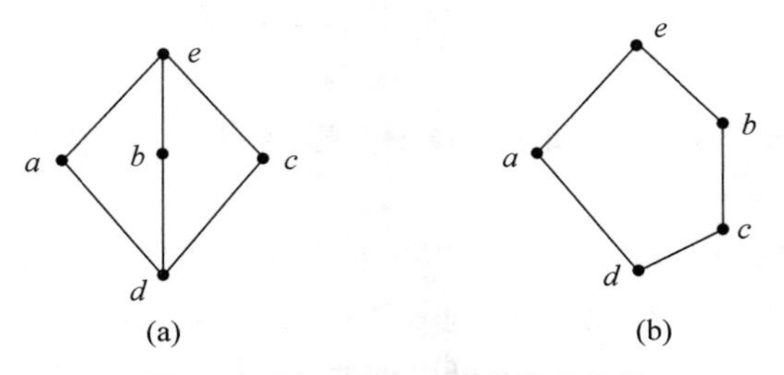

图 6.3 例 6.5 的五元素非分配格

解 对于图 6.3(a)：

$a\wedge(b\vee c)=a\wedge e=a$，$(a\wedge b)\vee(a\wedge c)=d\vee d=d$，所以 $a\wedge(b\vee c)\neq(a\wedge b)\vee(a\wedge c)$，不是分配格。

对于图 6.3(b)：

$b\wedge(a\vee c)=b\wedge e=b$，$(b\wedge a)\vee(b\wedge c)=d\wedge c=d$，故 $b\wedge(a\vee c)\neq(b\wedge a)\vee(b\wedge c)$，不满足分配律。

【注】 该例的两个典型的五元素非分配格，可以作为分配格判断的依据。

定理 6.5 一个格是分配格的充要条件：在该格中没有任何子格与这两个五元素非分配格中的任何一个同构。

推论 (1) 哈斯图是链的为分配格；

(2) 元素个数为 1～4 的都是分配格。

因为哈斯图是链的格不可能含有与典型的五元素非分配格同构的子格，同理元素个数为 1～4 的格也不可能含有与典型的五元素非分配格同构的子格。

在例 6.1 中，A，B 都是分配格。

例 6.6 判断图 6.4(a)和图 6.4(b)的格是否为分配格。

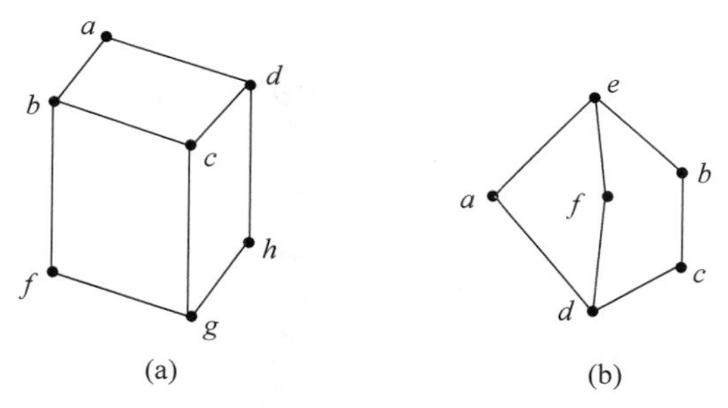

图 6.4 例 6.6 的分配格判断示例

解 图 6.4(a)是分配格；

图 6.4(b)不是分配格：因为$\{b,c,e,f,d\}$是图 6.4(b)的子格，与例 6.5 中图 6.3(b)的典型五元素非分配格同构。

定理 6.6 分配格满足消去律。

设$<A,\leqslant>$是分配格，对于$\forall a,b,c \in A$，如果有 $a \wedge b = a \wedge c$，$a \vee b = a \vee c$，则 $b=c$。

证明 $(a \wedge b) \vee c = (a \wedge c) \vee c = c$；

$(a \wedge b) \vee c = (a \vee c) \wedge (b \vee c) = (a \vee b) \wedge (b \vee c) = (a \wedge c) \vee b = (a \wedge b) \vee b = b$。

综上所述，$b=c$。

6.4 有界格

为求布尔格，就要事先介绍有界格，需要指出的是，在有限格中，基本都是有界格。下面介绍有界格的定义和性质。

定义 6.6 有界格。

1. 全下界

设$<A,\leqslant>$是格，如果$\exists a \in A$，对于$\forall x \in A$，都有 $a \leqslant x$，则称 a 为格$<A,\leqslant>$的全下界，并令全下界为 0。

2. 全上界

设$<A,\leqslant>$是格，如果$\exists a \in A$，对于$\forall x \in A$，都有 $a \geqslant x$，则称 a 为格$<A,\leqslant>$的全上界，并令全上界为 1。

3. 有界格

如果一个格中存在全下届和全上界，则称该格为有界格。

定理 6.7 设$<A,\leqslant>$是格，若存在全上界和全下界则它们都是唯一的。

用反证法证明，请读者自己完成。

在例 6.1 中，A，B，C 都是有界格。

定理 6.8 有界格性质。

设$<A,\leqslant>$是有界格，则对于$\forall a\in A$，必有

(1) $a\vee 1=1$ 和 $a\wedge 1=a$；

(2) $a\vee 0=a$ 和 $a\wedge 0=0$。

证明 按照全上界的定义，因为 $a\leqslant 1$，利用定理 6.4，所以 $a\vee 1=1$，$a\wedge 1=a$。同理可证，$a\vee 0=a$，$a\wedge 0=0$。

定义 6.7 有补格。

在介绍布尔格之前，不仅要介绍有界格还要介绍有补格，定义有补格主要问题是补元定义，下面由补元定义引出有补格定义。

(1) 补元。

设$<A,\leqslant>$是有界格，对于 $a\in A$，如果$\exists b\in A$，使得 $a\vee b=1$ 和 $a\wedge b=0$，则称 a 是 b 的补元。

【注】 元素之间的补元关系是相互的：1 与 0 互为补元。

一个元素可能存在多个补元或不存在补元。

例 6.7 指出图 6.5 中格元素的补元。

a 与 d 互为补元，b 与 c 互为补元，e 无补元，1 与 0 互为补元。

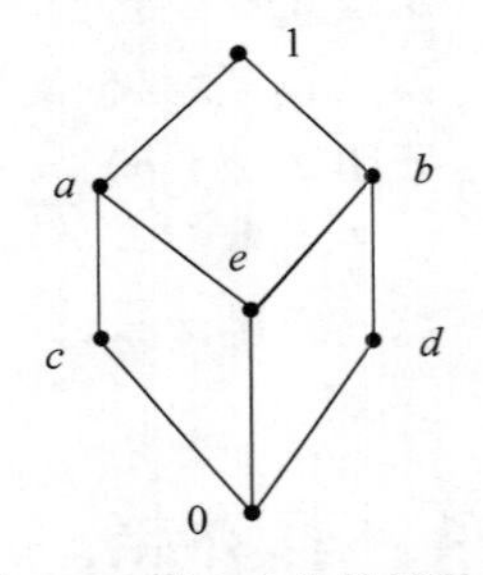

图 6.5 例 6.7 的补元示例

定义 6.8 有补格。

设$<A,\leqslant>$是有界格，如果每个元素都至少有一个补元素，则称此格为有补格。

例 6.8 已知格哈斯特图如图 6.6 所示，请判断下列格是否为有补格。

解 图 6.6(a)不是有补格，a 是全上界 1，g 是全下界 0，但是 c 无补元。

图 6.6(b)是有补格，a 是全上界 1，g 是全下界 0，a 与 g 互为补元；f 与 d 互为补元；b 与 h 互为补元；e 与 c 互为补元。

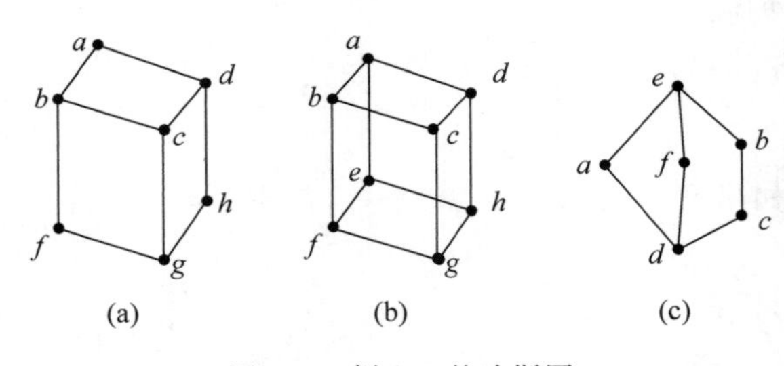

图 6.6 例 6.8 的哈斯图

图 6.6(c)是有补格,e 是全上界 1,d 是全下界 0,e 和 d 互为补元;a,f,b 互为补元;a,f,c 互为补元。

6.5 布尔格与布尔代数

6.5.1 布尔格

定义 6.9 布尔格(有补分配格)。

设 $<A,\leqslant>$ 既是有补格又是分配格,则称它为布尔格,$\forall a\in A$,a 的补元记为 $\bar{a}$。

定理 6.9 在布尔格中,每个元素都有补元并且补元唯一。

证明 因为布尔格是有补格,所以每个元素都有补元,又因为布尔格是分配格,利用分配格满足消去律得出每个元素补元唯一。

6.5.2 布尔代数

定义 6.10 布尔代数。

设 $<A,\leqslant>$ 为布尔格,由布尔格的运算诱导出的代数系统 $<A,\wedge,\vee,->$ 为布尔代数。

若 $|A|$ 元素个数有限,则其构成的布尔代数称为有限布尔代数。

定理 6.10 运算性质。

设布尔代数 $<A,\wedge,\vee,->$,$\forall a,b\in A$ 则有

(1) $\overline{(\bar{a})}=a$;

(2) $\overline{a\vee b}=\bar{a}\wedge\bar{b}$;

(3) $\overline{a\wedge b}=\bar{a}\vee\bar{b}$。

证明 (1) 由补元定义可知:a 和 $\bar{a}$ 互为补元,即 $\bar{a}$ 的补元为 a,故 $\overline{(\bar{a})}=a$。

(2) $\overline{a\vee b}=\bar{a}\wedge\bar{b}$

$$
\begin{aligned}
&(a\vee b)\vee(\bar{a}\wedge\bar{b})\\
=&(a\vee b\vee\bar{a})\wedge(a\vee b\vee\bar{b})\\
=&1\wedge 1=1
\end{aligned}
$$

$$
\begin{aligned}
&(a\vee b)\wedge(\bar{a}\wedge\bar{b})\\
=&(a\wedge\bar{a}\wedge\bar{b})\vee(b\wedge\bar{a}\wedge\bar{b})\\
=&0\vee(b\wedge\bar{b}\wedge\bar{a})\\
=&0\vee 0\\
=&0
\end{aligned}
$$

综上所述,$\overline{a\vee b}=\bar{a}\wedge\bar{b}$。

(3) 请读者自己完成。

例 6.9 设$<A,\wedge,\vee,->$为布尔代数，$A=\{0,1,a,b\}$，其哈斯图如图 6.7 所示，则$\overline{a\vee b}=0$。

解 因为$a\vee b=1$，所以$\overline{a\vee b}=0$。

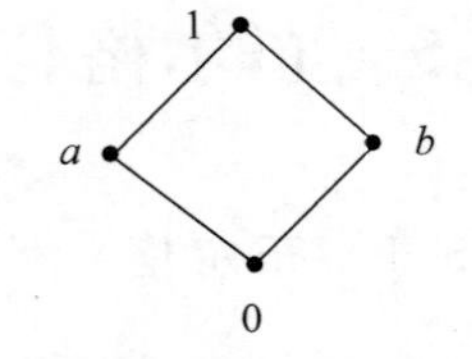

图 6.7 例 6.9 的哈斯图

例 6.10 已知$<A,\wedge,\vee,->$为布尔代数，在 A 上定义二元运算$\oplus$：$\forall a,b\in A$，$a\oplus b=(a\wedge\bar b)\vee(\bar a\wedge b)$，证明$<A,\oplus>$是阿贝尔群。

证明 (1) 封闭性：根据已知条件，$<A,\wedge,\vee,->$是布尔代数，由布尔代数定义可知$<A,\leqslant>$是布尔格，那么$<A,\leqslant>$一定是格。

设$\forall a,b\in A$，$a\oplus b=(a\wedge\bar b)\vee(\bar a\wedge b)$，根据格定义，$\wedge$和$\vee$在格$<A,\leqslant>$中满足封闭性，所以$a\oplus b=(a\wedge\bar b)\vee(\bar a\wedge b)\in A$。

(2) 结合性：设$\forall a,b,c\in A$，则

$$
\begin{aligned}
(a\oplus b)\oplus c&=((a\wedge\bar b)\vee(\bar a\wedge b))\oplus c\\
&=(((a\wedge\bar b)\vee(\bar a\wedge b))\wedge\bar c)\vee(\overline{(a\wedge\bar b)\vee(\bar a\wedge b)}\wedge c)\\
&=(a\wedge\bar b\wedge\bar c)\vee(\bar a\wedge b\wedge\bar c)\vee((\bar a\vee b)\wedge(a\vee\bar b)\wedge c)\\
&=(a\wedge\bar b\wedge\bar c)\vee(\bar a\wedge b\wedge\bar c)\vee(\bar a\wedge(a\vee\bar b)\wedge c)\vee(b\wedge(a\vee\bar b)\wedge c)\\
&=(a\wedge\bar b\wedge\bar c)\vee(\bar a\wedge b\wedge\bar c)\vee(\bar a\wedge\bar b\wedge c)\vee(a\wedge b\wedge c)\\
&=(a\wedge b\wedge c)\vee(a\wedge\bar b\wedge\bar c)\vee(\bar a\wedge b\wedge\bar c)\vee(\bar a\wedge\bar b\wedge c)
\end{aligned}
$$

$$
\begin{aligned}
a\oplus(b\oplus c)&=a\oplus((b\wedge\bar c)\vee(\bar b\wedge c))\\
&=(a\wedge\overline{(b\wedge\bar c)\vee(\bar b\wedge c)})\vee(\bar a\wedge((b\wedge\bar c)\vee(\bar b\wedge c)))\\
&=(a\wedge\overline{b\wedge\bar c}\wedge\overline{\bar b\wedge c})\vee(\bar a\wedge b\wedge\bar c)\vee(\bar a\wedge\bar b\wedge c)\\
&=(a\wedge(\bar b\vee c)\wedge(b\vee\bar c))\vee(\bar a\wedge b\wedge\bar c)\vee(\bar a\wedge\bar b\wedge c)\\
&=(((a\wedge\bar b)\vee(a\wedge c))\wedge(b\vee\bar c))\vee(\bar a\wedge b\wedge\bar c)\vee(\bar a\wedge\bar b\wedge c)\\
&=(((a\wedge\bar b)\vee(a\wedge c))\wedge b)\vee(((a\wedge\bar b)\vee(a\wedge c))\wedge\bar c)\vee(\bar a\wedge b\wedge\bar c)\vee(\bar a\wedge\bar b\wedge c)\\
&=(a\wedge b\wedge c)\vee(a\wedge\bar b\wedge\bar c)\vee(\bar a\wedge b\wedge\bar c)\vee(\bar a\wedge\bar b\wedge c)
\end{aligned}
$$

综上所述，$(a\oplus b)\oplus c=a\oplus(b\oplus c)$，满足结合律。

(3) 幺元：$\forall a\in A$，求 e 的值。

按照幺元的定义：

$$
\begin{aligned}
a\oplus e&=(a\wedge\bar e)\vee(\bar a\wedge e)\\
&=(a\vee(\bar a\wedge e))\wedge(\bar e\vee(\bar a\wedge e))\\
&=((a\vee\bar a)\wedge(a\vee e))\wedge((\bar e\vee\bar a)\wedge(\bar e\vee e))\\
&=(a\vee e)\wedge(\bar e\vee\bar a)=a
\end{aligned}
$$

同理，

$$
\begin{aligned}
e\oplus a&=(e\wedge\bar a)\vee(\bar e\wedge a)\\
&=(e\vee(\bar e\wedge a))\wedge(\bar a\vee(\bar e\wedge a))
\end{aligned}
$$

$$=((e \vee \bar{e}) \wedge (e \vee a)) \wedge ((\bar{a} \vee \bar{e}) \wedge (\bar{a} \vee a))$$
$$=(e \vee a) \wedge (\bar{a} \vee \bar{e})=a$$

综上所述，幺元 e 存在，并且 $e=0$。

(4) 逆元：$\forall a \in A$，求 a^{-1} 的值。

按照逆元定义：

$$a \oplus a^{-1}=(a \wedge \overline{a^{-1}}) \vee (\bar{a} \wedge a^{-1})$$
$$=(a \vee (\bar{a} \wedge a^{-1})) \wedge (\overline{a^{-1}} \vee (\bar{a} \wedge a^{-1}))$$
$$=((a \vee \bar{a}) \wedge (a \vee a^{-1})) \wedge ((\overline{a^{-1}} \vee \bar{a}) \wedge (\overline{a^{-1}} \vee a^{-1}))$$
$$=(a \vee a^{-1}) \wedge (\overline{a^{-1}} \vee \bar{a})=0$$
$$a^{-1} \oplus a=(a^{-1} \wedge \bar{a}) \vee (\overline{a^{-1}} \wedge a)$$
$$=(a^{-1} \vee (\overline{a^{-1}} \wedge a)) \wedge (\bar{a} \vee (\overline{a^{-1}} \wedge a))$$
$$=((a^{-1} \vee \overline{a^{-1}}) \wedge (a^{-1} \vee a)) \wedge ((\bar{a} \vee \overline{a^{-1}}) \wedge (\bar{a} \vee a))$$
$$=(a^{-1} \vee a) \wedge (\bar{a} \vee \overline{a^{-1}})=0$$

故 $a^{-1}=a$。

综上所述，$<A,\oplus>$是群。

(5) $\oplus$运算交换性：$\forall a,b \in A$，则

$$a \oplus b=(a \wedge \bar{b}) \vee (\bar{a} \wedge b)$$
$$b \oplus a=(b \wedge \bar{a}) \vee (\bar{b} \wedge a)=(a \wedge \bar{b}) \vee (\bar{a} \wedge b)$$

故 $a \oplus b=b \oplus a$。

综上(1)～(5)所述，$<A,\oplus>$是阿贝尔群。

定义 6.11 有限布尔代数的原子。

设$<A,\leqslant>$为格，具有全下界 0，$\exists a \in A$，且 a 盖住 0，则称 a 为原子。

例 6.11 1 个、2 个、3 个原子的布尔格的哈斯图分别如图 6.8(a)、图 6.8(b)、图 6.8(c)所示。

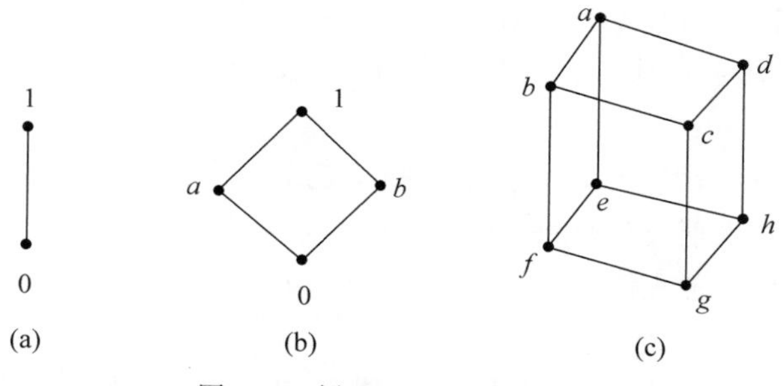

图 6.8 例 6.11 的哈斯图

解 图 6.8(a)：1 是原子；图 6.8(b)：a,b 是原子；图 6.8(c)：f,c,h 是原子。

定理 6.11 原子性质。

① 设$<A,\leqslant>$为有限格，具有全下界 0，$\forall b \in A$ 且 $b \neq 0$，至少有一个原子 a，使 $a \leqslant b$。

证明　若b本身是原子，则$b \leqslant b$得证。

否则，如果b不是原子，那么必然存在b_1：$0 < b_1 < b$，如果b_1是原子则定理得证。再否则，必然存在b_2：$0 < b_2 < b_1 < b$，如果b_2是原子则定理得证。

以此类推，因为$\langle A, \leqslant \rangle$为有全下界0的有限格，所以通过有限步骤，总能找到原子b_i，$0 < b_i < \cdots < b_2 < b_1 < b$成立，它是$\langle A, \leqslant \rangle$哈斯图中的一条链，其中$b_i$是原子。

② 若a和b都是原子，若$a \neq b$则$a \wedge b = 0$，否则$a = b$。

证明　$a \wedge b \leqslant a$，即$a \wedge b = a$或$a \wedge b < a$。

首先证明：如果$a \wedge b = a$成立，则$a < b$或$a = b$，因为b是原子，按照原子定义b只能盖住0，所以$a < b$不成立，即只能$a = b$成立。

其次证明：如果$a \wedge b \leqslant a$成立，因为a是原子只能盖住0，所以$a \wedge b = 0$。

③ **引理**　设$\langle A, \leqslant \rangle$为布尔格，有$b \leqslant c$ iff $b \wedge \bar{c} = 0$。

证明　对$b \wedge \bar{c} = 0$等式两边同时$(b \wedge \bar{c}) \vee c = 0 \vee c$。

左式：$(b \vee c) \wedge (\bar{c} \vee c) = (b \vee c) \wedge 1 = (b \vee c)$分配律。

右式：c。根据左式等于右式得，$b \vee c = c$。

故$b \leqslant c$，利用定理6.4，$b \leqslant c \Leftrightarrow b \wedge c = b = b \vee c = c$。

④ **引理**　设$\langle A, \leqslant \rangle$为布尔格，$a$为原子，$\forall b \in A$且$b \neq 0$，则$a \leqslant b \bar{\vee} a \leqslant \bar{b}$。

反证法　设两式同时成立，则$a \wedge a \leqslant b \wedge \bar{b}$，即$a \leqslant 0$，这与$a$是原子矛盾，故不可能两式同时成立。因为$a \wedge b \leqslant a$，即$a \wedge b < a$或$a \wedge b = a$。

若$a \wedge b < a$成立，因为a是原子，故只能$a \wedge b = 0$成立，即$a \wedge \bar{\bar{b}} = 0$，由定理6.11③得，$a \leqslant \bar{b}$成立。

若$a \wedge b = a$，由定理6.4得：$a \leqslant b$成立。

⑤ **引理**　设$\langle A, \wedge, \vee, - \rangle$为有限布尔代数，若$b$是$A$中任意非0元素，$a_1, a_2, \cdots, a_k$是$A$中满足$a_j \leqslant b$的所有原子，其中$j = 1, 2, \cdots, k$，则$b = a_1 \vee a_2 \vee \cdots \vee a_k$，并且这种表现形式是唯一的。

证明　令$a_1 \vee a_2 \vee \cdots \vee a_k = c$，因为$a_j \leqslant b (j = 1, 2, \cdots, k)$，所以$c \leqslant b$。

再证$b \leqslant c$(即证明$b \wedge \bar{c} = 0$，由定理6.11的③引理)。

反证法　设$b \wedge \bar{c} \neq 0$则必然存在原子a，$a \leqslant (b \wedge \bar{c})$，又因为$(b \wedge \bar{c}) \leqslant b$和$(b \wedge \bar{c}) \leqslant \bar{c}$，由传递性$a \leqslant b$和$a \leqslant \bar{c}$成立。因为$a$是原子，且$a \leqslant b$，所以$a$是$a_1, a_2, \cdots, a_k$中一个，即$a \leqslant c$。

而由$a \leqslant c$和$a \leqslant \bar{c}$，得$a \leqslant c \wedge \bar{c}$，即$a \leqslant 0$，与是原子矛盾，故只有$b \wedge \bar{c} = 0$。

利用反证法证明表现形式唯一。

反证法　设有另一种表示形式$b = a_{j1} \vee a_{j2} \vee \cdots \vee a_{jk}$，其中$a_{j1}, a_{j2}, \cdots, a_{jk}$为$A$中原子。

由于b是$a_{j1}, a_{j2}, \cdots, a_{jk}$的最小上界，所以必有$a_{j1} \leqslant b, a_{j2} \leqslant b, \cdots, a_{jk} \leqslant b$，而$a_1, a_2, \cdots, a_k$是$A$中满足：$a_i \leqslant b$的不同原子，其中$i \in \{1, 2, \cdots, k\}$，故必有$t \leqslant k$。

如果$t < k$，则在$a_1, a_2, \cdots, a_k$中必然有a_{j0}，并且

$$a_{j0} \neq a_{jl}, \quad 1 \leqslant l \leqslant t$$

$$a_{j0} \wedge (a_{j1} \vee a_{j2} \vee \cdots \vee a_{jt}) = a_{j0} \wedge (a_1 \vee a_2 \vee \cdots \vee a_k)$$

使得$(a_{j0}\wedge a_{j1})\vee(a_{j0}\wedge a_{j2})\vee\cdots\vee(a_{j0}\wedge a_{jt})=(a_{j0}\wedge a_1)\vee(a_{j0}\wedge a_2)\vee\cdots\vee(a_{j0}\wedge a_{j0})\vee\cdots\vee(a_{j0}\wedge a_k)$,所以得出$0=a_{j0}$的矛盾,故$t=k$。

定理 6.12 Stone 布尔代数表示定理。

设有限布尔格$<A,\leqslant>$诱导的代数系统为$<A,\wedge,\vee,->$,S是布尔格$<A,\leqslant>$中所有原子集合,则$<A,\wedge,\vee,->$和$<P(S),\cap,\cup,\sim>$同构。

证明请参考文献[1]。

【结论】 (1) 有限布尔格的元素个数为2^n,n为该布尔格中原子的个数。

(2) 任何一个具有2^n个元素的有限布尔代数都是同构的。

例 6.12 下列可以构成布尔格的是(A)。

A. 8　　B. 6　　C. 5　　D. 9

解 $2^3=8$。

6.5.3 布尔表达式

定义 6.12 布尔表达式。

设$<A,\wedge,\vee,->$为布尔代数,在该布尔代数上定义布尔表达式如下:

(1) A中任意元素是一个布尔表达式;

(2) 任意变元是一个布尔表达式;

(3) 如果e_1和e_2是布尔表达式,则$\bar{e}_1$,$e_1\wedge e_2$和$e_1\vee e_2$也是布尔表达式;

(4) 有限次的运用(1)、(2)和(3)所形成的符号串称为布尔表达式。

例 6.13 设$<\{0,1,2,3\},\wedge,\vee>$是一个布尔代数,则

$(0\wedge x_1)\vee x_1$,$1\wedge x_1$,称为含有单个变元x_1的布尔表达式;

$(1\wedge x_1)\vee(x_2\vee 0)$,$\bar{x}_1\vee(x_2\vee 0)$,称为含有二个变元$x_1$和$x_2$的布尔表达式;

$(\bar{x}_1\wedge x_2)\vee x_3$,$(\bar{x}_1\wedge 1)\vee(x_3\vee 0)$,称为含有三个变元$x_1$、$x_2$和$x_3$的布尔表达式。

定义 6.13 布尔表达式一般表示。

含有n个相异变元的布尔表达式,称为含有n元的布尔表达式,记作$E(x_1,x_2,\cdots,x_n)$,其中$x_1,x_2,\cdots,x_n$为变元。

定义 6.14 布尔代数$<A,\wedge,\vee,->$上的一个含有n元的布尔表达式$E(x_1,x_2,\cdots,x_n)$的值:将A中元素作为变元x_i值,其中$i\in\{1,2,\cdots,n\}$,来代替表达式中的变元,从而计算布尔表达式的值。

例 6.14 求下列布尔表达式的值。

解 (1) 设布尔代数$<\{0,1\},\wedge,\vee>$上的布尔表达式为

$$E(x_1,x_2,x_3)=(\bar{x}_1\wedge 1)\vee\overline{(x_2\vee x_3)}$$

如果变元的第一组赋值为$x_1=1,x_2=0,x_3=1$,则求得

$$\begin{aligned}E(1,0,1)&=(\bar{1}\wedge 1)\vee\overline{(0\vee 1)}\\&=0\vee 0\\&=0\end{aligned}$$

如果变元的第二组赋值为$x_1=0,x_2=0,x_3=1$,则求得

$$E(0,0,1)=(\bar{0}\wedge 1)\vee(\overline{0\vee 1})$$
$$=1\vee 0$$
$$=1$$

(2) 设 $A=\{0,1,a,b\}$ 上定义 $E(x_1,x_2,x_3)=(\bar{x}_1\wedge x_2)\vee(\overline{x_2\vee x_3})$，变元的一组赋值为 $x_1=a,x_2=b,x_3=1$，布尔格 $<A=\{0,1,a,b\},\leqslant>$ 的哈斯图如图 6.9 所示，则求得

$$(\bar{a}\wedge b)\vee(\overline{b\vee 1})$$
$$=b\vee 0$$
$$=b$$

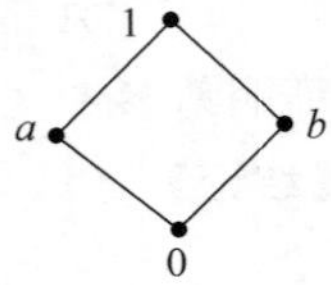

图 6.9　例 6.14 的哈斯图

6.6　0-2 元的布尔运算

在 k 元素集合 X 上有 k 个 n 元运算 $f: X\to X$，由于在 $\{0,1\}$ 上有 2 个 n 元运算，所以布尔代数不论大小都有 2 个常量或“零元”运算，4 个一元运算，16 个二元运算，256 个三元运算。以此类推，叫作给定布尔代数的布尔运算。只有一个例外就是 1 个元素的布尔代数叫作退化的或平凡的，布尔代数的所有运算可以被证明是独特的。

在 $\{0,1\}$ 上的运算可以用真值表表示，选取 0 和 1 为“假”和“真”。常量(0 元布尔运算)，如表 6.1 所示，一元布尔运算如表 6.2 所示。

表 6.1　0 元布尔运算

f_0	f_1
0	1

表 6.2　一元布尔运算

X_0	f_0	f_1	f_2	f_3
0	0	1	0	1
1	0	0	1	1

二元布尔运算如表 6.3(a)、表 6.3(b)所示。

表 6.3(a)　二元布尔运算

x_0	x_1	f_0	f_1	f_2	f_3	f_4	f_5	f_6	f_7
0	0	0	1	0	1	0	1	0	1
1	0	0	0	1	1	0	0	1	1
0	1	0	0	0	0	1	1	1	1
1	1	0	0	0	0	0	0	0	0

表 6.3(b)　二元布尔运算(续)

x_0	x_1	f_8	f_9	f_{10}	f_{11}	f_{12}	f_{13}	f_{14}	f_{15}
0	0	0	1	0	1	0	1	0	1
1	0	0	0	1	1	0	0	1	1

续表

x_0	x_1	f_8	f_9	f_{10}	f_{11}	f_{12}	f_{13}	f_{14}	f_{15}
0	1	0	0	0	0	1	1	1	1
1	1	1	1	1	1	1	1	1	1

继续到更高元素上,对 n 元有 2 行,每行给出 n 个变量 $x_0,x_1,\cdots,x_{n-1}$ 的一个求值或绑定,而每列都有表头 f_i,它们给出第 i 个 n 元运算 $f_i(x_0,x_1,\cdots,x_{n-1})$ 在这个求值下的值。运算包括变量本身,例如 f_2 是 x_0 而 f_{10} 也是 x_0(作为它的一元对应者的两个复件)而 f_{12} 是 x_1(没有一元对应者)。否定或补 $\neg x_0$ 出现为 f_1 再次出现为 f_5,连同 f_3($\neg x_1$ 在 1 元时没有出现),析取或并 $x_0 \vee x_1$ 出现为 f_{14},合取或交 $x_0 \wedge x_1$ 出现为 f_8,蕴涵 $x_0 \rightarrow x_1$ 出现为 f_{13},异或对称差 $x_0 \oplus x_1$ 出现为 f_6,差集 $x_0 - x_1$ 出现为 f_2 等。对布尔函数的其他命名或表示可参见零阶逻辑。

作为关于它的形式而非内容的次要详情,一个代数运算传统上为一个列表。我们这里通过在{0,1}上有限运算给出布尔代数的运算,上述真值表表示的排序首先按元素,其次为每个元素运算列出表格。给定元素的列表次序由以下规则确定:

(1) 表格左半部分的第 i 行是 i 的二进制表示,最低有效位或第 0 位在最左(小端次序叫作图灵序)。

(2) 表格的右半部分的第 j 列是 j 的二进制表示,还是按小端次序。在效果上,运算的下标就是这个运算的真值表。

布尔代数不仅可以在数学领域内实现集合运算,更广泛应用于电子信息、计算机硬件、计算机软件等领域的逻辑运算:当集合内只包含两个元素(1 和 0)时,分别对应{真}和{假},可以用于实现对逻辑的判断。常见的应用包括:

① 数字电路设计,0 和 1 与数字电路中某个位的状态对应,如高电平、低电平;

② 计算机的网络设置,利用计算机的二进制特性,将子网掩码与本机 IP 地址进行逻辑与运算,可以得到计算机的网络地址和主机地址;

③ 数据库应用,通过 SQL 语句查询数据库时需要进行逻辑运算,确定具体的查询目标。

6.7 本章小结

以偏序关系哈斯图为基础定义格,由格性质递进定义特殊格:分配格、有界格、有补格、布尔格(有补分配格),由布尔格运算诱导出布尔代数、布尔运算,给出原子定义及性质等,最后得出 Stone 布尔代数表示定理,由布尔代数引出布尔表达式。

6.8 习题

一、选择题

1. 偏序关系哈斯图如图 6.10(a)~(f)所示,判断哪个为格,哪个是有界格,哪个是分配格,哪个是有补格,哪个是布尔格?

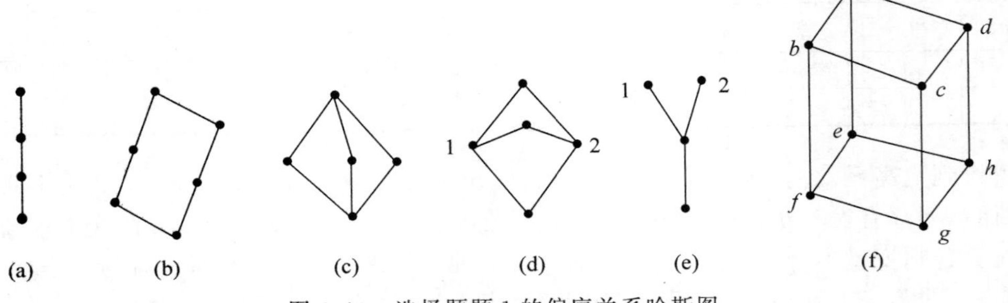

图 6.10　选择题题 1 的偏序关系哈斯图

2. 设代数系统 $<A,\wedge,\vee>$，集合 A 的基数如下，则下列选项有可能为布尔格的是（　　）。

A. 8　　B. 6

C. 5　　D. 15

3. 在有界分配格中，一个元素有补元，则（　　）。

A. 必唯一　　B. 不唯一

C. 不一定唯一　　D. 可能唯一

4. 设 $<L,\leqslant>$ 是一条链，其中 $|L|\geqslant 3$，则 $<L,\leqslant>$（　　）。

A. 不是格　　B. 是有补格

C. 是分配格　　D. 是布尔格

5. 在有补格中，一个元素的补元是（　　）。

A. 必唯一　　B. 不唯一

C. 不一定唯一　　D. 可能唯一

6. 有限布尔格中的元素个数必定等于 2^n，其中 n 是该布尔格中的（　　）。

A. 所有元素的个数　　B. 所有补元的个数

C. 所有原子的个数　　D. 所有可逆元的个数

7. 下列关于分配格的说法正确的是（　　）。

A. 分配格不一定满足分配律　　B. 分配格一定满足分配律

C. 分配格一定是布尔格　　D. 哈斯图为链的不一定是分配格

8. 设 $<\{1,2,4,8\},/>$，/为整除运算，其诱导出的代数系统为 $<\{1,2,4,8\},\wedge,\vee>$，则下列选项错误的是（　　）。

A. $\vee$ 满足交换性　　B. $\wedge$ 满足等幂性

C. 满足德·摩根定律　　D. $2\wedge 4=1$

二、填空题

1. 设 $<\mathbf{N},\leqslant>$，$\mathbf{N}$ 为自然数集合，$\forall a,b\in\mathbf{N}$，则 $a\vee b=$（　　），$a\wedge b=$（　　）。

2. 设 $A=\{1,2,4,8\}$ 上因子整除关系，$\forall a,b\in A$，则 $a\vee b$ 表示（　　），$a\wedge b$ 表示（　　）。

3. 设 $A=\{a,b,c\}$，$<P(A),\subseteq>$，$\forall A_1,A_2\in P(A)$，则 $A_1\wedge A_2=$（　　），$A_1\vee A_2=$（　　）。

三、证明与化简

1. 利用格的性质证明：

(1) $(a\wedge b)\vee(a\wedge c)\leqslant a\wedge(b\vee(a\wedge c))$；

(2) $(a \wedge b) \vee (c \wedge d) \leqslant (a \vee c) \wedge (b \vee d)$。

2. 利用格的性质化简布尔表达式

(1) $(a \wedge 1) \vee (\bar{a} \wedge \bar{b} \wedge \bar{0}) \vee (b \wedge 1)$；

(2) $((a \wedge \bar{b}) \vee c) \wedge (a \vee \bar{b}) \wedge c$；

(3) $(\bar{a} \wedge \bar{b} \wedge c) \vee (a \wedge \bar{b} \wedge c) \vee (a \wedge \bar{b} \wedge \bar{c})$。

四、布尔格部分

1. 设有界格如图 6.11 所示，求各个元素的补元。

2. 设$<A,\leqslant>$是布尔格，其中 $A=\{0,1,a,b\}$，A 上定义 $E(x_1,x_2,x_3)=((\bar{x}_1 \wedge x_2) \vee 0) \vee (\overline{x_2 \vee x_3})$，变元的一组赋值为 $x_1=a, x_2=b, x_3=1$，求布尔表达式的值。

3. 设$<P(A),\subseteq>$是布尔格，其中 $A=\{a,b,c\}$，$P(A)$ 上定义 $E(x_1,x_2,x_3,x_4)=((\bar{x}_1 \wedge x_2) \vee 0) \vee (\overline{x_2 \vee x_3}) \wedge (x_4 \wedge 1)$，变元的一组赋值为 $x_1=\{a\}, x_2=\{b\}, x_3=1, x_4=\{a,b\}$，求布尔表达式的值。

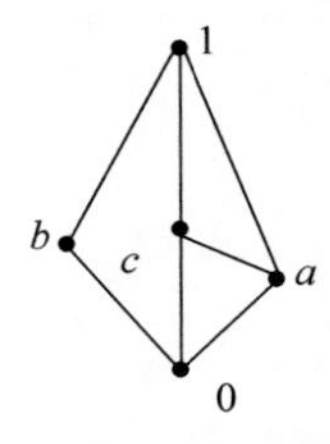

图 6.11　布尔格部分题 1 的有界格的哈斯图

第三篇知识结构总结

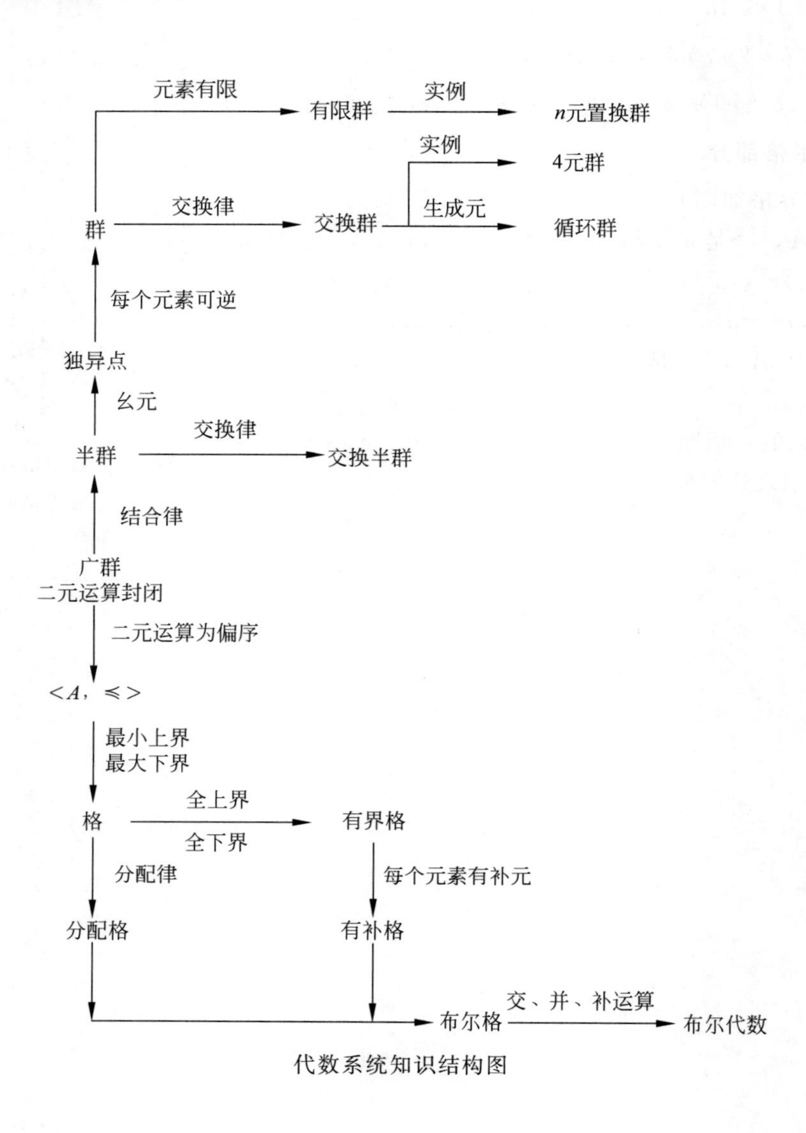

代数系统知识结构图

第四篇

图　论

现实世界中许多现象都可以用图形表示，图形由结点和边（表示结点之间的关系）构成，图的结点可以表示事务，图的边可以表示事务之间的某种关系，这样就可以把现实世界中的问题抽象描述成图的结构。

图论是近年来发展迅速而又应用广泛的一门新学科，它最早起源于哥尼斯堡城七桥问题。1736 年，欧拉把哥尼斯堡城七桥问题用无向图结点度数为偶数的论断加以解决，从而欧拉被后人称为图论的创始人。除此之外，还有一些在民间广泛流传的游戏问题，如迷宫、棋盘上马的行走路线等。这些古老的问题，吸引了很多学者的关注，在此研究基础上，后人提出了著名的四色猜想、无色定理、环游世界等数学问题。

1847 年，基尔霍夫（Kirchhoff）用图论分析了电路网络，这是图论最早应用于工程科学。随着现代科学技术的发展，图论在解决运筹学、网络理论、信息论、控制论、博弈论以及计算机科学领域的问题时，彰显出了越来越大的影响力。

本篇介绍关于图论的一些基本概念、定理和一些经典算法，以及典型算法的应用案例。目的是为了学生今后使用图论的基本知识作为计算机有关学科的学习和研究的工具，掌握图的符号化方法，并运用所学图论的理论和方法解决现实生活中遇到的问题。

第7章

CHAPTER 7

图论基础

本章所讨论的图(Graph)与人们通常所熟悉的图片、图形是不同的。图论中研究的图是指某类具体离散事物集合和该集合中的每对事物间以某种方式相联系的数学模型。本章首先讨论图的基本概念及相关的专业术语，如图的构成和图的类别等，以及结点与边的关系等；图的几种特殊形式：子图与生成子图，补图与相对补图，路、图的连通性及图的割集，图的矩阵表示；几种特殊图及性质，如欧拉图、汉密尔顿图、平面图及着色算法(鲍威尔算法)、对偶图、二分图；最后讨论图在计算机领域的实际应用。本章的重点是对偶图，难点是图的应用。

7.1　图的基本概念

定义 7.1　图。

图是二元组$G=<V,E>$，其中V是非空的结点集合，E是结点之间的关系边的集合。

定义 7.2　图的构成。

(1) 若边e与结点的无序对(v_i,v_j)相对应，则称e是无向边，即$e=(v_i,v_j)$，并称v_i和v_j为边e的两个端点。

(2) 若边e与结点的有序对$<v_i,v_j>$相对应，则称e是有向边，即$e=<v_i,v_j>$，并称v_i为边e的起点，v_j为边e的终点，v_i和v_j统称为边e的两个端点。

(3) 若边$e_1=(v_i,v_j)$，边$e_2=(v_i,v_j)$，则称边e_1和边e_2是无向平行边；若边$e_1=<v_i,v_j>$，边$e_2=<v_i,v_j>$，则称边e_1和边e_2是有向平行边。

(4) 关联同一个结点的两条边称为邻接边。

(5) 关联同一个结点的边称为自回路或者环(其边的方向无意义)。

(6) 构成一条边的两个端点称为邻接点。

(7) 不与任何边关联的结点称为孤立点。

(8) 度数为 1 的结点称为悬挂点。

(9) 与悬挂点关联的边称为悬挂边。

在构成边的两个端点中，如果有一个与度数为 1 的端点相连的边也称为悬挂边。

例 7.1 求图 7.1 中的结点集合 V，边集合 E，孤立结点，自回路，用结点的无序对表示边 e_3，边 e_1 和 e_2 关联的结点，V_1 和 V_2 关联的边，V_1 和 V_2 之间的关系。

解 结点集合：$V=\{V_1,V_2,\cdots,V_6\}$，$E=\{e_1,e_2,\cdots,e_7\}$，V_6 是孤立结点，边 e_7 叫结点 V_3 的自回路，$e_3=(V_3,V_5)$，边 e_1 和 e_2 关联的结点是 V_1，V_1 和 V_2 关联的边是 e_2，V_1 和 V_2 是邻接点。

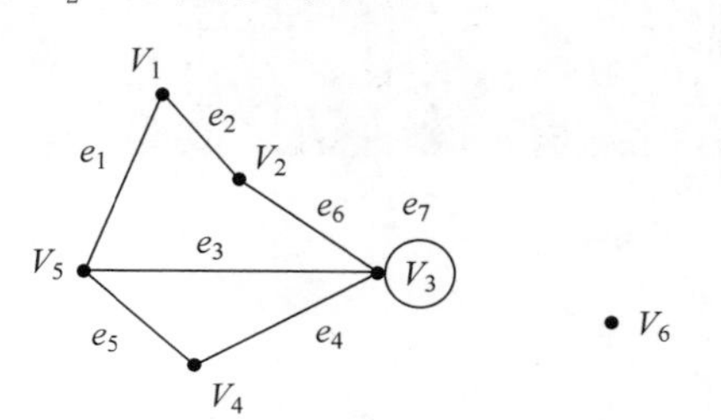

图 7.1 例 7.1 的图的构成

定义 7.3 图的类别。

设图 $G=<V,E>$，对图分类如下：

(1) 每条边不带方向的图称为无向图；

(2) 每条边都带方向的图称为有向图；

(3) 有的边带方向，有的边不带方向的图称为混合图；

(4) 没有平行边和自回路的图称为简单图；

(5) 每对结点之间有无向边相连的图称为无向完全图；

设 $|V|=n$，则 n 阶无向完全图记作 K_n；

(6) 仅有一个孤立结点的图称为平凡图；

(7) 仅由孤立结点组成的图称为零图；

(8) 边带权值的图称为边权图；

(9) 结点带权值的图称为点权图。

定义 7.4 结点的度。

已知图 $G=<V,E>$，结点的度定义如下：

(1) 表示与结点 V_i 相关联的边的条数称为结点 V_i 的度数，简称度，记作 $\deg(V_i)$，其中含环结点度数加 2；

(2) 在有向图中，以 V_i 为终点的边条数称为该结点的入度，记为 $\deg^-(V_i)$；以 V_i 为起点的边条数称为该结点的出度，记为 $\deg^+(V_i)$，并且结点 V_i 的度等于入度和出度之和，记作

$$\deg(V_i)=\deg^-(V_i)+\deg^+(V_i)$$

(3) 结点的最大度和最小度：$\Delta(G)=\max\{\deg V_i \mid V_i\in V(G)\}$ 为结点的最大度；$\delta(G)=\min\{\deg V_i \mid V_i\in V(G)\}$ 为结点的最小度。

定理 7.1 设图 $G=<V,E>$，$|V|=n$，则各个结点的度数总和等于边数的 2 倍，记作

$$\sum_{i=1}^{n}\deg(V_i)=2\mid E\mid$$

证明 因为图 G 中每条边都关联两个结点，如果某条边是环，则关联相应结点 2 次，所以在计算结点的度时，每条边都提供 2 度，故结论得证。

这个结果是图论的第一个定理，它是欧拉于 1736 年最先给出的。欧拉曾就此定理给出了这样一个形象论断：如果许多人在见面时都握了手，两只手握在一起，被握过手的总次数为偶数。故此定理称为图论的基本定理或握手定理。

例 7.2 设图 $G=<V,E>$，$|V|=n$，证明 K_n（n 阶无向完全图）的边数为 $|E|=$

$\frac{1}{2}n(n-1)$。

证明 因为 $\deg(V_i)=n-1$，所以 $\sum_{i=1}^{n}\deg(V_i)=n(n-1)$，根据定理7.1，$n(n-1)=2|E|$，所以 $|E|=\frac{1}{2}n(n-1)$。

定理7.2 在任何图中，度数为奇数的结点个数必定是偶数个。

证明 设图 $G=<V,E>$，结点集合 V 划分为两个子集，分别为度数为偶数的结点子集 V_1，度数为奇数的结点子集 V_2，设 $|V_1|=n$，$|V_2|=m$，则 $\sum_{i=1}^{n}\deg(V_i)+\sum_{j=1}^{m}\deg(V_j)=2|E|$，因为 $\sum_{i=1}^{n}\deg(V_i)$ 是偶数，$2|E|$ 是偶数，故 $\sum_{j=1}^{m}\deg(V_j)$ 必是偶数，而 $\deg(V_j)$ 是奇数，故 m 必是偶数，即结论得证。

例7.3 判断下列结点的度数序列能否构成图的度数序列。

(1) (3,3,2,3,4)　　　　(2) (3,3,2,3,5)

解 (1)不能，奇数度结点3个，违背定理7.2；(2)能构成图的度数序列。

定理7.3 在有向图 $G=<V,E>$ 中，设 $|V|=n$，各结点出度之和等于各结点入度之和，同时等于边的条数，即

$$\sum_{i=1}^{n}\deg^{+}(V_i)=\sum_{i=1}^{n}\deg^{-}(V_i)=|E|$$

证明 在有向图中，每条有向边对应一个起点和一个终点，即每条有向边对应一个出度和一个入度。在图 G 中，有 $|E|$ 条有向边必然会产生 $|E|$ 个出度和 $|E|$ 个入度。

7.2 补图与子图

7.2.1 补图

定义7.5 补图。

设图 $G=<V,E>$，其补图 $\overline{G}=<V,\overline{E}>$，其中 $\overline{E}$ 是把 G 变成完全图后所增加的边的集合，则称图 $\overline{G}$ 为图 G 的补图，如图7.2所示。

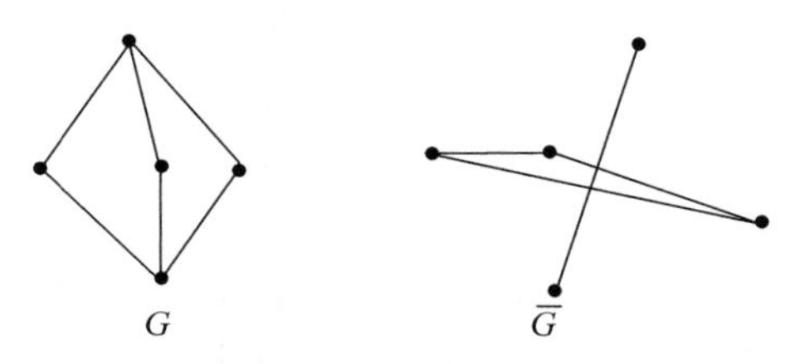

图7.2 图 G 及其补图 $\overline{G}$

7.2.2 子图

定义 7.6 子图和生成子图。

设图 $G=<V,E>$，如果有图 $G'=<V',E'>$，且 $E'\subseteq E$，$V'\subseteq V$，则称 G' 是 G 的子图。其中，如果 $V=V'$，则称 G' 为 G 的生成子图。如果 $|E|=n$，就有 2^n 个生成子图。

7.2.3 相对补图

定义 7.7 相对补图。

设 $G'=<V',E'>$ 是图 $G=<V,E>$ 的子图，若给定另一个图 $G''=<V'',E''>$，使得 $E''=E-E'$，且 V'' 中仅包含 E'' 的边所关联的结点，则称 G'' 是子图 G' 相对于图 G 的补图，简称相对补图，如图 7.3 所示。

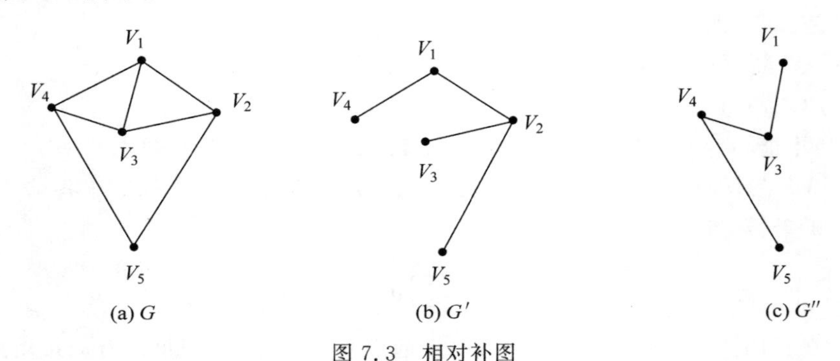

图 7.3 相对补图

7.2.4 图的同构

定义 7.8 图同构。

设图 $G=<V,E>$，图 $G'=<V',E'>$，如果存在一一对应的映射 $g: V\to V'$，使得 $e=(v_i,v_j)$（或 $<v_i,v_j>$）是 G 的一条边，当且仅当 $e'=(g(v_i),g(v_j))$ 或 $<g(v_i),g(v_j)>$ 是 G' 的一条边，称 G 与 G' 同构，记作 $G\cong G'$。

7.3 路、回路、图的连通性

7.3.1 路与回路

定义 7.9 路。

设图 $G=<V,E>$，$v_0v_1\cdots v_n\in V$，$e_0e_1\cdots e_n\in E$，e_i 为结点 v_{i-1} 和 v_i 之间的边，交替序列 $v_0e_1v_1e_2\cdots e_nv_n$ 为连接 v_0 和 v_n 之间的路。其中，v_0 为路的起点，v_n 为路的终点。

(1) 如果 $v_0=v_n$，则这条路称为回路；

(2) 若一条路中所有边不同，则称为迹；

(3) 若一条路中所有结点不同，则称为通路；

(4) 所有结点(除了起点和终点外)都不相同的回路称为圈。

例 7.4 如图 7.4 所示,举例给出 V_1 到 V_4 路,V_1 到 V_1 回路,V_2 到 V_3 的迹,V_1 到 V_4 通路,V_1 到 V_1 的圈。

解 V_1 到 V_4 路:$V_1e_2V_2e_6V_3e_4V_4$,$V_1e_2V_2e_6V_3e_3V_5e_5V_4$;

V_1 到 V_1 回路:$V_1e_2V_2e_6V_3e_3V_5e_1V_1$;

V_2 到 V_3 的迹:$V_2e_6V_3e_4V_4e_5V_5e_3V_3$;

V_1 到 V_4 通路:$V_1e_2V_2e_6V_3e_3V_5e_5V_4$;

V_1 到 V_1 的圈:$V_1e_2V_2e_6V_3e_3V_5e_1V_1$。

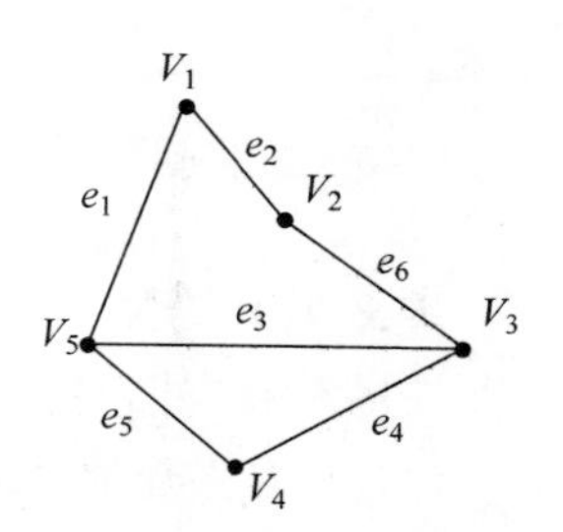

图 7.4 例 7.4 的路示例图

【说明】 结点 v_i 和 v_j 有路,是指从 $v_i(v_j)$ 出发,经过一些结点或者一些边能到达 $v_j(v_i)$。

定义 7.10 可达。

在图 $G=<V,E>$中,若存在由 V_i 到 V_j 的路,则称从 V_i 可达 V_j。

定理 7.4 在一个具有 n 个结点的图 $G=<V,E>$中,若存在由 V_i 到 V_j 的一条路,则从 V_i 到 V_j 存在一条不多于 $n-1$ 条边的路。

证明 设 V_i 和 V_j 之间路长为 L,则设 V_i 和 V_j 之间肯定存在 $L+1$ 个结点,如果 $L+1>n$,则肯定存在某结点多次出现,即 $V_i,\cdots,V_k,\cdots,V_k,\cdots,V_j$,把第一个 V_k 到第二个 V_k 前的一个结点删除,该路还是连通的,路的长度变为 L',若 $L'+1>n$,还是存在某结点多次出现,如此下去,直到路的长度小于或等于 $n-1$,结论得证。

推论 在一个具有 n 个结点的图 $G=<V,E>$中,若存在由 V_i 到 V_j 的一条路,则必存在一条从 V_i 到 V_j 而边数小于 n 的通路。

7.3.2 图的连通性

定义 7.11 无向图连通。

若结点 V_i 到 V_j 有路(可达),则结点 V_i 和 V_j 是连通的。

定义 7.12 无向图连通分支。

无向图结点之间的连通性是等价关系,把无向图结点划分成若干非空子集 $V_1,V_2,\cdots,V_k$,称子图 $G(V_1),G(V_2),\cdots,G(V_k)$是原图 G 的连通分支,$W(G)$为原图的连通分支数。若 G 只有一个连通分支,则图 G 是连通图。

定义 7.13 强连通。

在有向图 $G=<V,E>$中,如果任何一对结点之间相互可达,则该图为强连通。

例 7.5 如图 7.5 所示,此有向图为强连通图。

定义 7.14 单侧连通。

在有向图 $G=<V,E>$中,若任意两个结点至少有一个可以到达,则称该图是单侧连通。

例 7.6 如图 7.6 所示,此有向图为单侧连通图。

定义 7.15 弱连通。

若有向图去掉边的方向后仍然连通,则该图是弱连通。

例 7.7 如图 7.7 所示,此有向图为弱连通图。

【注】 强连通必然是单侧连通,单侧连通必然是弱连通。

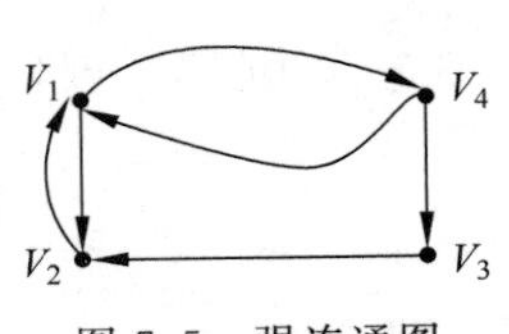

图 7.5 强连通图

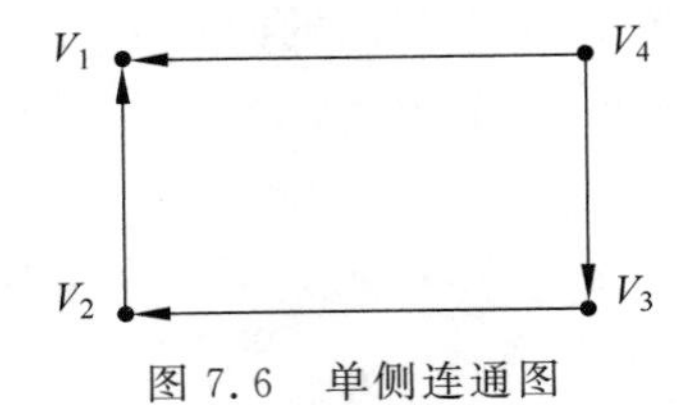

图 7.6 单侧连通图

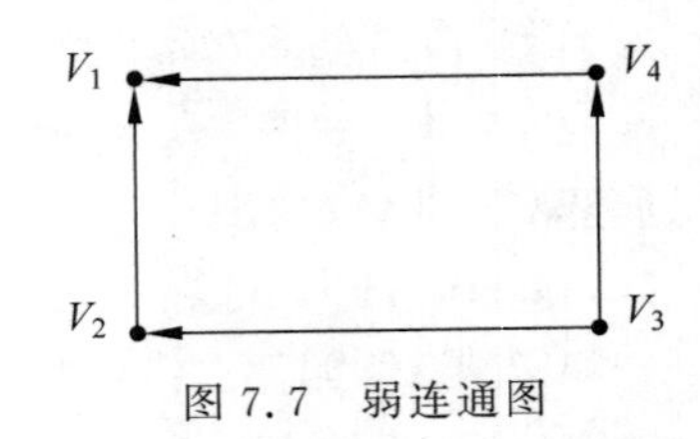

图 7.7 弱连通图

定义 7.16 强分图、单侧分图、弱分图。

在简单有向图 $G=<V,E>$中，有

(1) 具有强连通性质的最大子图，称为强分图；

(2) 具有单侧连通性质的最大子图，称为单侧分图；

(3) 具有弱连通性质的最大子图，称为弱分图。

例 7.8 有向图如图 7.8 所示，求其强分图、单侧分图和弱分图。

解 强分图为$\{V_1,V_2,V_3\}$，$\{V_4\}$，$\{V_5\}$，$\{V_6\}$，单侧分图、弱分图为$\{V_1,V_2,V_3,V_4,V_5,V_6\}$。

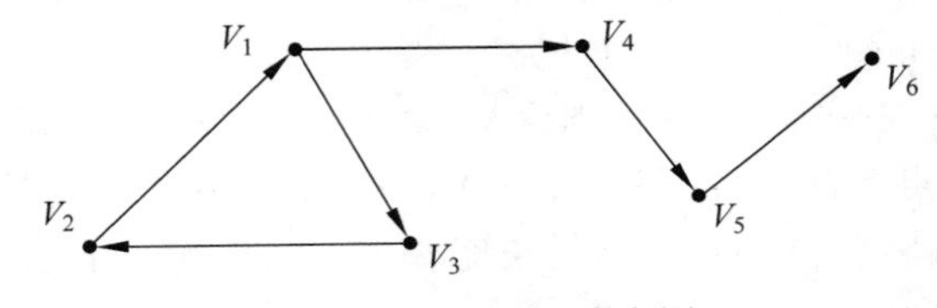

图 7.8 例 7.8 的有向图

【注】 所谓最大子图不是含有结点数最多，而是结点集合中不能再增加进去其他结点。

定理 7.5 一个有向图是强连通的，当且仅当 G 中有一个回路，它至少包含每个结点一次。

定理 7.6 在一个有向图 $G=<V,E>$中，它的每个结点位于且只位于一个强分图中。

证明 反证法 设结点 v 在强分图 S_1 和 S_2 中，$v\in V$，则 S_1 中所有结点与 v 可以相互到达，S_2 中所有结点与 v 可以相互到达，则 S_1 和 S_2 中结点通过 v 可以相互到达。故与 S_1 和 S_2 是强分图相矛盾，所以它的每个结点位于且只位于一个强分图中。

7.3.3 无向图的割集

定义 7.17 点割集。

设无向图 $G=<V,E>$为连通图，若有结点集 $V_1\subset V$，使图 G 删除 V_1 的所有结点后，所得子图是不连通的，而删除 V_1 的任何真子集后，所得子图仍然是连通的，则称 V_1 是 G 的一个点割集。若点割集中只有一个结点，该结点就称为割点。点割集基数表示图 G 结点的连通程度，定义如下：

$$k(G)=\min\{|V_1| \mid V_1 \text{ 是图 } G \text{ 的点割集}\}$$

称为图 G 的点连通度。

例 7.9 求图 7.9 的点割集。

解 图 7.9(a)：$\{V_1,V_3\}$，$\{V_3,V_4\}$是点割集，$\{V_1,V_3,V_4\}$不是点割集，$k(G)=2$；

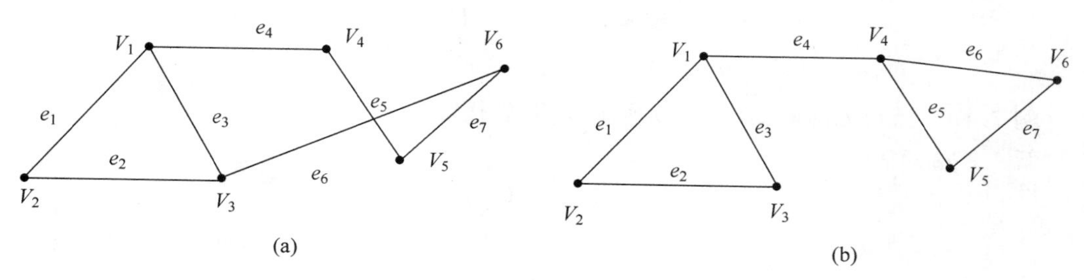

图 7.9 例 7.9 的无向图

图 7.9(b)：$\{V_1\}$和$\{V_4\}$是割点，$k(G)=1$。

本部分内容微课视频二维码如下所示：

图点割集定义

定义 7.18 边割集。

设无向图 $G=<V,E>$为连通图，若有边集 $E_1 \subset E$，使图 G 删除 E_1 的所有边后，所得子图是不连通的，而删除 E_1 的任何真子集后，所得子图仍然是连通的，则称 E_1 是 G 的一个边割集，若边割集中只有一条边，该边就称为割边或桥。边割集基数表示图 G 边的连通程度，定义如下：

$$\lambda(G)=\min\{|E_1| \mid E_1 \text{ 是 } G \text{ 的边割集}\}$$

称为 G 的边连通度。

在图 7.9(a)中，$\{e_6,e_7\}$，$\{e_5,e_7\}$为边割集，$\{e_1,e_5,e_7\}$不是边割集。在图 7.9(b)中，e_4 为桥。

【说明】 (1) 点连通度是为了产生一个不连通图需要删去的点的最少数目，一个不连通图的点连通度等于 0，存在割点的图其点连通度为 1，K_n 的点连通度为 $n-1$。

(2) 边连通度是为了产生一个不连通图需要删去的边的最少数目，对于平凡图和非连通图而言，边连通度为 0，存在割边的图其边连通度为 1。

7.4 图的矩阵表示

7.4.1 邻接矩阵

定义 7.19 邻接矩阵。

设 $G=<V,E>$是一个简单图，它有 n 个结点 $V=\{V_1,V_2,\cdots,V_n\}$，则 n 阶方阵 $\boldsymbol{A}(G)=(a_{ij})_{n\times n}$ 称为 G 的邻接矩阵。

$$a_{ij}=\begin{cases}1, & (v_i,v_j),<v_i,v_j>\in E\\0, & (v_i,v_j),<v_i,v_j>\notin E\end{cases}\quad i,j\in\{1,2,\cdots,n\}$$

例 7.10 已知无向图如图 7.10 所示,求其邻接矩阵。

解 邻接矩阵:

$$\boldsymbol{A}=\begin{pmatrix}0 & 1 & 1 & 1 & 1\\1 & 0 & 1 & 0 & 0\\1 & 1 & 0 & 1 & 0\\1 & 0 & 1 & 0 & 1\\1 & 0 & 0 & 1 & 0\end{pmatrix}$$

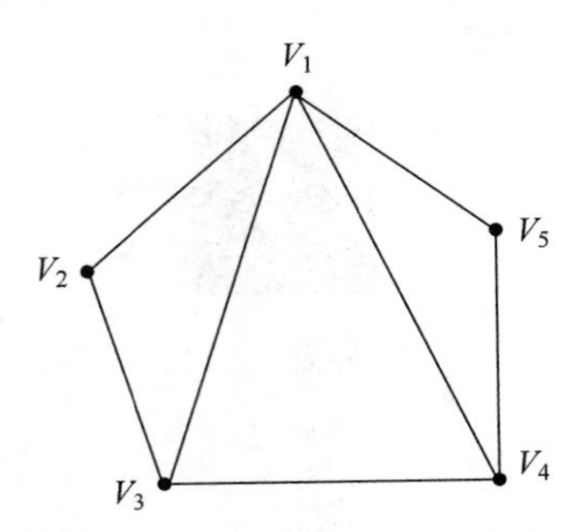

图 7.10 例 7.10 的无向图

例 7.11 已知有向图如图 7.11 所示,求其邻接矩阵。

解 邻接矩阵:

$$\boldsymbol{A}=\begin{pmatrix}0 & 1 & 1 & 1 & 1\\0 & 0 & 0 & 0 & 0\\0 & 1 & 0 & 0 & 0\\0 & 0 & 1 & 0 & 1\\0 & 0 & 0 & 0 & 0\end{pmatrix}$$

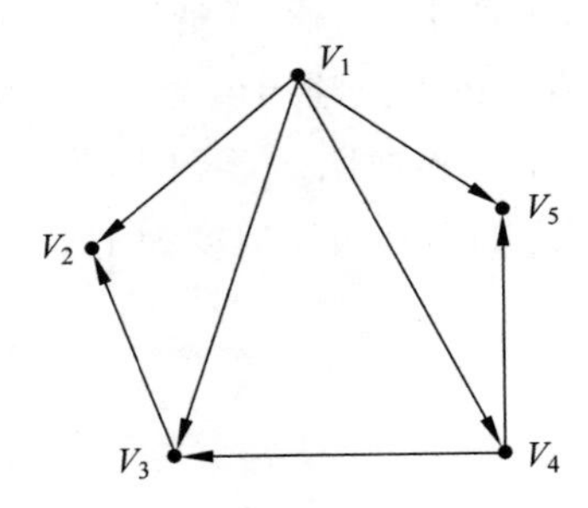

图 7.11 例 7.11 的有向图

由图的邻接矩阵总结出下列性质:

(1) 对于无向图,行或列中 1 的个数就是该结点的度数;

(2) 对于有向图,行中 1 的个数是该结点的出度,列中 1 的个数是该结点的入度;

(3) 简单无向图的邻接矩阵为对称的,有向图的邻接矩阵未必对称;

(4) 同一个图按不同结点排列顺序写出的邻接矩阵等价。

邻接矩阵的应用：$\boldsymbol{A}(G)$为图 G 的邻接矩阵，如果 $\boldsymbol{A}(G)^l$ 中的第 i 行、第 j 列的元素 $a_{ij}^l=k$，则 V_i 与 V_j 的长度为 l 的路有 k 条。

例 7.12　接例 7.10，有

$$\boldsymbol{A}^2=\begin{pmatrix}0&1&1&1&1\\1&0&1&0&0\\1&1&0&1&0\\1&0&1&0&1\\1&0&0&1&0\end{pmatrix}\cdot\begin{pmatrix}0&1&1&1&1\\1&0&1&0&0\\1&1&0&1&0\\1&0&1&0&1\\1&0&0&1&0\end{pmatrix}=\begin{pmatrix}4&1&2&2&1\\1&2&1&2&1\\2&1&3&1&2\\2&2&1&3&1\\1&1&2&1&2\end{pmatrix}$$

$a_{13}=2$，说明从 V_1 与 V_3 有两条长度为 2 的路，即 $V_1\rightarrow V_2\rightarrow V_3$，$V_1\rightarrow V_4\rightarrow V_3$。

7.4.2　可达性矩阵

定义 7.20　可达性矩阵。

设 $G=<V,E>$是一个简单图，它有 n 个结点 $V=\{V_1,V_2,\cdots,V_n\}$，则 n 阶方阵 $\boldsymbol{P}(G)=(p_{ij})_{n\times n}$ 称为G 的可达性矩阵，又称为连通矩阵。

$$p_{ij}=\begin{cases}1, & v_i \text{ 到 } v_j \text{ 可达}\\0, & v_i \text{ 到 } v_j \text{ 不可达}\end{cases}\quad i,j\in\{1,2,\cdots,n\}$$

可达性矩阵的求法：

一般由图 G 的邻接矩阵$\boldsymbol{A}$ 得到可达性矩阵$\boldsymbol{P}$ 的方法有两种：

(1) 令 $\boldsymbol{B}_n=\boldsymbol{A}+\boldsymbol{A}^2+\cdots+\boldsymbol{A}^n$，再将 $\boldsymbol{B}_n$ 中不为零的元素均改为 1，为零的不变，则得到的矩阵即为可达性矩阵 $\boldsymbol{P}$；

(2) 图结点可达性相当于结点之间关系的传递性，即图的可达性相当于传递闭包，所以可对邻接矩阵 $\boldsymbol{A}$ 采用 Warshall 算法求可达矩阵。

例 7.13　接例 7.10，利用 Warshall 算法求其可达矩阵。

解

$$\boldsymbol{P}=\begin{pmatrix}0&1&1&1&1\\1&0&1&0&0\\1&1&0&1&0\\1&0&1&0&1\\1&0&0&1&0\end{pmatrix}\xrightarrow{i=1}\begin{pmatrix}0&1&1&1&1\\1&1&1&1&1\\1&1&1&1&1\\1&1&1&1&1\\1&1&1&1&1\end{pmatrix}\xrightarrow{i=2}$$

$$\begin{pmatrix}1&1&1&1&1\\1&1&1&1&1\\1&1&1&1&1\\1&1&1&1&1\\1&1&1&1&1\end{pmatrix}\xrightarrow{i=3,4,5}\begin{pmatrix}1&1&1&1&1\\1&1&1&1&1\\1&1&1&1&1\\1&1&1&1&1\\1&1&1&1&1\end{pmatrix}$$

可达性矩阵应用(用可达矩阵判断图有无回路问题，即是主对角线有无 1 元素问题)。

1. 递归调用问题

例 7.14 设过程集合为$\{P_1,P_2,P_3,P_4,P_5\}$，过程调用关系如图 7.12 所示。

解 P_1 调用 P_2，P_2 调用 P_4，P_3 调用 P_1，P_4 调用 P_5，P_5 调用 P_2。

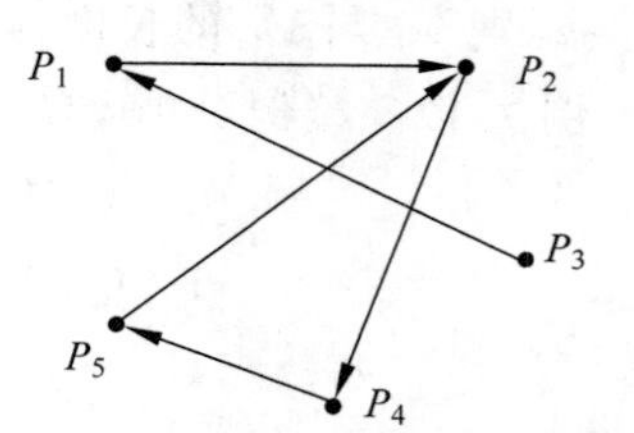

图 7.12 例 7.14 的过程调用关系

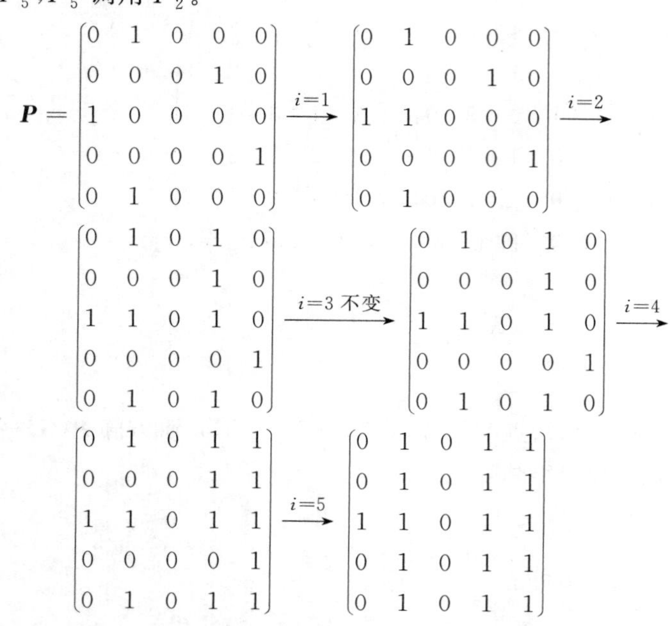

$$\boldsymbol{P}=\begin{pmatrix}0&1&0&0&0\\0&0&0&1&0\\1&0&0&0&0\\0&0&0&0&1\\0&1&0&0&0\end{pmatrix}\xrightarrow{i=1}\begin{pmatrix}0&1&0&0&0\\0&0&0&1&0\\1&1&0&0&0\\0&0&0&0&1\\0&1&0&0&0\end{pmatrix}\xrightarrow{i=2}$$

$$\begin{pmatrix}0&1&0&1&0\\0&0&0&1&0\\1&1&0&1&0\\0&0&0&0&1\\0&1&0&1&0\end{pmatrix}\xrightarrow{i=3\text{ 不变}}\begin{pmatrix}0&1&0&1&0\\0&0&0&1&0\\1&1&0&1&0\\0&0&0&0&1\\0&1&0&1&0\end{pmatrix}\xrightarrow{i=4}$$

$$\begin{pmatrix}0&1&0&1&1\\0&0&0&1&1\\1&1&0&1&1\\0&0&0&0&1\\0&1&0&1&1\end{pmatrix}\xrightarrow{i=5}\begin{pmatrix}0&1&0&1&1\\0&1&0&1&1\\1&1&0&1&1\\0&1&0&1&1\\0&1&0&1&1\end{pmatrix}$$

2. 操作系统中判断死锁问题

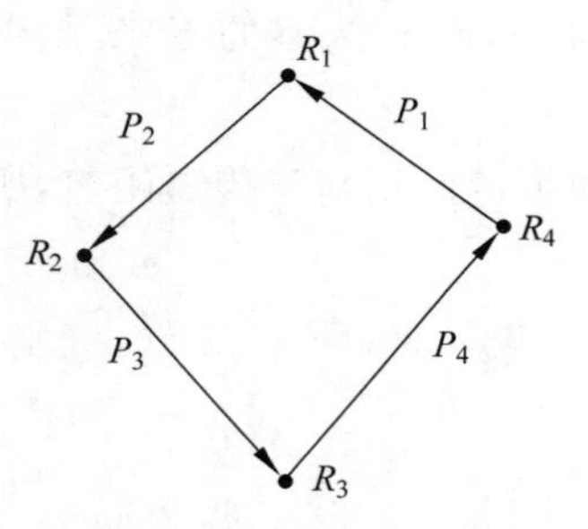

图 7.13 进程对资源占有和申请图

例 7.15 设 4 个进程分别为$\{P_1,P_2,P_3,P_4\}$，4 种资源分别为$\{R_1,R_2,R_3,R_4\}$，在 t 时刻，进程对资源的占有和申请情况如图 7.13 所示。

解 P_1 拥有资源 R_4，又去申请资源 R_1；

P_2 拥有资源 R_1，又去申请资源 R_2；

P_3 拥有资源 R_2，又去申请资源 R_3；

P_4 拥有资源 R_3，又去申请资源 R_4。

大家可以利用例 7.15 的方法，判断是否存在死锁问题。

7.4.3 关联矩阵

定义 7.21 无向图的关联矩阵。

设无向图 $G=<V,E>$为连通图，它有 n 个结点 $V=\{V_1,V_2,\cdots,V_n\}$，m 条边 $E=\{e_1,e_2,\cdots,e_m\}$，结点与边之间的关联关系构成关联矩阵 $\boldsymbol{M}(G)=(m_{ij})_{n\times m}$，其中

$$m_{ij}=\begin{cases}1, & v_i\text{ 与 }e_j\text{ 关联}\\0, & v_i\text{ 与 }e_j\text{ 不关联}\end{cases}\quad i\in\{1,2,\cdots,n\},j\in\{1,2,\cdots,m\}$$

则称 $\boldsymbol{M}(G)$为图的关联矩阵。

例 7.16　无向图如图 7.14 所示，求其关联矩阵。

$$M=\begin{pmatrix}1&0&1&0&0&1&1\\1&1&0&0&0&0&0\\0&1&1&1&0&0&0\\0&0&0&1&1&0&1\\0&0&0&0&1&1&0\end{pmatrix}$$

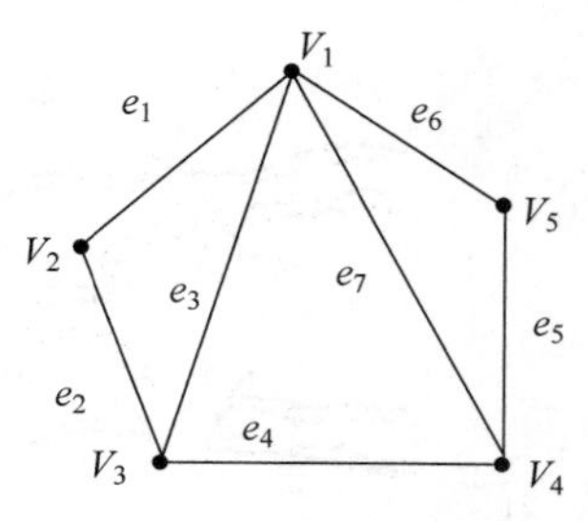

图 7.14　例 7.16 的无向图

关联矩阵的性质：

(1) 边关联两个结点，所以 $M(G)$ 中每一列只含两个 1；

(2) 每一行中 1 的个数对应该结点的度数；

(3) 若一行中的元素全为 0，则为孤立结点；

(4) 两条平行边所对应的两列相同。

定义 7.22　有向图的关联矩阵。

设 $G=<V,E>$ 是一个简单有向图，它有 n 个结点 $V=\{V_1,V_2,\cdots,V_n\}$ 和 m 条边 $E=\{e_1,e_2,\cdots,e_m\}$，其中

$$m_{ij}=\begin{cases}1, & \text{若 } v_i \text{ 是边 } e_j \text{ 的起点}\\0, & \text{若 } v_i \text{ 不关联 } e_j\\-1, & \text{若 } v_i \text{ 是边 } e_j \text{ 的终点}\end{cases}\qquad i\in\{1,2,\cdots,n\},j\in\{1,2,\cdots,m\}$$

则 $n\times m$ 阶矩阵 $M(G)=(m_{ij})_{n\times m}$ 称为 G 的关联矩阵。

例 7.17　设 $G=<V,E>$ 是一个简单有向图(求图 7.15)，求其关联矩阵。

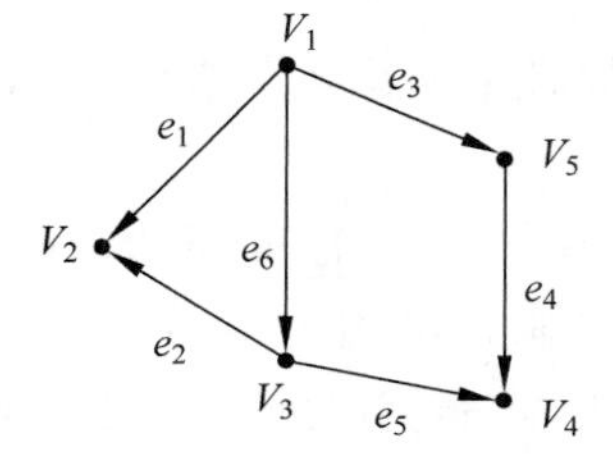

图 7.15　例 7.17 的有向图

解　关联矩阵：

$$M=\begin{pmatrix}1&0&1&0&0&1\\-1&-1&0&0&0&0\\0&1&0&0&1&-1\\0&0&0&-1&-1&0\\0&0&-1&1&0&0\end{pmatrix}$$

7.5　欧拉图和汉密尔顿图

18 世纪东普鲁士的哥尼斯堡有一条河穿城而过，河中有两座小岛，河上建有 7 座桥把两个岛与河岸联系起来。传说当地居民想设计一次散步，从某处出发，经过每座桥回到原地，中间不重复，这就是著名的哥尼斯堡七桥问题，如图 7.16 所示。

1736 年，欧拉把每块陆地考虑成一个结点，连接两块陆地的桥以边表示，如图 7.17 所示，这样哥尼斯堡七桥问题就演变为从一个结点出发，经过每条边一次而且仅一次，最终回到该结点的问题。

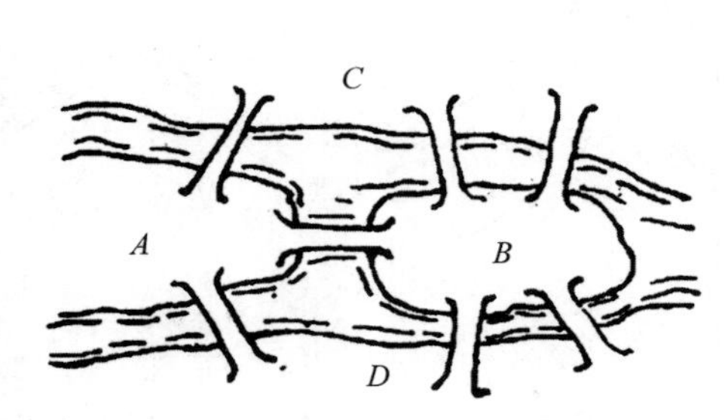

图 7.16　哥尼斯堡七桥问题

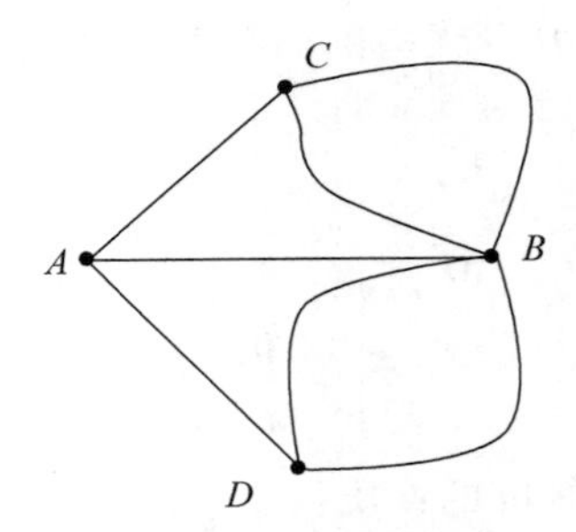

图 7.17　七桥问题简化图

7.5.1　欧拉图

定义 7.23　欧拉路、欧拉回路、欧拉图。

给定无孤立结点图 G，若存在一条路，经过图中每一条边一次且仅一次，该路称为欧拉路；若存在一条回路，经过图中每一条边一次且仅一次，该回路称为欧拉回路；具有欧拉回路的图称作欧拉图。

定理 7.7　无向图 G 具有一条欧拉回路，当且仅当 G 是连通的，并且所有结点的度都为偶数。

证明　必要性：设 G 为欧拉图，那么 G 显然是连通的。另外，由于 G 本身为闭的路径，它每经过一个结点一次，便给这一结点增加度数 2，因而各结点的度均为该路径经过此结点的次数的 2 倍，从而均为偶数。

充分性：设 G 连通，且每个结点的度均为偶数，欲证 G 为欧拉图。为此，对 G 的边数归纳。当边数 $m=1$ 时，由于 G 连通，且每个结点的度均为偶数，故必定为单结点的环，显然为欧拉图。

设边数少于 m 的连通图，在结点的度均为偶数时必为欧拉图，现考虑有 m 条边的图 G。设想从 G 的任一结点出发，沿着边勾画，使笔不离开图且不在勾画过的边上重新勾画。由于每个结点都是偶数度，笔在进入一个结点后总能离开那个结点，除非笔回到了起点。在笔回到起点时，它勾画出一条闭路径，记为 H。如果 H 就是 G，那么欲证即得。若不然，从图 G 中删去 H 的所有边，所得图记为 G'，G' 未必连通，但其各结点的度仍均为偶数。

考虑 G' 的各连通分支，由于它们都连通，结点的度均为偶数，而它们的边数均小于 m，因此据归纳假设，它们都是欧拉图。此外，由于 G 连通，它们都与 H 共有一个或若干公共结点，因此它们与 H 一起构成一个闭路径。这就是说，G 是一个欧拉图。

定理 7.8　无向图 G 具有一条欧拉路，当且仅当 G 是连通的，且有 0 个或 2 个奇数度结点。

【说明】　有 0 个奇数度结点，证明方法与定理 7.7 完全相同，2 个奇数度结点，其中一个为欧拉路的起点，另一个为欧拉路的终点，该定理证明方法可参考定理 7.7 的证明过程。

由定理 7.7，显然图 7.17 哥尼斯堡七桥问题无解。

如图 7.18 所示，存在欧拉路，V_5 和 V_6 为起点和终点。

欧拉路应用：中国汉字一笔画问题。

例 7.18 中国汉字"中"可以用一笔画完成,如图 7.19 所示。

只有两个奇数度结点,分别为路的起点和终点,其他结点的度均为偶数,$V_1(V_8)$为路的起点,$V_8(V_1)$为路的终点。

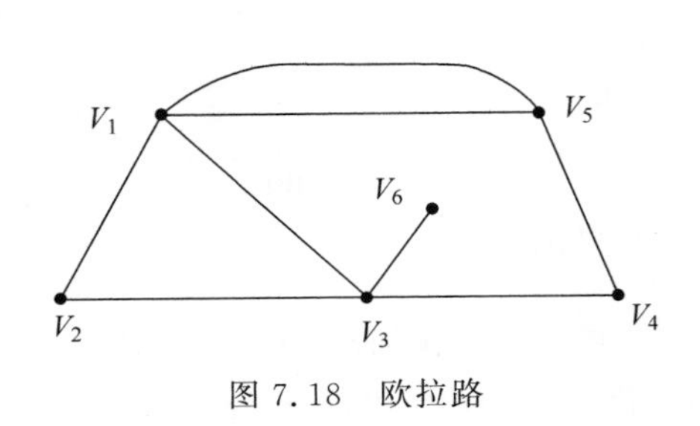

图 7.18 欧拉路

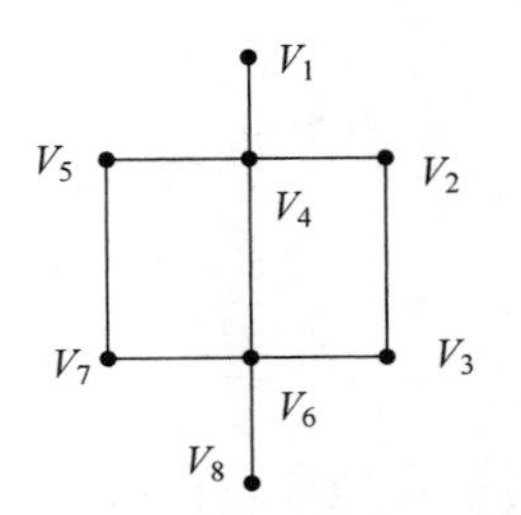

图 7.19 例 7.18 的"中"字图

7.5.2 有向图的单向欧拉回路

定义 7.24 有向图欧拉路(回路)。

给定无孤立结点有向图 G,经过图中每条边一次且仅一次的一条单向路(回路),称为单向欧拉路(回路)。

定理 7.9 有向图 G 具有一条单向欧拉回路,当且仅当 G 是连通的,并且每个结点的入度等于出度;具有一条单向欧拉路,当且仅当 G 是连通的,并且有一个结点的入度比出度多 1,还有一结点的出度比入度多 1,而其余结点的入度等于出度。

出度比入度多 1 为路的起点,入度比出度多 1 为路的终点,其他结点的入度等于出度为路中间部分的结点,该定理证明也可参考定理 7.7 的证明过程。

7.5.3 汉密尔顿图

汉密尔顿在 1856 年发明了正十二面体数学游戏:从正十二面体的一个结点出发沿棱行走,能否经过每一个结点恰好一次回到出发点。用图的描述形式为定义 7.25。

定义 7.25 汉密尔顿路、汉密尔顿回路、汉密尔顿图。

给定图 G,若存在一条路经过图中的每个结点恰好一次,这条路称为汉密尔顿路;若存在一条回路经过图中的每个结点恰好一次,这回路称为汉密尔顿回路;具有汉密尔顿回路的图称为汉密尔顿图。

定理 7.10 汉密尔顿图的性质。

已知图 $G=\langle V,E\rangle$,若图 G 具有汉密尔顿回路,则 $S\subseteq V,S\neq\varnothing$,均有 $W(G-S)\leqslant|S|$成立,其中 $W(G-S)$是 $G-S$ 的连通分支数。

证明 设 M 是 G 的一条汉密尔顿回路,则对于 V 的任何一个非空子集 S 在 M 中删去 S 中任一结点 v_1,则 $M-v_1$ 是连通的非回路,若再删去 S 中另一结点 v_2,则 $W(M-v_1-v_2)\leqslant 2$。以此类推,可得 $W(M-S)\leqslant|S|$,$M-S$ 是 $G-S$ 的一个生成子图,所以 $W(G-S)\leqslant W(M-S)$。综上所述 $W(G-S)\leqslant|S|$。

例 7.19 已知汉密尔顿图如图 7.20 所示,设 $S=\{V_1,V_3\}$,$|S|=2$。求 $W(G-S)$。

解 $W(G-S)=2\leqslant|S|$,其他子集也是如此,满足定理 7.10。

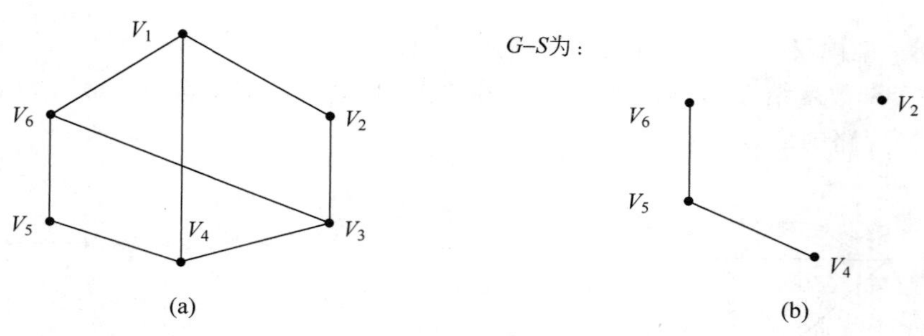

图 7.20　例 7.19 的汉密尔顿图

对该定理实施自然语言符号化。设 P：图 G 具有汉密尔顿回路；Q：$S\subseteq V, S\neq\varnothing$，均有 $W(G-S)\leqslant|S|$ 成立。该定理符号化为 $P\rightarrow Q$，因为 $P\rightarrow Q\Leftrightarrow\neg Q\rightarrow\neg P$。

故该定理等价于：若存在 $S\subseteq V, S\neq\varnothing, W(G-S)>|S|$，则图 G 不具有汉密尔顿回路（不是汉密尔顿图）。

【注】 此定理更合适用于非汉密尔顿图的判定。

例 7.20　判断非汉密尔顿图，如图 7.21 所示。

解　在图 7.21 中，$S=\{V_1,V_5\}$，$W(G-S)$ 的连通分支为 $\{V_2,V_3,V_4,V_8\}$，$\{V_6\}$，$\{V_7\}$，$W(G-S)>|S|$ 成立，故图 7.21 为非汉密尔顿图。

定理 7.11　汉密尔顿路的判定。

设 G 是具有 n 个结点的简单图，如果 G 中每一对结点的度数之和大于或等于 $n-1$，则在 G 中存在一条汉密尔顿路。

定理证明过程见参考文献[1]，该定理作为汉密尔顿路的判定，不能作为汉密尔顿图的性质。

定理 7.12　汉密尔顿图的判定。

设 G 是具有 n 个结点的简单图，如果 G 中每一对结点的度数之和大于或等于 n，则在 G 中存在一条汉密尔顿回路。

例 7.21　如图 7.22 所示，显然该图存在一条汉密尔顿路，但是 $\deg(V_i)+\deg(V_j)=4\leqslant 6-1$，故此定理只能作为汉密尔顿路的判定。

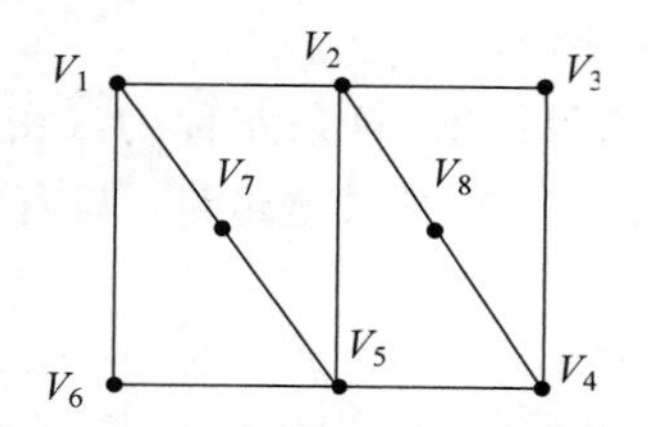

图 7.21　例 7.20 的汉密尔顿图判定 1

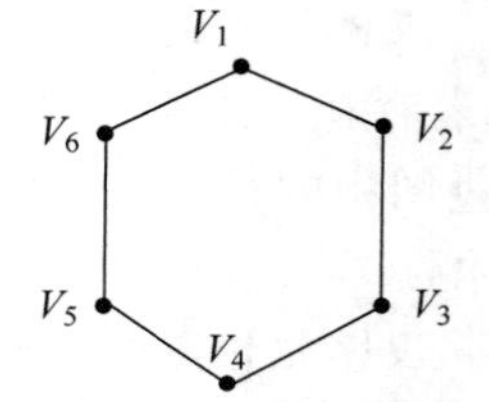

图 7.22　例 7.21 的汉密尔顿图判定 2

7.6　平面图

一个复杂的网络能否分布在平面上而又不自相交叉？在印制电路板时自然也会碰到这个问题。有的图把一条对角线移到方形外面就可以分布在平面上，但有的图却无论怎样移动都不能分布在平面上，因此需要对平面图的基本概念进行研究。

7.6.1　基本概念

定义 7.26　平面图。

设 $G=<V,E>$ 是一个无向图，如果能够把 G 的所有结点和边画在一个平面上，且使得任何两条边除了端点外没有其他的交点，则称图 G 为平面图。

例 7.22　图 7.23(a)是否为平面图。

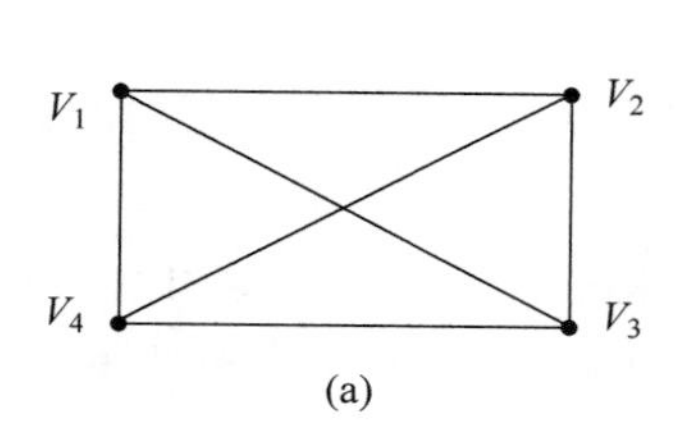

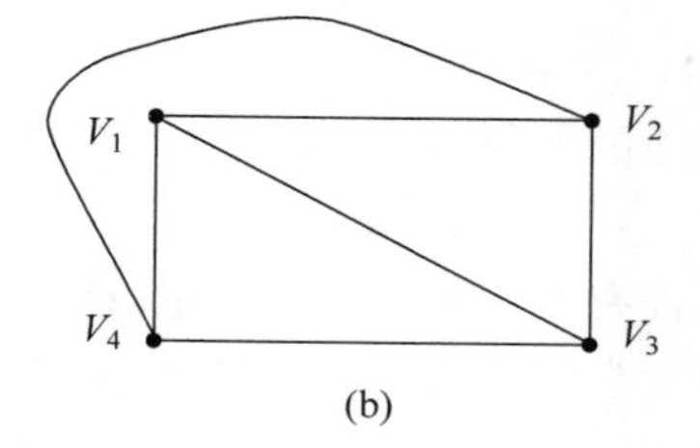

图 7.23　例 7.22 的平面图

解　结点 V_2 和结点 V_4 关联的边可以拉到外边，如图 7.23(b)所示，故图 7.23(a)是平面图。

两个典型的非平面图 K_5 如图 7.24 所示，$K_{3,3}$ 如图 7.25 所示。

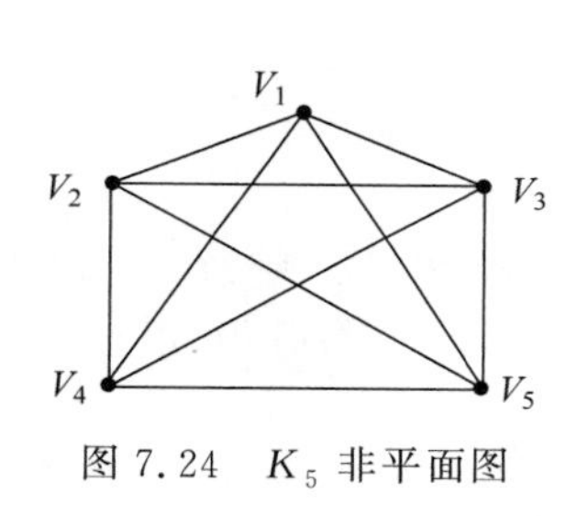

图 7.24　K_5 非平面图

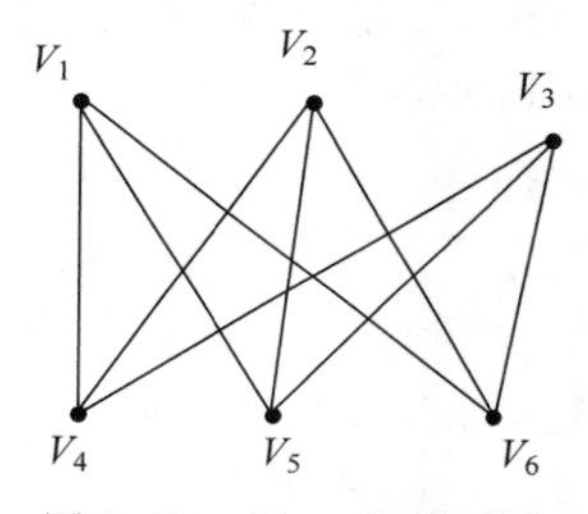

图 7.25　$K_{3,3}$ 非平面图

定义 7.27　平面图的有关术语。

在平面图 G 中，G 的边将其所在的平面划分成的封闭区域称为面，有限的区域称为有限面或内部面，无限的区域称为无限面或外部面，包围面的边称为该面的边界，包围每个面的所有边组成的回路长度称为该面的次数，记作 $\deg(r_i)$。

例 7.23　如图 7.26 所示，r_1 是一个无限面，r_2 是正常的面，r_3 是包含一个悬挂边（面次数增 2）的面，求 $\deg(r)$。

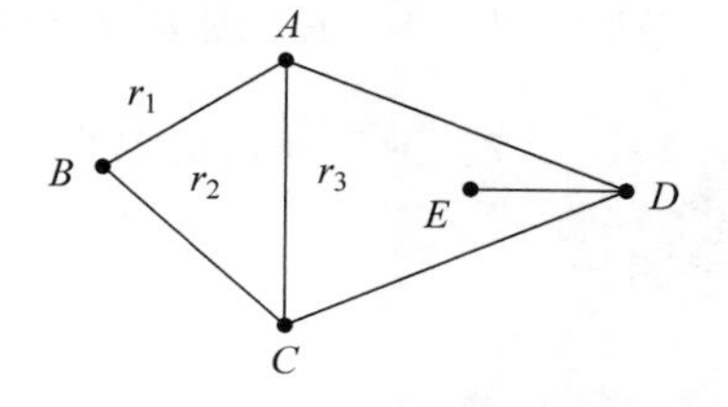

图 7.26　例 7.23 和例 7.24 的平面图

解　$\deg(r_1)=4,\deg(r_2)=3,\deg(r_3)=5$。

7.6.2　平面图的性质

定理 7.13　已知图 G 是平面图，若 $|G|=k,k\in N$，则称 G 为有限平面图，面的次数之

和等于其边数的两倍。

$$\sum_{i=1}^{n} \deg(r_i) = 2 \mid E \mid$$

证明 若一条边为两个面的分界,那么该边在两个面计算次数的时候各算一次,若边为悬挂边,包含该悬挂边的面在计算面的次数的时候也计算两遍。因而,面的次数之和等于其边数的两倍。

例 7.24 验证图 7.26 各个面次数之和是否等于边数两倍。

证明 在例 7.23 中,$\deg(r_1)+\deg(r_2)+\deg(r_3)=4+3+5=12=2|E|$。

定理 7.14 欧拉定理。

设一个连通的平面图 G,共有 v 个结点、e 条边和 r 个面,则有以下的欧拉公式成立。

$$v-e+r=2$$

【说明】 设有 v、e 和 r 三个变量,证明可以对其中任意一个变量用数学归纳法,下面给出对变量 e 用数学归纳法的证明过程,请读者参考该证明过程,给出对变量 e 或 r 用数学归纳法的证明过程。

证明 (1) 当 G 含有一条边时,$v=2,e=1,r=1,v-e+r=2$;

(2) 设 G 为 k 条边时命题成立,即有 $v_k-e_k+r_k=2$ 成立;

(3) 图 G 增加 1 条边,为使图 G 保持连通,有如下两种情况:

情况一:增加一个新结点 V_j,该结点是悬挂结点,V_j 与原图已知结点 V_i 结点相连,则结点数增加 1,边数增加 1,面数不变,如图 7.27(a)所示。

$$v_{k+1}-e_{k+1}+r_{k+1}=v_k+1-(e_k+1)+r_k$$
$$=v_k-e_k+r_k=2$$

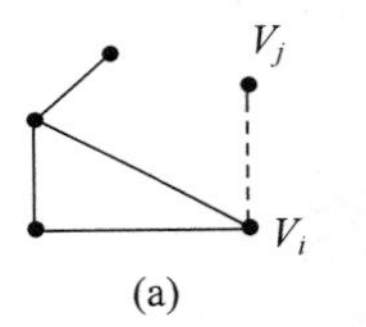

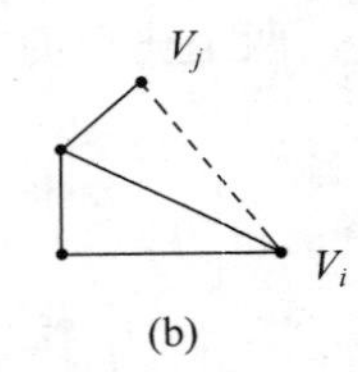

图 7.27 定理 7.14 证明过程中的增加边的图

情况二:增加一条边,假设原图 V_i 结点与原图 V_j 结点相连,那么必然会增加一个回路,也即增加一个面,如图 7.27(b)所示。

$$v_{k+1}-e_{k+1}+r_{k+1}=v_k-(e_k+1)+(r_k+1)=v_k-e_k+r_k=2$$

综上所述,$v-e+r=2$ 成立。

定理 7.15 平面图性质定理 1。

设 G 是一个有 v 个结点 e 条边的连通简单平面图,若 $v\geqslant3$,则 $e\leqslant3v-6$。

证明 当 $v=3$ 时,图为连通简单平面图,故边 $e=2,3v-6=3>2$,命题成立;

当 $e\geqslant3$ 时,图为连通简单平面图,每个面的次数最少为 3,即 $\deg(r_i)\geqslant3$,$\sum_{i=1}^{r}\deg(r_i)=2e\geqslant3r$。

又因为 $v-e+r=2$,即 $r=e+2-v\leqslant\frac{2}{3}e$,即 $e\leqslant3v-6$。

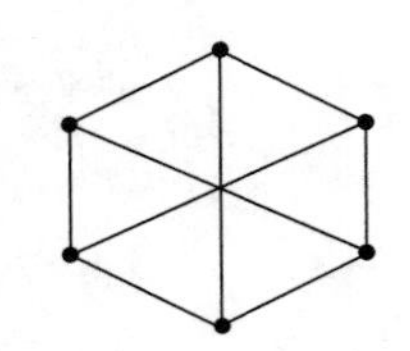

图 7.28 例 7.25 的 $K_{3,3}$

【注】 该定理是平面图必要非充分条件,可以将该定理作为判断非平面图的依据。

例 7.25 在例 7.22 中 $K_{3,3}$ 的另一种形式如图 7.28 所示。

解 定理 7.15 是平面图判定必要非充分条件,虽然对于图 7.25 和图 7.28 所示,$K_{3,3}$ 有 $3\times6-6=12>9$,但是 $K_{3,3}$ 不

是平面图。

对于图 7.24，K_5 有 $3\times5-6=9<10$，所以 K_5 不是平面图，此判断利用该定理的逆否命题。因此，该定理不是平面图判定的充分必要条件，而只能利用该定理判断非平面图。

定理 7.16 平面图性质定理 2。

在一个至少三个结点的平面图中，至少存在一个结点 u，有 $\deg(u)\leqslant5$。

证明 **反证法** 设 $G=\langle V,E\rangle$，$|V|=n$，如果 $\forall V_i\in V$，$\deg(V_i)\geqslant6$，$\sum_{i=1}^{n}\deg(v_i)=2e$，$2e\geqslant6n$，即 $e\geqslant3n$，$e>3n-6$，与定理 $e\leqslant3n-6$ 矛盾，所以至少存在一个结点 u，有 $\deg(u)\leqslant5$。

7.6.3 平面图的判定

判断一个图是否为平面图是一件困难的事。通常可以采用直观的方法，即在图中找出一个长度尽可能多的边且不相交的圈，然后将图中那些相交于非结点的边，适当放置在已选定的圈内侧或外侧，若能避免除结点之外边相交，则该图为平面图，否则便是非平面图。波兰数学家库拉托夫斯基(Kuratowski)在 1930 年给出了判定一个图是平面图的这个充要条件。

定义 7.28 二度结点插入和删除。

在给定图 G 上的某一条边上，插入一个新的度数为 2 的结点，使一条边分成两条边，或者将关联于一个度数为 2 的结点的两条边和该结点同时删除，使两条边变为一条边，这些都不会影响图的平面性，该过程称为二度结点插入和删除操作。

例 7.26 如图 7.29 所示，二度结点插入和删除。

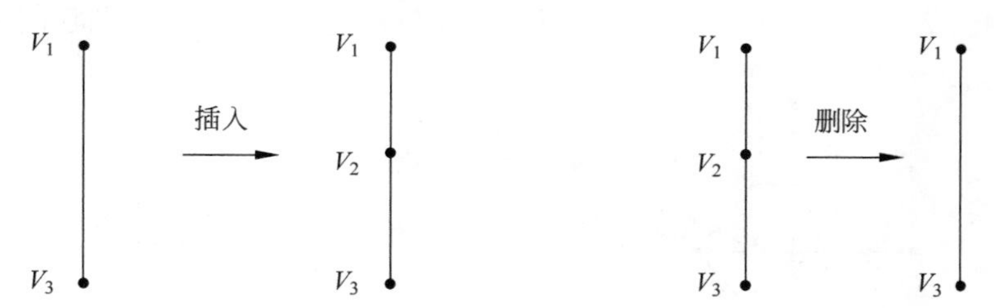

图 7.29 例 7.26 的二度结点插入和删除

定义 7.29 二度结点内同构。

给定图 G_1、G_2，如果它们同构，或者通过反复进行二度结点插入或删除操作后，使 G_1 与 G_2 同构，则称为图 G_1 和 G_2 二度结点内同构。

例 7.27 如图 7.30(a)、(b)所示的二度结点内同构。

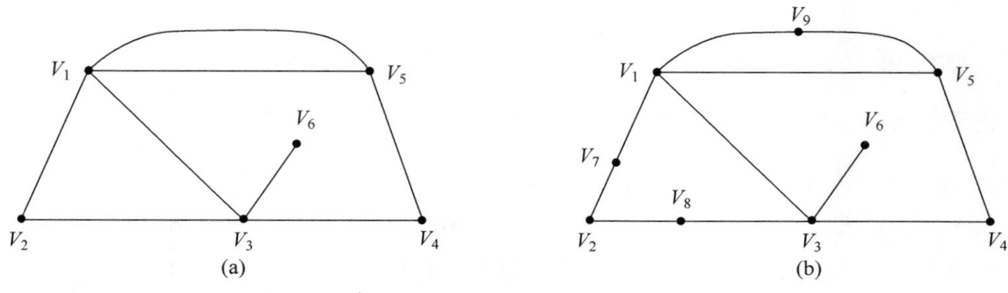

图 7.30 例 7.27 的图 G_1 和 G_2 二度结点内同构

定理 7.17 Kuratowski 定理(简称库氏定理)。

一个图是平面图,当且仅当不包含与 $K_{3,3}$ 和 K_5(图 7.24 和图 7.25)在二度结点内同构的子图。

K_5 和 $K_{3,3}$ 常作为库拉托夫斯基图,该定理的证明不做要求。

例 7.28 彼德森图(图 7.31)采用定理很容易证明该图为典型的非平面图。

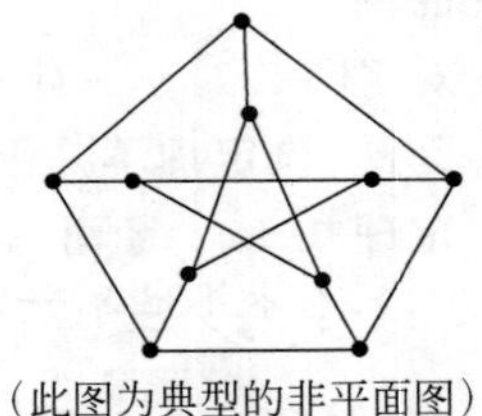

(此图为典型的非平面图)

图 7.31 彼得森图

7.6.4 平面性算法

虽然库氏定理给出了平面图的判定方法,但在计算机实现上有一定困难。20 世纪 60 年代初,奥斯兰德(L. Auslander)和帕特尔(S. V. Parter)提出了第一个平面性算法。之后,出现了有数十种之多的算法。直到 1974 年,由霍普克罗夫特(J. Hopcroft)和塔尔金(R. Tarjan)建立了第一个线性时间的算法,即对很大的图这个算法所需的计算时间,以图结点数的一个线性函数为上界。

1. 基本介绍

平面性算法是一种求平面嵌入的算法,指判断一个给定的图是否是平面图,并且如果是平面图,则要找出它的平面嵌入。设 H 是图 G 的一个平面子图,$\widetilde{H}$ 是 H 在这个平面中的一个嵌入,若 G 是平面图,且存在 G 的一个平面嵌入 $\widetilde{G}$,使得 $\widetilde{H}\subseteq\widetilde{G}$,则称 $\widetilde{H}$ 是 G 允许的。例如,图 G 如图 7.32(a)所示,图 7.32(b)和图 7.32(c)表示 G 的一个平面子图的两个嵌入;图 7.32(b)是 G 允许的,而图 7.32(c)则不是。

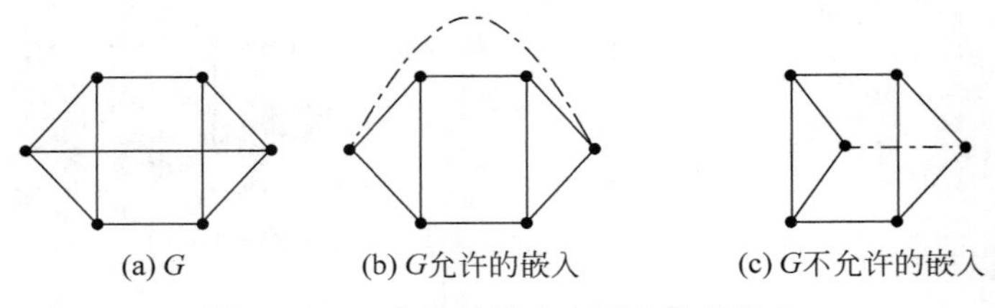

图 7.32 G 允许的嵌入和不允许的嵌入

若 B 是 H(在 G 中)的任意一座桥,且 B 对于 H 的接触点都包含在 $\widetilde{H}$ 的面 f 的周界上,则称 B 在 $\widetilde{H}$ 的面 f 内是可画的。用 $F(B,\widetilde{H})$ 表示在 $\widetilde{H}$ 中桥 B 是可画出的那些面的集合。

定理 7.18 若 $\widetilde{H}$ 是允许的,则对于 H 的每座桥 B,$F(B,\widetilde{H})\neq\varnothing$。

证明 若 $\widetilde{H}$ 是 G 允许的,则根据定义,存在 G 的一个平面嵌入 $\widetilde{G}$,使得 $\widetilde{H}\subseteq\widetilde{G}$。显然,$H$ 的桥 B 所对应的 $\widetilde{G}$ 的子图必然限制在 $\widetilde{H}$ 的一个面中,因此 $F(B,\widetilde{H})\neq\varnothing$。

由于一个图是平面图当且仅当它的基础简单图的每个块都是平面图,所以只要考查简单块就可以,给定这样的一个图 G,算法就确定了 G 的一个平面子图的递增序列 G_1,

$G_2,\cdots,G_i$，以及对应的平面嵌入$\widetilde{G}_1,\widetilde{G}_2,\cdots,\widetilde{G}_i$，终止于$G$的一个平面嵌入。对每一步，都应用定理的必要条件，来判断G的非平面性。

2. 算法步骤

(1) 设G_1是G的一个圈，找出G_1的一个平面嵌入$\widetilde{G}_1$，置$i=1$；

(2) 若$E(G)\backslash E(G_i)=\varnothing$，则停止。否则，确定$G$中$G_i$的所有桥，对于每座这样的桥$B$，找出集合$F(B,\widetilde{G}_i)$；

(3) 若存在一座桥B，使得$F(B,\widetilde{G}_i)=\varnothing$，则停止。根据定理，$G$是非平面图，若存在一座桥$B$，使得$|F(B,\widetilde{G}_i)|=1$，则令$F(B,\widetilde{G}_i)=\{f\}$，否则令$B$是任一座桥，且$f$是任一使得$f\in F(B,\widetilde{G}_i)$的面；

(4) 选择一条连接B对于G_i的两个接触结点的路$P_i\subseteq B$，置$G_{i+1}=G_i\cup P_i$，并把P_i画在$\widetilde{G}_i$的面f内，得到G_{i+1}的一个平面嵌入$\widetilde{G}_{i+1}$，令$i=i+1$转入步骤(2)。

3. 应用举例

例 7.29 为了说明这个算法，考查图7.33中的图G，从图$G_1=2345672$和G的一张桥的边开始(为了简洁起见，桥用其边集来表示)；在每一步中，对于$|F(B,\widetilde{G}_i)|=1$的桥B以粗体字标出。在这个例子中，算法终止于G的一个平面嵌入$\widetilde{G}_9$，所以G是平面图，过程如图7.34所示。

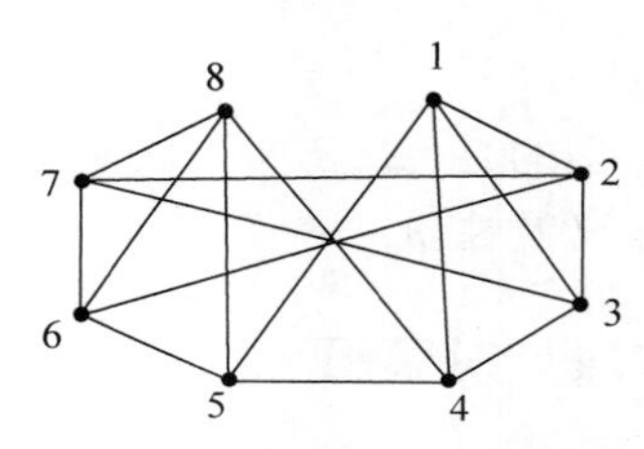

图 7.33　例 7.29 的图 G

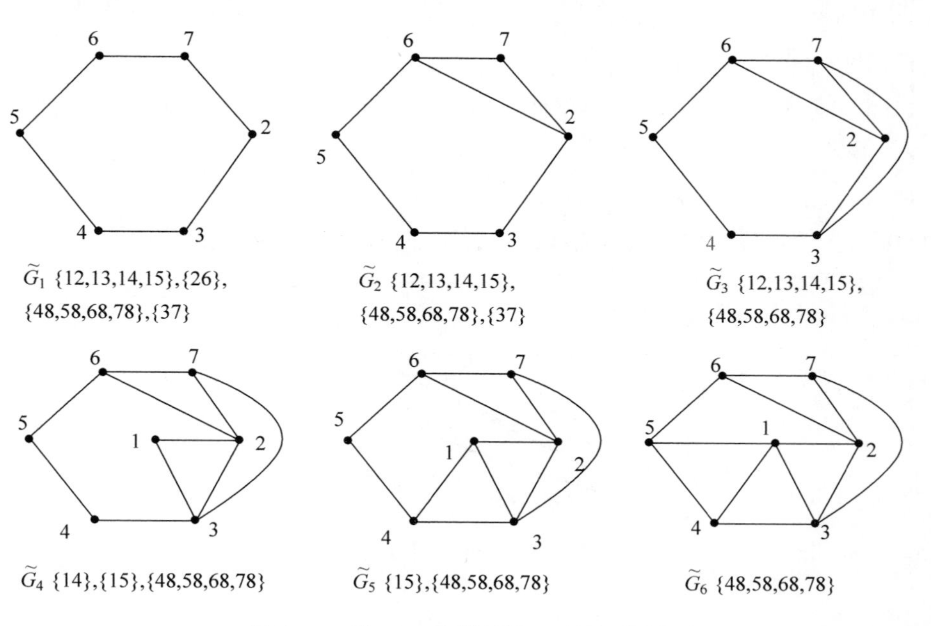

图 7.34　例 7.29 的判断图 G 为平面图的过程

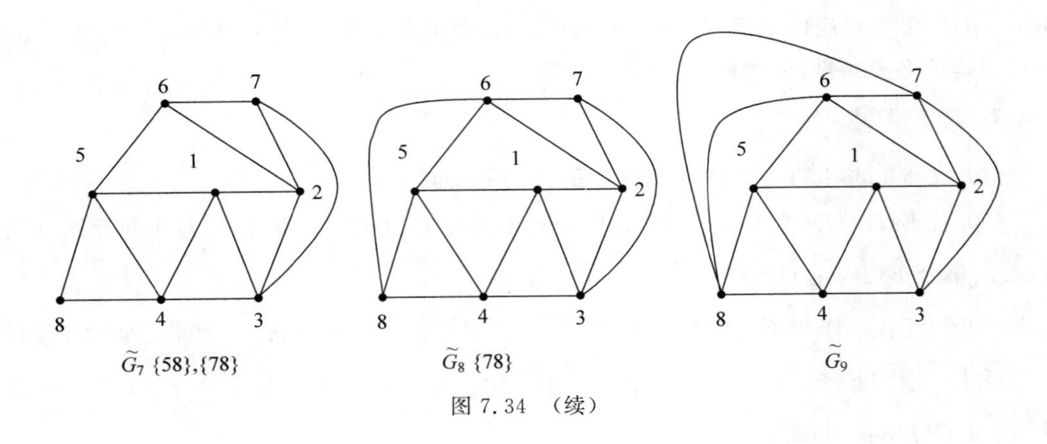

图 7.34 （续）

7.7 对偶图和图的着色

图的着色属于平面图应用问题，利用对偶图结点着色解决图的着色问题，下面给出对偶图定义及性质。

7.7.1 对偶图

定义 7.30 对偶图。

设平面图 $G=<V,E>$，有面 r_i，$i \in N$，若图 $G^*=<V^*,E^*>$满足如下条件：

(1) 在面 $\forall r_i$ 内部取一个点 $v_i^* \in V^*$；

(2) 设图 G 的某条边 e_k 是面 r_i 和面 r_j 公共边，则 $e_k^*=(v_i^*,v_j^*)$，$v_i^*,v_j^* \in V^*$，并且 e_k^* 与 e_k 相交；

(3) 如果 e_k 在面 r_i 内(悬挂边)，在面 r_i 内取点 v_i^*，则 v_i^* 存在一个环 e_k^* 与 e_k 相交。

例 7.30 求法如图 7.35 所示，细线部分为图 G，粗线部分为 G 的对偶图 G^*。

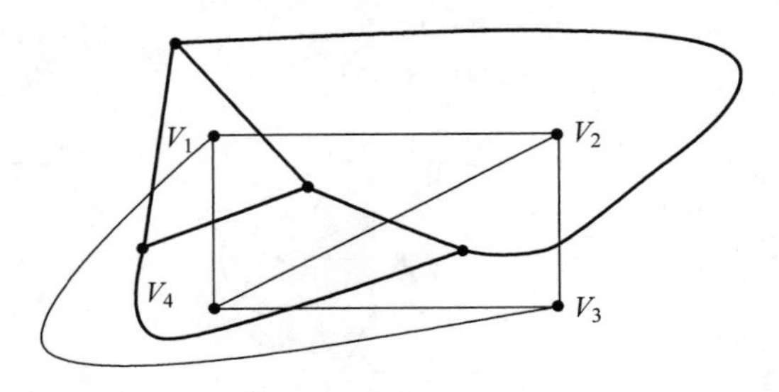

图 7.35 例 7.30 的图 G 和 G^*

对偶图性质：

(1) G^* 的结点数等于 G 的面数；

(2) G^* 的边条数等于 G 边条数。

如果平面图 G 的对偶图 G^* 同构于 G，则称 G 是自对偶图。

本部分内容微课视频二维码如下所示：

对偶图定义

7.7.2 图的着色

定义 7.31 图色数。

图 G 中对各个结点着上不同颜色，使得每对相邻接结点着的颜色不同，则图 G 中需要的最少颜色数称为该图的着色数，记作 $\chi(G)$。

例 7.31 对于 n 个结点的完全图 K_n，有 $\chi(K_n)=n$。

定理 7.19 韦尔奇·鲍威尔算法。

(1) 将图 G 中的结点按照度数的递减次序进行排列(该种排列不定唯一，因为可能存在某些结点度数相同)；

(2) 用第一种颜色对第一个结点着色，并且按排列次序，对与前面已经着色的结点均不邻接的每一结点着上同样的颜色；

(3) 用第二种颜色对尚未着色的结点重复(2)，如此反复，直到所有结点均着色。

例 7.32 如图 7.36 所示，求其色数。

(1) 结点度数排序：V_1,V_3,V_5,V_2,V_4,V_6；

(2) 对 V_1 上第一种颜色，V_4,V_6 上同一种颜色；

(3) 对 V_3 上第二种颜色，V_5 上同一种颜色；

(4) 对 V_2 上第三种颜色。

故色数 $\chi(G)=3$。

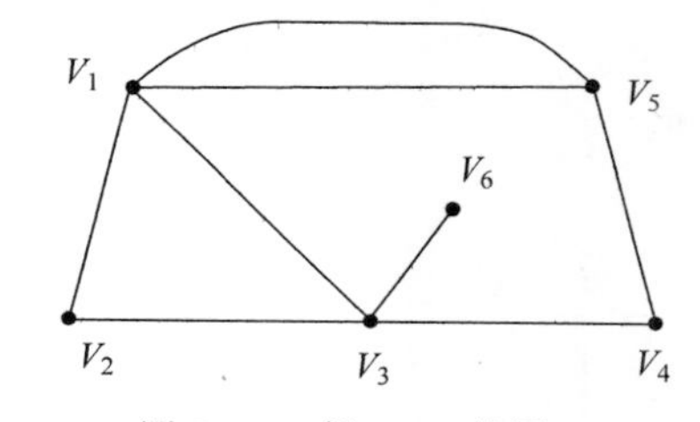

图 7.36 例 7.32 的图 G

本部分内容微课视频二维码如下所示：

图的着色算法

1. 着色的应用

(1) 平面图的着色。

对平面图的着色其实就是对它的对偶图的结点上色。

(2) 路线着色问题。

问题描述：G 是一个有限有向图，并且 G 的每个结点的出度都是 k。G 的一个同步着色满足以下两个条件：

① G 的每个结点有且只有一条出边被染成了 $1\sim k$ 之间的某种颜色；

② G 的每个结点都对应一种走法，不管从哪一个点出发，都能到达固定的点。

有向图 G 存在同步着色的必要条件是 G 是强连通而且是非周期的。一个有向图是非周期的是指该图中包含的所有回路的长度没有大于 1 的公约数。路线着色定理这两个条件(强连通和是非周期)是充分的。也就是说，有向图 G 存在同步着色当且仅当 G 是强连通而且是非周期的。

道路着色问题(Road Coloring Problem)是图论中最著名的猜想之一。通俗地说，可以绘制一张"万能地图"，指导人们到达某一目的地，不管他们原来在什么位置。这个猜想最近被以色列数学家艾夫拉汉·特雷特曼(Avraham Trahtman)在 2007 年 9 月证明。

2. 算法

Color[n]存储 n 个结点的着色方案，可以选择的颜色为 $1\sim m$。当 $t=1$ 时，对当前第 t 个结点开始着色：若 $t>n$，则已求得一个解，输出着色方案即可。否则，依次对结点 t 着色 $1-m$，若 t 与所有其他相邻结点无颜色冲突，则继续为下一结点着色；否则，回溯，测试下一颜色。

```
#include<stdio.h>
int Color[100];
bool ok(int k,int c[][100])                          //判断结点k的着色是否发生冲突
{
    int i,j;
    for(i=1;i<k;i++)
    {  if(c[k][i]==1&&Color[i]==Color[k])
          return false;
    }
    return true;
}
void graphColor(int n,int m,int c[][100])
{
    int i,k;
    for(i=1;i<=n;i++)
    Color[i]=0;
    k=1;
    while(k>=1)
    {
      Color[k]=Color[k]+1;
      while(Color[k]<=m)
        if(ok(k,c))
          break;
        else    Color[k]=Color[k]+1;                //搜索下一个颜色
        if(Color[k]<=m&&k==n)
        {
          for(i=1;i<=n;i++)
              printf("%d",Color[i]);
          printf("\n");
        }
```

```
            else if(Color[k]<= m&&k < n)
                k = k + 1;                                   //处理下一个结点
            else
            {
                Color[k] = 0;
                k = k - 1;                                   //回溯
            }
        }
}
void main()
{
    int i,j,n,m;
    int G[100][100];                                     //存储 n 个结点的无向图的数组
    printf("输入结点数 n 和着色数 m:\n");
    scanf(" %d%d",&n,&m);
    printf("请输入无向图的邻接矩阵:\n");
    for(i = 1;i<= n;i++)
      for(j = 1;j<= n;j++)
        scanf(" %d",&c[i][j]);
    printf("着色所有可能的解:\n");
    graphColor(n,m,G);
}
```

7.8 二分图

二分图又称作二部图，是图论中的一种特殊模型。它是结点集 V 可分割为两个互不相交的子集，并且图中每条边依附的两个结点都分属于这两个互不相交的子集，两个子集内的结点不相邻。

7.8.1 二分图的基本概念及性质

定义 7.32 二分图。

设 $G=(V,E)$ 是一个无向图，如果结点 V 可分割为两个互不相交的子集 (X,Y)，并且图中的每条边 (V_i,V_j) 所关联的两个结点 V_i 和 V_j 分别属于这两个不同的结点集，则称图 G 为一个二分图。

如，$X=\{1,2,3\}$，$Y=\{a,b,c,d\}$，则图 7.37 为二分图。

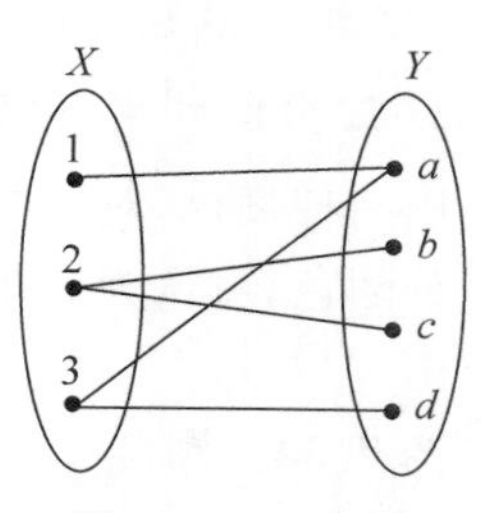

图 7.37 二分图

定理 7.20 无向图 G 为二分图的充分必要条件是：G 至少有两个结点，且其所有回路的长度均为偶数。

证明 先证必要性。

设 G 为二分图 $<X,E,Y>$。由于 X,Y 非空，故 G 至少有两个结点。若 R 为 G 中任一回路，令 $R=(V_0,V_1,V_2,\cdots,V_{p-1},V_p=V_0)$，其中 $V_i(i=0,1,\cdots,p)$ 必定相间于 X 及 Y

中，不妨设$\{V_0,V_2,V_4,\cdots,V_p=V_0\}\subseteq X$，$\{V_1,V_3,V_5,\cdots,V_{p-1}\}\subseteq Y$，因此 p 必为偶数，从而 R 中有偶数条边。

再证充分性。

设 G 的所有回路具有偶数长度，并设 G 为连通图。令 G 的结点集为 V，边集为 E，现构造 X,Y，使$<X,E,Y>=G$。取 $V_0\in V$，置 $X=\{V|V=V_0$ 或 V 到 V_0 有偶数长度的通路$\}$，那么，$Y=V-X$，X 显然非空。现只须证 Y 非空，且没有任何边的两个端点都在 X 中或都在 Y 中。由于$|V|\geqslant 2$，并且 G 为一连通图，因此 V_0 必定有相邻结点，设为 V_1，那么 $V_1\in Y$；故 Y 不空。设有边(U,V)，$U,V\in X$，那么 V_0 到 U 有偶数长度的通路，或 $U=V_0$；V_0 到 V 有偶数长度的通路，或 $V=V_0$。无论何种情况，连同边(U,V)均有一条从 V_0 到 V_0 的奇数长度封闭的路，即有从 V_0 到 V_0 的奇数长度的回路，与题设矛盾。故不可能有边(U,V)使 U,V 均在 X 上。因此，定理成立。该定理既可以作为二分图的判定也可以作为二分图的性质。

定义 7.33 匹配。

设 $G=<X,E,Y>$为二分图，如果 $M\subseteq E$，并且 M 中没有任何两边有公共端点，则成 M 为 G 的一个匹配。当 $M=\varnothing$时，则称 M 为 G 的空匹配；边数最多的匹配称为最大匹配；若 X 中所有的结点都是匹配 M 中的端点，则称 M 为 X 的完备匹配；若 M 既是 X-完备匹配又是 Y-完备匹配，则称 M 为 G 的完全匹配。

例 7.33 在图 7.38 中，每个分图左边是 X 结点集合，右边为 Y 结点集合，各图的加粗边表示匹配的边，如图 7.38(a)所示；在图 7.38(b)中匹配是最大的，也是 X-完备匹配；在图 7.38(c)中匹配既是 X-完备匹配又是 Y-完备匹配，所以是 G 的完全匹配。

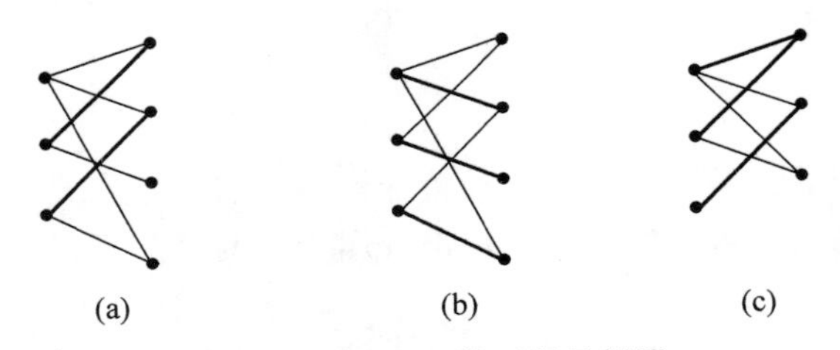

图 7.38 例 7.33 的匹配示例图

1. 二分图性质

设无向图 G 有 n 个结点，并且没有孤立结点，有

(1) 点覆盖数+点独立数$=n$；

(2) 最小点覆盖数=二分图的最大匹配；

(3) 最大点独立数$=n-$最小点覆盖数$=n-$最大匹配。

2. 二分图判定(染色法)

用两种颜色，对所有结点逐个染色，且相邻结点染不同的颜色，如果发现相邻结点染了同一种颜色，就认为此图不是二分图。当所有结点都被染色，且没有发现同色的相邻结点，就退出。

例 7.34 图 7.39 是一个二分图，图 7.40 不是二分图。

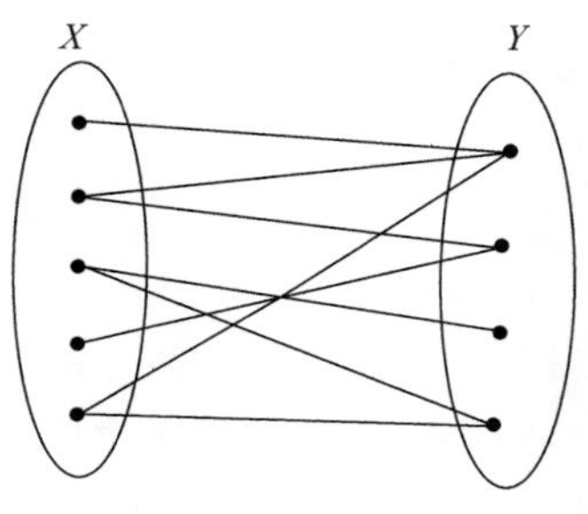

图 7.39 例 7.34 的二分图

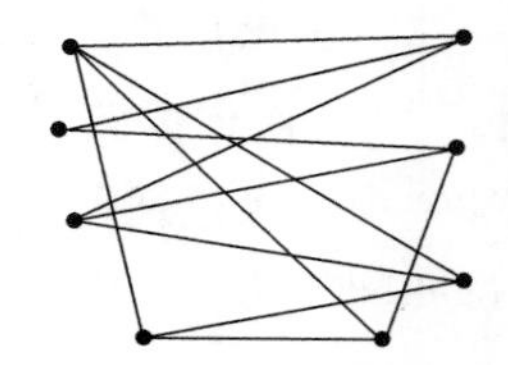

图 7.40 例 7.34 的非二分图

3. 代码实现

```
//其中 n,m 分别为二分图两边结点的个数,两边的结点分别用 0,…,n-1,0,…,m-1 编号
bool g[n][m];                //g[x][y]表示 x,y 两个点之间有边相连
bool y[m];                   //y[i]记录的是 y 中的 i 结点是否被访问过
int link[m];                 //link[y]记录的是当前与 y 结点相连的 x 结点
bool find(int V)
{
  int i;
    for(i = 0;i < m;i++)
  {
    if(g[V][i]&&!y[i])
    {
      y[i] = true;
      if(link[i] == -1||find(link[i]))
      {
        link[i] = V;
        return true;
      }
    }
  }
  return false;
}
int main()
{
    //read the graph int array g[][]
    memset(link, -1,sizeof(link));
  for(i = 0;i < n;i++)
    {
      memset(y,0,sizeof(y));
      if(find(i)) ans++;
  }
  return 0;
}
```

7.8.2 二分图的应用

7.8.2.1 二分图增广路

定义 7.34 二分图增广路。

若 P 是图 G 中一条连通两个未匹配结点的路径，并且属于 M 的边和不属于 M 的边（即已匹配和待匹配的边）在 P 上交替出现，则称 P 为相对于 M 的一条增广路径，也称增广轨或交错轨。

1. 二分图增广路的性质

(1) P 的路径长度必定为奇数，第一条边和最后一条边都不属于 M；

(2) P 经过取反操作可以得到一个更大的匹配 M'；

(3) M 为 G 的最大匹配，当且仅当不存在相对于 M 的增广路径。

匈牙利数学家埃德蒙兹(Edmonds)于 1965 年提出求二分图最大匹配问题算法，称为匈牙利算法。设 $G=<X,E,Y>$，M 为 G 的一个匹配，该算法过程如下：

(1) 置 M 为空；

(2) 找出一条增广路径 P，通过取反操作获得更大的匹配 M' 代替 M；

(3) 重复(2)操作直到找不出增广路径为止。

算法的思路是不停地找增广轨，并增加匹配的个数。增广轨是一条"交错轨"，也就是说这条由图的边组成的路径，它的第一条边是没有参与匹配的，第二条边参与了匹配，第三条边没有……最后一条边没有参与匹配，并且始点和终点还没有被选择过，这样交错进行，显然它有奇数条边。那么对于这样一条路径，我们可以将第一条边改为已匹配，第二条边改为未匹配。以此类推，也就是将所有的边采用不同颜色标注，这样修改以后，匹配仍然是合法的，但匹配数增加了一对。另外，单独的一条连接两个未匹配点的边显然也是交错轨，当不能再找到增广轨时，得到了一个最大匹配。

2. 代码实现

```
#include<cstdio>
#include<iostream>
#include<cstring>
using namespace std;
const int N = 120;
int ma[N][N],n,m,k,Vis[N],part[N];
bool find(int x)
{
    for(int i = 1;i <= 110;i++)
    {
        if(ma[x][i]&&!Vis[i])
        {
            Vis[i] = 1;
            if(!part[i]||find(part[i]))
            {
                part[i] = x;
                return 1;
```

```
                }
            }
        }
        return 0;
}
int slove()
{
        int ans = 0;
        for(int i = 1;i <= n;i++)
        {
            memset(Vis,0,sizeof(Vis));
            if(find(i)) ans++;
        }
        return ans;
}
int main()
{
        while(scanf("%d",&n)&&n)
        {
            scanf("%d%d",&m,&k);
            memset(ma,0,sizeof(ma));
            memset(part,0,sizeof(part));
            for(int i = 1;i <= k;i++)
            {
                int u,V,w;
                scanf("%d%d%d",&w,&u,&V);
                ma[u][V] = 1;
            }
            printf("%d\n",slove());
        }
}
```

7.8.2.2 二分图应用一

有向无环图的最小路径覆盖。

定义 7.35 最小路径覆盖。

在一个有向图中,找出最小路径,使得这些路径经过了所有的点,称为最小路径覆盖。

最小路径覆盖分为最小不相交路径覆盖和最小可相交路径覆盖。

最小不相交路径覆盖:每一条路径经过的结点各不相同。

最小可相交路径覆盖:每一条路径经过的结点可以相同。

1. 问题

城镇里的街道从一个交叉口连接到另一个交叉口,街道都是单向的,并且从一个交叉口沿着街道出发不会回到相同的交叉口。伞兵降临在城镇的一个交叉口并可以沿着街道走向另一个没有被其他伞兵走过的交叉口,问城镇中的所有交叉口都被伞兵走过的情况下,至少需要多少名伞兵?

2. 问题分析

该问题其实是在一个有向无环图,从一些结点出发,遍历图上的所有结点,要求初始选择的结点数最少且结点不重复。

3. 求法

将每个点都分成两个结点，一个在左，一个在右。若 V_i 到 V_j 有一条有向边，那么就有一条从左边的 V_i 到右边的 V_j 的一条连线，这样就构造了一个路径覆盖问题所对应的二分图形式。

4. 代码实现

```
#include<iostream>
using namespace std;
const int N=150;
int Vis[N],part[N];
int ma[N][N],t,n,m;
bool find(int x)
{
    for(int i=1;i<=n;i++)
    {
        if(ma[x][i]&&!Vis[i])
        {
            Vis[i]=1;
            if(!part[i]||find(part[i]))
            {
                part[i]=x;
                return 1;
            }
        }
    }
    return 0;
}
int slove()
{
    int ans=0;
    for(int i=1;i<=n;i++)
    {   memset(Vis,0,sizeof(Vis));
        if(find(i)) ans++;
    }
    return ans;
}
int main()
{
    cin>>t;
    while(t--)
    {   memset(part,0,sizeof(part));
        memset(ma,0,sizeof(ma));
        scanf("%d%d",&n,&m);
        for(int i=1;i<=m;i++)
        {
            int u,V;
            scanf("%d%d",&u,&V);
```

```
            ma[u][V] = 1;
        }
        printf(" % d\n", n - sloVe());
    }
}
```

7.8.2.3　二分图应用二

二分图的最大独立点集。

定义 7.36　独立集。

选出一些结点，使得这些结点两两不相邻，则这些点构成的集合称为独立集。一个包含结点数最多的独立集称为最大独立集。

方法：最大独立集＝所有结点数－最小结点覆盖。

1. 问题

有一群孩子，男孩之间互相认识，女孩之间互相认识，另外有部分男孩和女孩也是认识的。现在老师需要选出一个孩子集合，集合中所有的孩子都互相认识，求集合的最大元素个数。

2. 问题分析

首先可以通过题目的输入构建一张图，如果两个人认识，就记为1。不认识就记为0。接下来把图转化为补图，那么补图中有边就表示这两个人其实是不认识的，那么我们要做的就是求最小结点覆盖（找最少的结点覆盖所有的边），把这些结点去除后，补图中就没有边了，那么就表示在原图中这些人是互相认识的。

题目中，男生是一个点集，男生都互相认识，女生是一个点集，女生都互相认识，则这个图的补图肯定是二分图。因为补图的边一个端点在男生点集，一个端点在女生点集。该问题是一个二分图，求的是二分图的最大独立集。

3. 代码实现

```
#include<bits/stdc++.h>
using namespace std;
const int N = 220;
int Vis[N],part[N];
int ma[N][N];
int n,m,k;
bool dfs(int x)
{
    for(int i = 1;i <= m;i++)
    {
        if(ma[x][i]&&!Vis[i])
        {
            Vis[i] = 1;
            if(!part[i]||dfs(part[i]))
            {
                part[i] = x;
                return 1;
            }
```

```
        }
    }
    return 0;
}
int slove()
{   int ans = 0;
    for(int i = 1;i <= n;i++)
    {
        memset(Vis,0,sizeof(Vis));
        if(dfs(i)) ans++;
    }
    return ans;
}
int main()
{
    int cas = 0;
    while(cin >> n >> m >> k&&n&&m&&k)
    {
        memset(part,0,sizeof(part));
        memset(ma,1,sizeof(ma));
        for(int i = 1;i <= k;i++)
        {
            int u,V;
            scanf("%d%d",&u,&V);
            ma[u][V] = 0;
        }
        printf("Case %d: %d\n",++cas,n + m - slove());
    }
}
```

7.9 图在计算机领域中的应用

7.9.1 应用一：网络布线

在计算机网络工程中，设计者总希望用尽可能少的网络布线连接网络站点，这样，就不可能通过站点之间的连线来确定它们是否连通。使用图可以有效地测试网络站点之间的连通性。网络结构可以用有向图表示，其中图中的结点表示网站，结点间的有向边表示网站之间的链接。给定一个网络结构图，要求学生使用有向图的邻接矩阵计算是否可以从一个网站导航到另一个网站。事实上，如果把网络结点之间的链接看成是一种关系的话，给定一组网络站点，根据网络站点之间的连接可以建立一个该结点集上的关系，这样利用关系的传递闭包也可以判断任意两个网络站点之间是否有网络连接。

7.9.2 应用二：寄存器分配技术

利用相交图(Interference Graph)来表示程序变量的生命期是否相交，将寄存器分配给变量的问题，可近似地看成是给相交图着色：在相交图中，相交的结点不能着同一颜色；每一种颜色对应一个寄存器。Chaitin 等人最早提出了基于图着色的寄存器分配方法，其着色思路采用了 Kempe 的着色方法，即任意一个邻居结点数目少于 k 的结点，都能够被 k 着色。判断一个图是否能够被 $k(k\geqslant 3)$ 种颜色着色，即 k 着色问题，被 Karp 证明是一个 NP-complete 问题。

但是，寄存器分配不仅是图着色的问题。当寄存器数目不足以分配某些变量时，就必须将这些变量溢出到内存中，该过程称为溢出。最小化溢出代价的问题，也是一个 NP-complete 问题。如果简化该问题——假设所有溢出代价相等，那么最小化溢出代价的问题等价于 k 着色问题，仍然是 NP-complete 问题。

为降低相交图的聚簇现象，提高相交图的可着色性，可通过将变量复制给一个临时变量，并将以后对该变量的使用替换成对该临时变量的使用，从而将一个变量的生命期分解成两个变量的生命期，称为生命期分割。Bouchez 等人考虑了该方法的复杂度。

此外，寄存器分配还需要考虑寄存器别名(aliasing)和预着色(pre-coloring)的问题。寄存器别名是指，在某些体系结构中，一个寄存器的赋值可能会影响到另外一个寄存器。比如，在 Windows x86 中，对 AX 寄存器的赋值，会影响 AL 和 AH 寄存器。预着色是指某些变量必须被分配到特定的寄存器。比如，许多体系结构会采用特定寄存器来传递函数参数。

George 和 Appel 发展了 Chaitin 的算法，更好地考虑了 coalescing 过程和赋值过程，以及各过程之间的迭代，在基于图着色的寄存器分配方法中具有广泛的影响。

7.10　本章小结

欧拉用无向图结点度数为偶数的论断解决了哥尼斯堡城七桥问题。首先讨论图的邻接点、邻接边、有向图、无向图、平行边、环、赋权图、结点度数等图的基本概念，以及结点与边的关系；然后讨论子图与生成子图，补图与相对补图，路、图的连通性及图的割集，图的矩阵表示，还介绍几种特殊图，如欧拉图、汉密尔顿图、平面图、对偶图、二分图的性质和判定方法；最后讨论图在网络布线和寄存器分配技术中的应用。

7.11　习题

一、选择题

1. 给定下列序列，(　　)可构成无向简单图的结点度数序列。

   A. (1,1,2,2,3)　　B. (1,1,2,2,2)

   C. (0,1,3,3,3)　　D. (1,3,4,4,5)

2. 连通简单无向图有 17 条边，则该图至少有(　　)个结点。

   A. 5　　B. 6

   C. 7　　D. 8

3. 已知无向完全图 K_{10},则其边的条数为(　　)。

A. 44　　B. 90

C. 45　　D. 100

4. 设 $G=<V,E>$ 为无环的无向图,$|V|=6$,$|E|=16$ 则 G 是(　　)。

A. 完全图　　B. 零图

C. 简单图　　D. 多重图(含平行边)

5. 设 $\boldsymbol{A}(G)$ 是无向图 $G=<V,E>$ 的邻接矩阵,其中第 i 行中值为 1 的元素数目为(　　)。

A. 结点 V_i 的入度　　B. 结点 V_i 的出度

C. 与 V_i 的度数无关　　D. 结点 V_i 的度数

6. $\boldsymbol{M}(G)$ 是有向图的邻接矩阵,则其中第 i 行中值为 1 的元素数目为(　　)。

A. 结点 V_i 的入度　　B. 结点 V_i 的出度

C. 结点 V_i 的度数　　D. 与 V_i 的度数无关

7. 一个无向图有 4 个结点,其中 3 个结点度数分别为 2,3,3,第 4 个结点度数不可能是(　　)。

A. 0　　B. 1　　C. 2　　D. 4

8. 已知图 G 如图 7.41 所示,关于路径类型判断错误的是(　　)。

A. $V_1e_2V_2e_3V_5e_6V_4e_1V_1$ 是回路　　B. $V_1e_2V_2e_3V_5e_6V_4e_1V_1$ 是圈

C. $V_1e_2V_2e_3V_5e_6V_4e_1V_1$ 是迹　　D. $V_1e_2V_2e_3V_5e_6V_4e_1V_1$ 是通路

9. 已知图 G 如图 7.42 所示,关于其边割集选项正确的是(　　)。

A. $\{e_3,e_4\}$　　B. $\{e_4,e_6\}$

C. $\{e_1,e_6\}$　　D. 都不正确

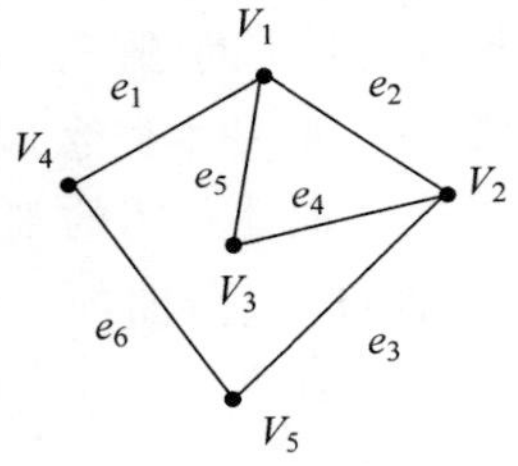

图 7.41　选择题题 8

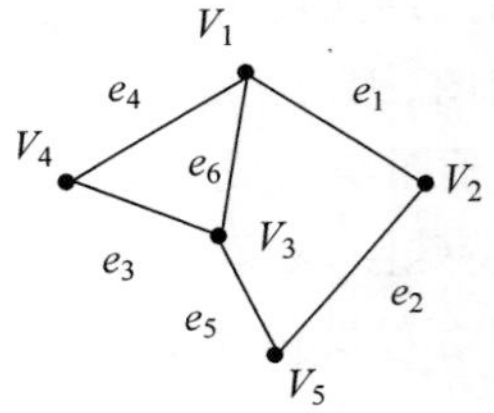

图 7.42　选择题题 9

10. 设 $G=<V,E>$ 为有向图,$V=\{a,b,c,d,e,f\}$,$E=\{<a,b>,<b,c>,<a,d>,<d,e>,<f,e>\}$,则图 G 是(　　)。

A. 强连通图　　B. 单向连通图

C. 弱连通图　　D. 以上答案都不对

11. 任何无向图中结点间的连通关系更具体来说它是(　　)。

A. 偏序关系　　B. 等价关系

C. 相容关系　　D. 以上答案均不是

12. 图 7.43 五角星的补图的边数有(　　)条。

A. 1　　B. 3　　C. 5　　D. 7

13. 有向图 G 如图 7.44 所示，则关于其强分图正确选项为(　　)。

A. $\{V_1,V_2,V_3,V_4,V_5\},\{V_5\}$　　B. $\{V_1,V_2,V_3,V_4\},\{V_5\}$

C. $\{V_1,V_2,V_3,V_4,V_5\}$　　D. 都不正确

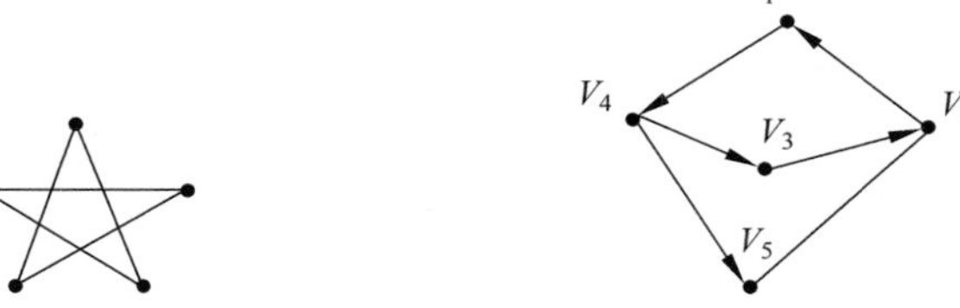

图 7.43　选择题题 12　　图 7.44　选择题题 13

14. 下列关于矩阵的说法错误的是(　　)。

A. 邻接矩阵是描述结点与边的关系

B. 邻接矩阵是描述结点之间是否关联

C. 可达矩阵是描述结点之间是否有路

D. 关联矩阵是描述结点与边之间是否关联

15. 下列命题中，(　　)是正确的。

A. 欧拉图是哈密顿图　　B. 哈密顿图是欧拉图

C. 平面图是树　　D. 树是平面图

16. 设 $G=<V,E>$ 是欧拉图，$|V|=n$，$|E|=m$，则 n,m 的关系是(　　)。

A. $n=m$　　B. n,m 的奇偶性必相同

C. n,m 的奇偶性必相反　　D. n,m 的奇偶性既可相同又可相反

17. 下列关于欧拉图与汉密尔顿图的说法正确的是(　　)。

A. 欧拉图与汉密尔顿图都可以不连通

B. K_5 一定是欧拉图也一定是汉密尔顿图

C. K_5 不一定是欧拉图

D. K_5 不一定是汉密尔顿图

18. 下列对欧拉图定义和性质的理解错误的是(　　)。

A. 连通无向图含有欧拉回路充分必要条件是每个结点度数都为奇数

B. 连通无向图含有欧拉路充要条件是路的起点和终点度数为奇数，其他结点度数都是偶数

C. 连通有向图含有欧拉回路充分必要条件是每个结点入度等于结点出度

D. 连通有向图含有欧拉路充分必要条件是路的起点出度比入度大于 1，路的终点入度比结点出度大于 1，其他结点入度等于结点出度

19. 设 $G=<V,E>$ 连通平面图且有 r 个面，$|V|=n$，$|E|=m$，则 $r=$(　　)。

A. $m-n+2$　　B. $n-m-2$

C. $n+m-2$　　D. $n-m+2$

20. 下列选项为连通简单平面图的是(　　)。

A. K_5

B. $K_{3,3}$

C. 设图 G 为连通简单图,其中边数 $e=6$,结点数 $V=8$

D. 都不正确

21. 已知图 $G=\langle V,E\rangle$,面数 $r=6$,$|E|=9$,则关于对偶图 $G^*=\langle V^*,E^*\rangle$选项正确的是(　　)。

A. $|V^*|=6,|E^*|=10$　　B. $|V^*|=6,|E^*|=9$

C. $|V^*|=9,|E^*|=6$　　D. 都不正确

22. 设完全无向图 K_8,则其色数为(　　)。

A. 8　　B. 7　　C. 10　　D. 2

23. 给定一个 4 结点的完全图,则其对偶图的边数为(　　)。

A. 2　　B. 4　　C. 6　　D. 8

二、填空题

1. 在任何图 G 中奇数度结点必有(　　)个。

2. 无向图中结点间的连通关系满足(　　)、(　　)、(　　)性质,是(　　)关系。

3. 设图 G 有 6 个结点,若各结点的度数分别为 1,4,4,3,5,5,则 G 有(　　)条边,根据(　　　　　　)。

4. 设图 $G=\langle V,E\rangle$为有向图,$V=\{V_1,V_2,V_3,V_4\}$,若 G 邻接矩阵 $\mathbf{A}=\begin{pmatrix}0&1&0&1\\1&0&1&1\\1&1&0&0\\1&0&0&0\end{pmatrix}$,则 $\deg^-(V_1)=$(　　),$\deg^+(V_4)=$(　　),从 V_2 到 V_4 长度为 2 的通路有(　　)条。

5. 若连通的平面图 G 有 4 个结点,3 个面,则 G 有(　　)条边。

6. 无向图 $G=\langle V,E\rangle$为汉密尔顿图,则对于 V 的任一子集 S,都有(　　)。

三、解答题

1. (1) 给定无向图 $G_1=\langle V,E\rangle$,其中 $V=\{a,b,c,d,e,f\}$,$E=\{(a,b),(b,c),(d,e),(a,d),(e,f),(d,f)\}$,画出 G_1 的图形。

(2) 给定有向图 $G_2=\langle V,E\rangle$,其中 $V=\{a,b,c,d,e,f\}$,$E=\{\langle a,b\rangle,\langle b,c\rangle,\langle d,e\rangle,\langle a,d\rangle,\langle e,a\rangle,\langle c,b\rangle\}$,画出 G_2 的图形。

2. 设 $G=\langle V,E\rangle$是一个无向图,$V=\{V_1,V_2,V_3,V_4,V_5,V_6,V_7\}$,$E=\{(V_1,V_2),(V_2,V_3),(V_4,V_6),(V_4,V_7),(V_7,V_2),(V_3,V_6)\}$。

(1) $G=\langle V,E\rangle$的$|V|$,$|E|$各是多少?

(2) 画出 G 的图形;

(3) 指出 V_3 邻接的点和关联的边;

(4) 求各结点的度数。

3. 画出所有结点数为 6,每个结点度数均为 2 的简单无向图。

4. 给定图 $G=\langle V,E\rangle$,如图 7.45 所示。

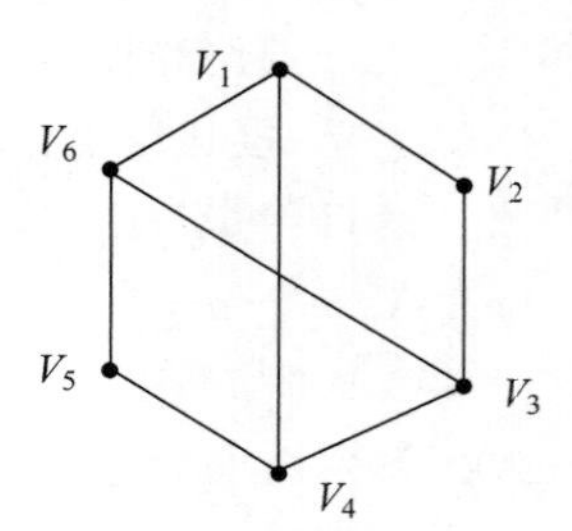

图 7.45　解答题题 4

(1) 在 G 中找出 V_1 到 V_4 长度为 3 的路;

(2) 在 G 中找出从 V_1 出发经过每个结点一次仅一次(V_1 除外)最后回到 V_1 路,并计算该路的长度。

5. 给定无向图(图 7.46)、有向图(图 7.47),则

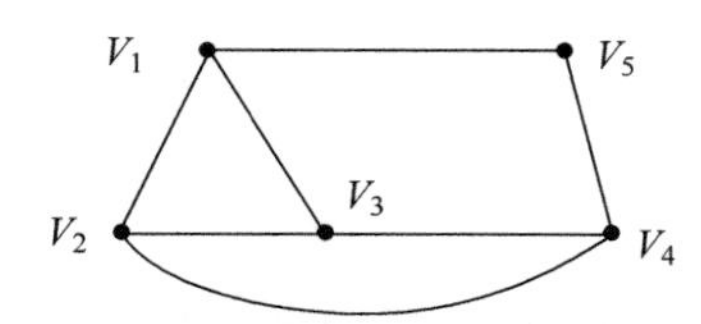

图 7.46 解答题题 5 的无向图

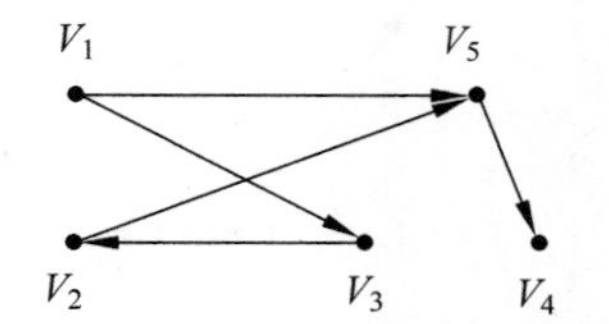

图 7.47 解答题题 5 的有向图

(1) 写出无向图 7.46 和有向图 7.47 的邻接矩阵;

(2) 画出图 7.46 的补图;

(3) 图 7.46 是否为欧拉图、汉密尔顿图;

(4) 画出图 7.46 的对偶图。

6. 已知有向图 G 的邻接矩阵为

$$\boldsymbol{A}(G)=\begin{bmatrix}0&1&1&1\\1&0&1&0\\0&1&0&1\\1&0&1&0\end{bmatrix}$$

求从 V_2 到 V_4 长度为 2 的通路条数和从 V_3 到 V_3 长度为 2 的回路条数,并将它们具体写出。

7. 有向图 G 如图 7.48 所示。

(1) 求 a 到 d 的最短路和距离;

(2) 求 d 到 a 的最短路和距离;

(3) 判断 G 是哪类连通图,是强连通的,是单向(侧)连通的,还是弱连通的?

(4) 将有向图 G 略去方向得到无向图 G',对无向图 G'讨论(1),(2)两个问题。

8. 已知图 G 如图 7.49 所示,求

(1) 对偶图;

(2) 判断该图是否为平面图;

(3) 判断该图是否为汉密尔顿图;

(4) 用鲍威尔算法求该图色数(要求有求解过程)。

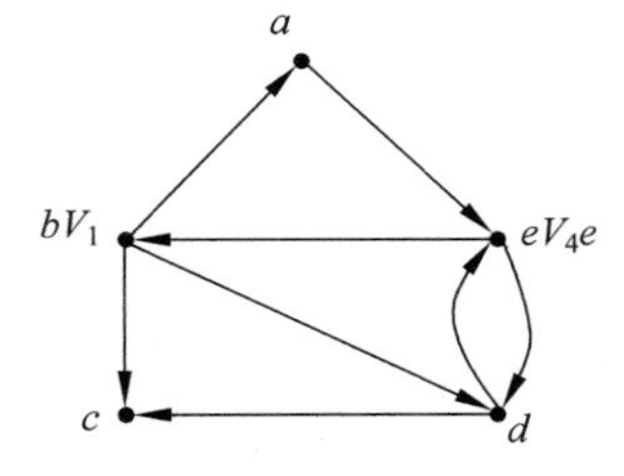

图 7.48 解答题题 7 的有向图 G

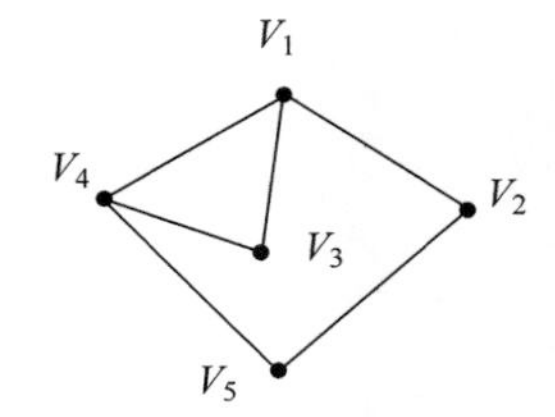

图 7.49 解答题题 8 的无向图 G

9. 已知图 G 和其子图 G' 分别如图 7.50 和图 7.51 所示,求其相对补图。

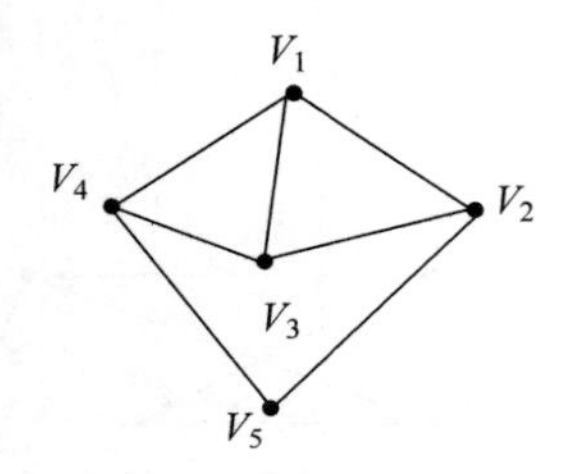

图 7.50　解答题题 9 的 G

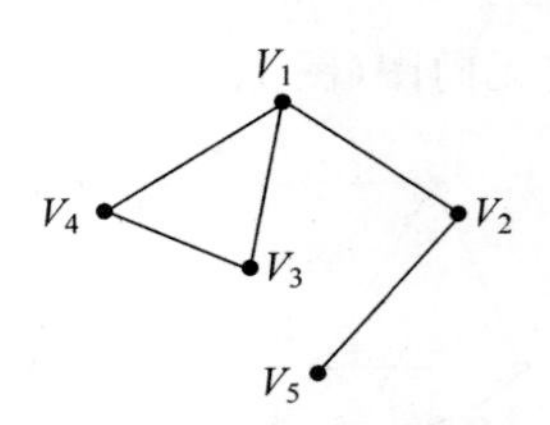

图 7.51　解答题题 9 的 G'

10. 若考虑在七天内安排七门课程的考试,使得同一位教师所担任的两门课程考试不排在接连的两天中。假如没有教师担任多于四门课程,问符合上述要求的考试安排是否可能?

11. 判断图 7.52(a)、(b)是否为二分图。

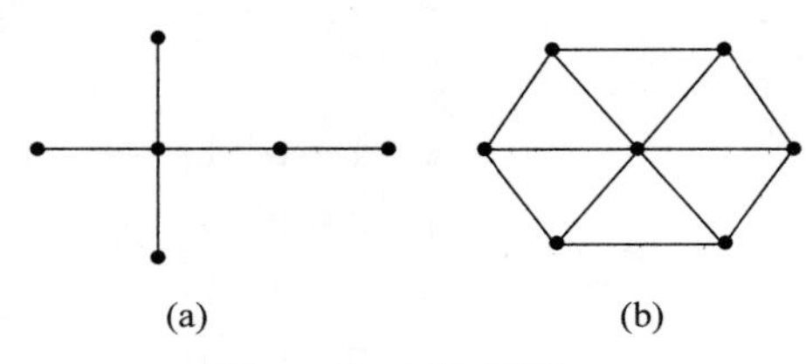

图 7.52　解答题题 11

四、证明题

1. 设 G 是每个面至少由 $k(k\geqslant3)$ 条边围成的连通平面图,试证明:$e\leqslant k(v-2)/(k-2)$,其中 v 为结点数,e 为边数。

2. 一个连通无向图 G 中的结点 v 是割点的充要条件是存在两个结点 u 和 w,使得结点 u 和 w 的每一条路都通过 v。

第8章

CHAPTER 8

树

1847 年，德国物理学家柯希霍夫(Kirchhof)在研究电路网络时提出了树的概念。树是一种结构简单而且又非常重要的图，是图论的重要内容之一，在计算机领域有广泛的应用背景。本章首先介绍无向树和有向树的定义及性质，然后分别介绍它们在现实世界中的实际应用(无向边权图的最小生成树问题求解、最优二叉树问题求解)。要求学生通过本章的学习，了解树的一些经典算法起源，掌握典型算法的应用场景，今后能够运用本章的理论和方法解决现实生活中类似的问题。本章的重点是最小生成树算法、最优二叉树算法，难点是树的应用。

8.1 无向树

8.1.1 定义和性质

定义 8.1 树。

$G=<V,E>$的一个连通且无回路的无向图称为树(T)；树叶：度数为 1 的结点；分枝点或内点：度数大于 1 的结点。

例 8.1 已知无向树如图 8.1 所示，V_1,V_3,V_5 为树叶，V_2,V_4 为分枝点。

定义 8.2 树的等价定义。

给定树 T，它的等价定义分别如下：

(1) 无回路且 $e=v-1$，其中 e 是边数，v 是结点数；

(2) 连通且 $e=v-1$；

(3) 无回路，但增加一条边，得到一条且仅有一条回路；

(4) 任意边为割边的连通图；

(5) 每一对结点之间有一条且仅有一条路；

(6) 无回路的连通图。

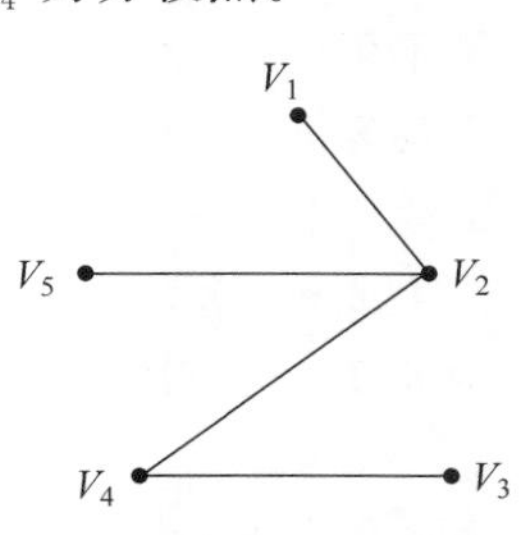

图 8.1 例 8.1 的无向树

证明 (1)⇒(2)，采用反证法。

若 T 不连通，并且有 k 个连通分支 $T_1, T_2, \cdots, T_k (k \geqslant 2)$，因为每个分图是连通无回路，则可证：如 T_i 有 v_i 个结点，$v_i < v$ 时，T_i 有 $v_i - 1$ 条边，而 $v = v_1 + v_2 + \cdots + v_n$，$e = (v_1 - 1) + (v_2 - 1) + \cdots + (v_n - 1) = v - k$，但 $e = v - 1$，故 $k = 1$，这与假设 T 不连通即 $k \geqslant 2$ 相矛盾。

同理，(2)⇒(3)，(3)⇒(4)，(4)⇒(5)，(5)⇒(6)，(6)⇒(1)，均可证明，因而上述 6 条均可作为树的定义，也可以作为树的性质。

定理 8.1 任一棵树中至少有两片树叶。

证明 因为 T 是连通图，所以 $\deg(v_i) \geqslant 1$，$\sum_{i=1}^{v} \deg(v_i) = 2e = 2(v-1)$，如果图中每个结点的度数都大于或等于 2(没有树叶)，$\sum_{i=1}^{v} \deg(v_i) \geqslant 2v$，所以矛盾。若图中只有一片树叶，其他结点的度数都大于或等于 2，则 $\sum_{i=1}^{v} \deg(v_i) \geqslant 2(v-1)+1 = 2v-1$，也得出了矛盾。故任一棵树中至少有两片树叶。

8.1.2 生成树

定义 8.3 生成树。

若图 G 的生成子图是一棵树，则该树称为 G 的生成树。

定义 8.4 生成树的树权。

设 G 是无向连通的边权图，T 是 G 的一棵生成树，T 的各边权之和，称为 T 的权，记作 $C(T)$。

下面介绍生成树的性质。

定理 8.2 连通图至少有一棵生成树。

证明 设连通图 G 没有回路，则 G 本身就是一棵生成树。若 G 至少有一条回路，则删去 G 的回路上的一条边，得到图 G_1，它仍是连通的。若 G_1 没有回路，那么 G_1 就是生成树。若 G_1 仍有回路，再删去 G_1 回路上的一条边，重复上述步骤，直至得到一个连通图 G_m 没有回路还与 G 有同样的结点集，因此 G_m 是 G 的生成树。

定理 8.3 一条回路和任何一棵生成树的补至少有一条公共边。

证明 若有一条回路和一棵生成树的补没有公共边，那么这条回路包含在生成树中，然而这是不可能的，因为一棵生成树不能包含回路。

定理 8.4 一个边割集和任何生成树至少有一条公共边。

证明 若有一个边割集和一棵生成树没有公共边，那么删去这个边割集后，所得子图必包含该生成树，这意味着删去边割集后仍是连通图，与边割集定义矛盾。

例 8.2 边权图 8.2 的两棵生成树，分别如图 8.3(a)和图 8.3(b)所示。

$$C(T_1) = 1+1+2+2 = 6, C(T_2) = 1+1+3+2 = 7$$

由此例不难看出，$C(T_1) < C(T_2)$，一个带回路的连通图生成树不唯一，生成树的树权也未必唯一。在实际应用中，寻求最小造价方法即是求最小的生成树树权的算法。

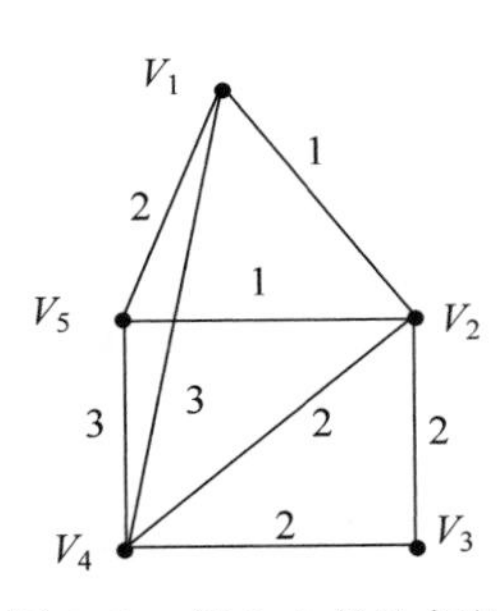

图 8.2　例 8.2 的边权图

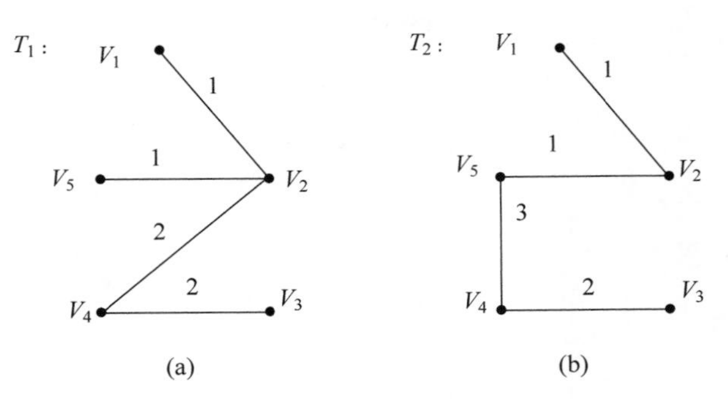

图 8.3　例 8.2 的生成树 T_1 和 T_2

8.1.3　最小生成树

定义 8.5　最小生成树。

在一给定的无向图 $G=<V,E>$中，(u,v)代表连接结点 u 与结点 v 的边，而 $w(u,v)$ 代表此边的权重，若存在 T 为 E 的子集且为连通简单图，使得 $C(T)$ 最小，则此 T 为 G 的最小生成树。

$C(T)=\sum\limits_{(u,v)\in E} w(u,v)$，最小生成树其实是最小权重生成树的简称。

最小生成树可以用克鲁斯卡尔(Kruskal)或普里姆(Prim)算法求解。

1. 克鲁斯卡尔(Kruskal)算法

先构造一个只含 n 个结点，边集为空的子图，若将该子图中的各个结点看成各棵树上的根结点，则它是一个含有 n 棵树的一个森林。之后，从图的边集 E 中选取一条权值最小的边，若该条边的两个结点分属不同的树，则将其加入子图，也就是说，将这两个结点分别所在的两棵树合成一棵树；反之，若该条边的两个结点已落在同一棵树上，则不可取，而应该取下一条权值最小的边再试之。以此类推，直至森林中只有一棵树，也即子图中含有 $n-1$ 条边为止。

例 8.3　已知边权图 8.2，利用 Kruskal 算法求其最小生成树及树权。

解　利用 Kruskal 算法求得最小生成树如图 8.4 所示。

$$C(T)=1+1+2+2=6$$

本部分内容微课视频二维码如下所示：

Kruskal 算法求最小生成树

2. 普里姆(Prim)算法

(1) 输入：一个加权连通图，其中结点集合为 V，边集合为 E。

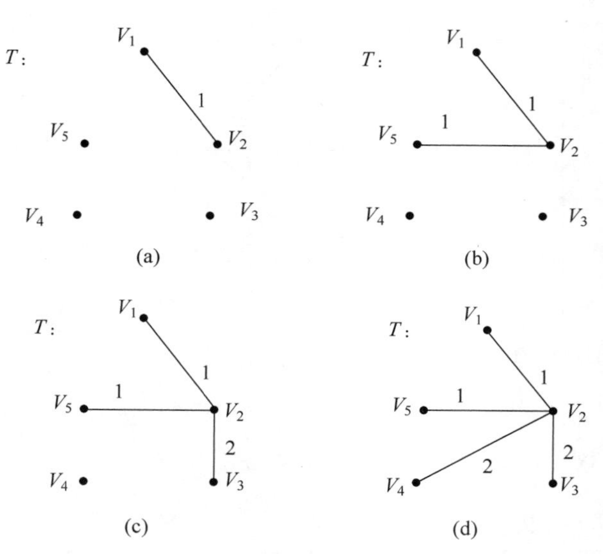

图 8.4 Kruskal 算法求最小生成树过程

(2) 初始化：$V_{new}=\{x\}$，其中 x 为集合 V 中的任一结点，作为生成树的起始点，$E_{new}=\{\}$，为空。

(3) 重复下列操作，直到 $V_{new}=V$。

在集合 E 中选取权值最小的边 $<u,v>$，其中 u 为集合 V_{new} 中的元素，而 v 不在 V_{new} 集合当中，并且 $v\in V$（如果存在有多条满足前述条件即具有相同权值的边，则可任意选取其中之一）；将 v 加入集合 V_{new} 中，将 $<u,v>$ 边加入集合 E_{new} 中。

(4) 输出：使用集合 V_{new} 和 E_{new} 来描述所得到的最小生成树。

例 8.4 已知边权图 8.2，利用普里姆算法求其最小生成树及树权。

解 在图 8.2 中，先找到初始结点（不妨为 V_1），$V_{new}=\{V_1\}$，与 V_1 结点相连接的最小边权值为 1 的边 (V_1,V_2)，且 V_2 结点不在 V_{new} 中，故加入该边，并将 V_2 加入 V_{new} 中，此时 $V_{new}=\{V_1,V_2\}$，按照算法执行，求解的过程如图 8.5 所示。

$$C(T)=1+1+2+2=6$$

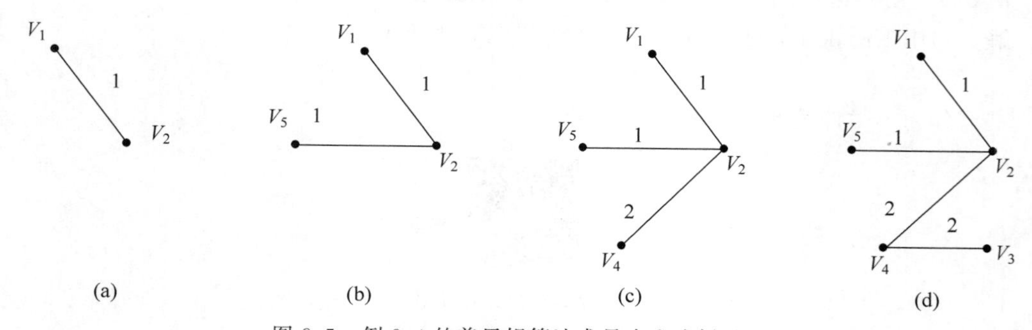

图 8.5 例 8.4 的普里姆算法求最小生成树过程

本部分内容微课视频二维码如下所示：

普里姆算法求最小生成树

【总结】

通过例 8.3 和例 8.4 不难看出，最小生成树的生成过程和结果不一定唯一，但是最终最小生成树的树权是唯一的。

3. 代码实现

```
#include <stdio.h>
#include <stdlib.h>
#include <iostream.h>
#define MAX_VERTEX_NUM 20
#define OK 1
#define ERROR 0
#define MAX 1000
typedef struct Arcell
{
        double adj;
}Arcell,AdjMatrix[MAX_VERTEX_NUM][MAX_VERTEX_NUM];
typedef struct
{
        charVexs[MAX_VERTEX_NUM];                    //结点数组
        AdjMatrixarcs;                               //邻接矩阵
        intVexnum,arcnum;                            //图的当前结点数和弧数
}MGraph;
typedef struct Pnode                                 //用于普里姆算法
{
        charadjVex;                                  //结点
        doublelowcost;                               //权值
}Pnode,Closedge[MAX_VERTEX_NUM];                     //记录结点集 U 到 V-U 的代价最小的边的辅
                                                     //助数组定义
typedef structKnode                                  //用于克鲁斯卡尔算法中存储一条边及其对
                                                     //应的 2 个结点
{
        char ch1;                                    //结点 1
        char ch2;                                    //结点 2
        double Value;                                //权值
}Knode,DgeValue[MAX_VERTEX_NUM];
//-----------------------------------------------------------------
int CreateUDG(MGraph&G,DgeValue&dgeValue);
int LocateVex(MGraphG,charch);
int Minimum(MGraphG,Closedgeclosedge);
void MiniSpanTree_PRIM(MGraphG,charu);
void Sortdge(DgeValue&dgeValue,MGraphG);
//-----------------------------------------------------------------
int CreateUDG(MGraph &G, DgeValue &dgeValue)         //构造无向加权图的邻接矩阵
```

```
{
    int i,j,k;
    cout <<"请输入图中结点个数和边/弧的条数:";
    cin >> G.Vexnum >> G.arcnum;
    cout <<"请输入结点:";
    for(i = 0;i < G.Vexnum;++i)
    cin >> G.Vexs[i];
    for(i = 0;i < G.Vexnum;++i)                       //初始化数组
    {
        for(j = 0;j < G.Vexnum;++j)
        {
            G.arcs[i][j].adj = MAX;
        }
    }
    cout <<"请输入一条边依附的定点及边的权值:"<< endl;
    for(k = 0;k < G.arcnum;++k)
    {
      cin >> dgeValue[k].ch1 >> dgeValue[k].ch2 >> dgeValue[k].Value;
      i = LocateVex(G,dgeValue[k].ch1);
      j = LocateVex(G,dgeValue[k].ch2);
      G.arcs[i][j].adj = dgeValue[k].Value;
      G.arcs[j][i].adj = G.arcs[i][j].adj;
    }
    return OK;
  }
int LocateVex(MGraphG,charch)                         //确定结点 ch 在图 G.Vexs 中的位置
{
    int a;
    for(int i = 0;i < G.Vexnum;i++)
    {
      if(G.Vexs[i] == ch)
      a = i;
    }
    return a;
}
void MiniSpanTree_PRIM(MGraphG,charu)                 //普里姆算法求最小生成树
{
      int i,j,k;
      Closedgeclosedge;
      k = LocateVex(G,u);
    for(j = 0;j < G.Vexnum;j++)
    {
      if(j!= k)
      {
        closedge[j].adjVex = u;
        closedge[j].lowcost = G.arcs[k][j].adj;
      }
    }
    closedge[k].lowcost = 0;
    for(i = 1;i < G.Vexnum;i++)
    {
```

```
        k = Minimum(G,closedge);
        cout <<"("<< closedge[k].adjVex <<","<< G.Vexs[k]<<","<< closedge[k].lowcost <<")"<<
endl;
        closedge[k].lowcost = 0;
        for(j = 0;j < G.Vexnum;++j)
        {
          if(G.arcs[k][j].adj < closedge[j].lowcost)
          {
            closedge[j].adjVex = G.Vexs[k];
            closedge[j].lowcost = G.arcs[k][j].adj;
          }
        }
      }
}
int Minimum(MGraphG,Closedgeclosedge)
//求 closedge 中权值最小的边,并返回其结点在 Vexs 中的位置
{
    int i,j;
    doublek = 1000;
    for(i = 0;i < G.Vexnum;i++)
    {
        if(closedge[i].lowcost!= 0&&closedge[i].lowcost < k)
        {
            k = closedge[i].lowcost;
            j = i;
        }
    }
    return j;
}
void MiniSpanTree_KRSL(MGraphG,DgeValue&dgeValue)//克鲁斯卡尔算法求最小生成树
{
    int p1,p2,i,j;
    int bj[MAX_VERTEX_NUM];                       //标记数组
    for(i = 0;i < G.Vexnum;i++)                   //标记数组初始化
        bj[i] = i;
    Sortdge(dgeValue,G);                          //将所有权值按从小到大排序
    for(i = 0;i < G.arcnum;i++)
    {
        p1 = bj[LocateVex(G,dgeValue[i].ch1)];
        p2 = bj[LocateVex(G,dgeValue[i].ch2)];
        if(p1!= p2)
        {
            cout <<"("<< dgeValue[i].ch1 <<","<< dgeValue[i].ch2 <<","<< dgeValue[i].Value
<<")"<< endl;
            for(j = 0;j < G.Vexnum;j++)
            {
                if(bj[j] == p2)
                bj[j] = p1;
            }
        }
    }
```

```
}
void Sortdge(DgeValue&dgeValue,MGraphG)        //对 dgeValue 中各元素按权值按从小到大排序
{
        int i,j;
        double temp;
        char ch1,ch2;
        for(i = 0;i < G.arcnum;i++)
        {
            for(j = i;j < G.arcnum;j++)
            {
                if(dgeValue[i].Value > dgeValue[j].Value)
                {
                    temp = dgeValue[i].Value;
                    dgeValue[i].Value = dgeValue[j].Value;
                    dgeValue[j].Value = temp;
                    ch1 = dgeValue[i].ch1;
                    dgeValue[i].ch1 = dgeValue[j].ch1;
                    dgeValue[j].ch1 = ch1;
                    ch2 = dgeValue[i].ch2;
                    dgeValue[i].ch2 = dgeValue[j].ch2;
                    dgeValue[j].ch2 = ch2;
                }
            }
        }
}
int main()
{int i,j;
  MGraphG;
  char u;
  DgeValuedgeValue;
  CreateUDG(G,dgeValue);
  cout <<"图的邻接矩阵为:"<< endl;
  for(i = 0;i < G.Vexnum;i++)
  {
      for(j = 0;j < G.Vexnum;j++)
        cout << G.arcs[i][j].adj <<"";
      cout << endl;
  }
  cout <<" ============ 普里姆算法 ============== \n";
  cout <<"请输入起始点:";
  cin >> u;
  cout <<"构成最小代价生成树的边集为:\n";
  MiniSpanTree_PRIM(G,u);
  cout <<" =========== 克鲁斯卡尔算法 ============= \n";
  cout <<"构成最小代价生成树的边集为:\n";
  MiniSpanTree_KRSL(G,dgeValue);
  return 0;
}
```

8.2　有向树

8.2.1　基本定义

定义 8.6　有向树。

一个连通且无回路的有向图称为有向树。

例 8.5　有向树如图 8.6 所示。

定义 8.7　根树。

如果一棵有向树有且只有一个结点的入度为 0,其余结点的入度为 1,则称该有向树为根树；入度为 0 的结点称为树根,出度为 0 的结点称为树叶,其余结点称为内点或分枝点；从根到任意结点 v 的单向通路长度称为 v 的层次；树的次序一般是从上到下、从左到右。

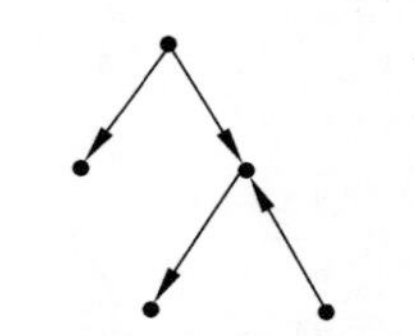

图 8.6　例 8.5 的有向树

例 8.6　根树如图 8.7 所示。

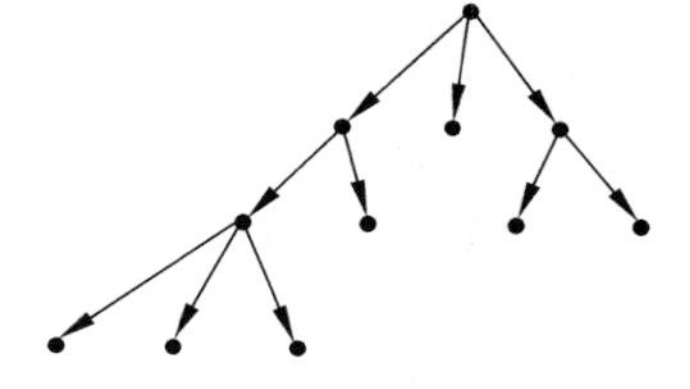

图 8.7　例 8.6 的根树

定义 8.8　根树递归定义。

树 T 称为根树,如果

(1) T 为一个孤立结点 v_0,v_0 被称为 T 的树根；

(2) $T_1,T_2,\cdots,T_k$ 是以 $v_0,v_1,\cdots,v_k$ 为树根的根树,T 由 $v_0,T_1,T_2,\cdots,T_k$ 及 v_0 到 $v_1,v_2,\cdots,v_k$ 的边所组成,v_0 被称为 T 的树根。

例 8.7　如图 8.8 所示,以 V_1,V_2,V_3,V_4 为根结点的树分别为 T,T_1,T_2,T_3。其中 T_1、T_2 为 T 的子树,T_3 又为 T_1 的子树。

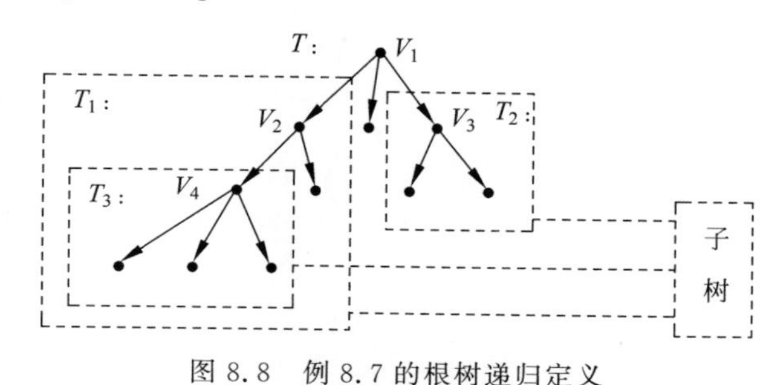

图 8.8　例 8.7 的根树递归定义

8.2.2　*m* 叉树

定义 8.9　正则 m 叉树。

(1) 在根树中，若每一个结点的出度小于或等于 m，则称这棵树为 m 叉树；

(2) 如果每一个结点的出度恰好为 0 或 m，则称这棵树为完全 m 叉树；

(3) 若所有树叶层次相同，每个分枝点出度小于或等于 m，则称为正则 m 叉树。

例 8.8 图 8.9 中(a)为 3 叉树、完全 3 叉树，(b)为 3 叉树、正则 3 叉树。

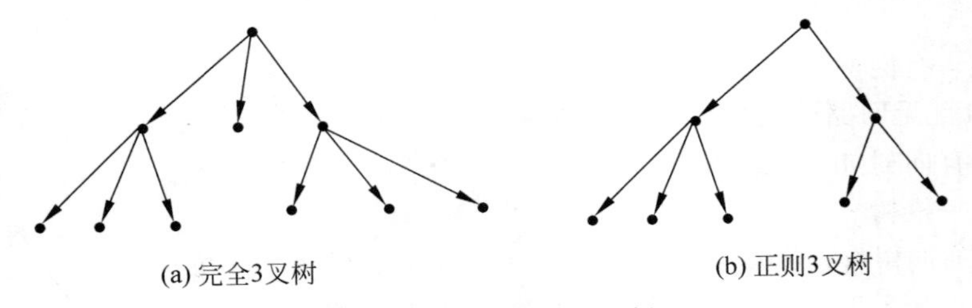

图 8.9 例 8.8 的 m 叉树

定理 8.5 m 叉树转换为二叉树的方法。

(1) 除了最左边的分枝点外，删去所有从每一个结点长出的分枝。在同一层次中，兄弟结点之间用从左到右的有向边连接；

(2) 选定二叉树的左儿子和右儿子规则如下：直接处于给定结点下面的孩子结点，作为左儿子，对于同一水平线上与给定结点右邻的结点，作为右儿子，以此类推。

例 8.9 将图 8.10(a)的 3 叉树转化为 2 叉树，其转换过程如图 8.10(b)、图 8.10(c)所示。

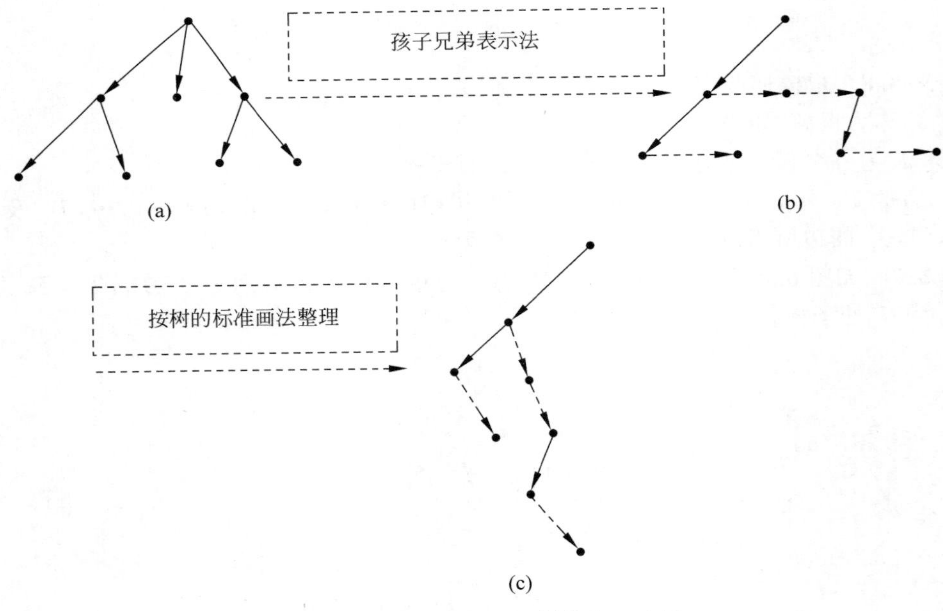

图 8.10 例 8.9 的 m 叉树化为二叉树

这种用孩子兄弟表示二叉有序树的方法也可以推广到有序森林上去。

本部分内容微课视频二维码如下所示：

森林到二叉树的转换

定理 8.6 完全 m 叉树,其叶结点数为 t,分枝点数为 i,则有

$$(m-1)i=t-1$$

证明一 设结点数为 v,边数为 e,则 $\sum_{j=1}^{v}\deg(v_j)=2e$;每片树叶的入度为 1 出度为 0,所以 t 片树叶的度数为 t;每个分枝点的出度为 m,i 个分枝点的出度为 mi,因为树根的入度为 0,其他分枝点的入度为 1,即 i 个分枝点的入度为 $i-1$,所以 i 个分枝点的度数总和为 $mi+i-1$。各个结点度数总和为 $\sum_{j=1}^{v}\deg(v_j)=t+mi+i-1$,由题目已知条件 $v=t+i$,按照树定义:$e=v-1$。

综上所述,$t+mi+i-1=2(i+t-1)$,解得 $(m-1)i=t-1$。

证明二 设结点数为 v,边数为 e。结点是由分枝点和树叶构成,故 $v=t+i$,又由于是完全 m 叉树,每条边都是从分枝点射出来的,故 $e=mi$,按照树定义:$e=v-1$,有 $mi=t+i-1$,即 $(m-1)i=t-1$。

特别地,当 $m=2$ 时,$i=t-1$。

定义 8.10 二叉树的通路长度。

在根树中,一个结点的通路长度,就是从树根到此结点的边数;分枝点的通路长度称为内部通路长度,树叶的通路长度称为外部通路长度。

例 8.10 如图 8.11 所示,求各结点通路长度及内、外部通路长度。

通路长度计算如下:

A 结点通路长度为 0;B 结点长度为 1;

C 结点长度为 1;D 结点长度为 2;

E 结点长度为 2;F 结点长度为 2;

内部通路(A 和 B)长度为 $0+1=1$;

外部通路(C、D、E、F)长度为 $1+2+2+2=7$。

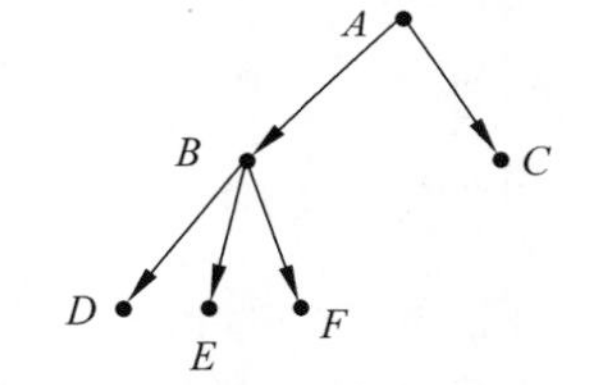

图 8.11 例 8.10 的树

定理 8.7 若完全二叉树有 n 个分枝点,且内部通路长度的总和为 I,外部通路长度的总和为 E,则 $E=I+2n$。

证明 对分枝点数目 n 利用数学归纳法。当 $n=1$ 时,$E=2$,$I=0$,故 $E=I+2n$ 成立。

假设 $n=k$ 时成立,即 $E=I+2k$。当 $n=k+1$ 时,即增加一个分枝点 v,有两种情况:

(1) 原来的完全二叉树某一叶子结点变为分枝点,同时增加该结点的两个孩子结点,如图 8.12(a)。设该分枝点与根的通路长度为 len,那么外部通路长度增加了两个叶子结点通路长度,但也减少了本结点原来作为叶子结点计算在原来的外部通路长度中,即新的外部通路长度 $E'=E+2*(len+1)-len=E+len+2$,内部通路长度增加了 len,即 $I'=I+len$。又由于 $E=I+2k$,有 $E'=E+len+2=I+2k+len+2=I+len+2k+2=I'+2(k+1)$,即 $E'=I'+2(k+1)$ 成立。

(2) 该完全二叉树作为增加分枝点的子树(其实该分枝结点为根结点),同时增加该结点的另一个孩子结点,形成新的完全二叉树,如图 8.12(b)。原来完全二叉树有 n 个分枝点,则有 $n+1$ 个叶子结点,那么原来的完全二叉树的每个叶子结点在新树中的通路长度都增加 1,当然新树的外部通路长度还包含新增加的孩子结点。故其外部通路长度 $E'=E+n+1+1=E+n+2$,新树的每个分枝结点通路长度增加了 1,故其内部通路长度 $I'=I+n$,又由于 $E=I+2k$,则 $E'=E+n+2=I+2k+n+2=I+n+2k+2=I'+2(k+1)$,即 $E'=I'+2(k+1)$成立。

综上所述,$E=I+2n$ 成立。

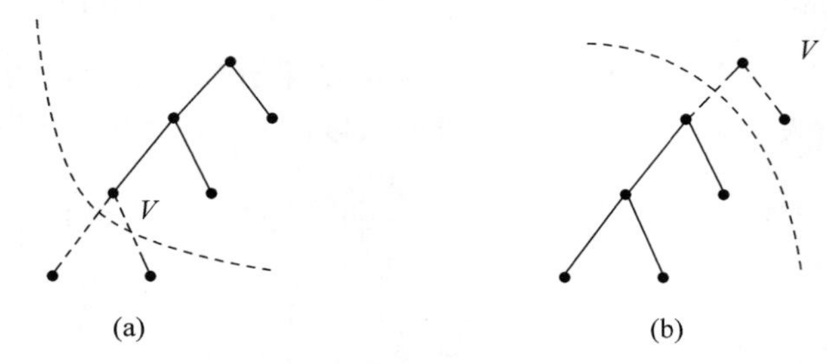

图 8.12 增加一个分枝点 V 示意图

8.2.3 最优树

定义 8.11 带权二叉树。

若二叉树有 t 片树叶,每个树叶均带权值 $w_1,w_2,w_3,\cdots,w_t$,那么该树成为带权二叉树。

例 8.11 图 8.13 为带权二叉树。

定义 8.12 树权。

在带权二叉树中,若带权 w_i 的树叶,其通路长度 $L(w_i)$为从根结点到树叶边的长度,那么树权为 $W(T)=\sum_{i=1}^{t} w_i * L(w_i)$。

在图 8.13 中,树权 $W(T)=5\times1+1\times3+2\times3+3\times2=20$。

定义 8.13 最优二叉树。

在所有带权 $w_1,w_2,w_3,\cdots,w_t$ 的二叉树中,$W(T)$ 最小的那棵树称为最优二叉树,也称为哈夫曼(Huffman)树。

定理 8.8 设 T 为带权 $w_1\leqslant w_2\leqslant w_3\leqslant\cdots\leqslant w_t$ 的最优树,若将以带权 w_1,w_2 的树叶为儿子结点的分枝点权重改为带权 w_1+w_2 的树叶,得到的一个新树 T',则 T' 也是最优树。

最优二叉树算法(两小结合溯根法):

设 T 为带权 $w_1\leqslant w_2\leqslant w_3\leqslant\cdots\leqslant w_t$ 的最优树,若将以带权 w_1,w_2 的树叶为儿子结点形成权值为 w_1+w_2 的父亲结点 w_1',然后再将 w_1' 与 $w_3,\cdots,w_t$ 从小至大再次排序,产生上一级父亲结点,依此方法进行,直至形成树的根结点。

例 8.12 给定叶子结点权值分别为 1,2,3,5,8,10,15,构造一棵最优二叉树 T,并计算

树的权重 $W(T)$。最优树二叉树如图 8.14 所示。

树权为 $W(T)=1\times5+2\times5+3\times4+5\times3+8\times2+10\times2+15\times2=108$。

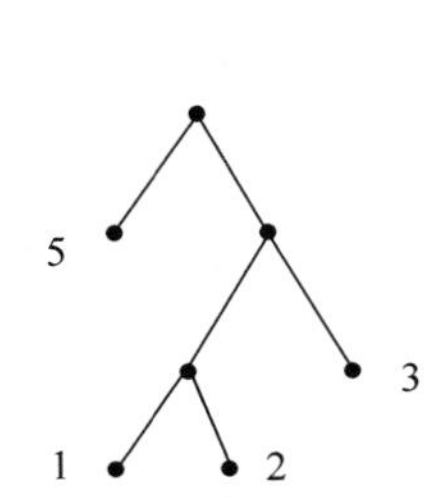

图 8.13 例 8.11 的带权二叉树

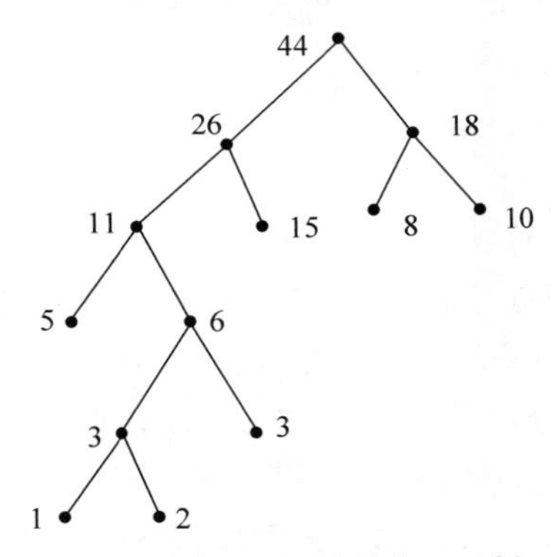

图 8.14 例 8.12 的最优二叉树

本部分内容微课视频二维码如下所示：

最优树的求法

下面介绍最优二叉树的应用。

应用一：程序设计中算法优化。

例 8.13 编写一个将某次考试成绩"百分制"转换为"五分制"的程序，成绩分布如表 8.1 所示。

表 8.1 例 8.13 的成绩分布表

分数段	0～59	60～69	70～79	80～89	90～100
人数	5	15	40	30	10

如果按照大多数人对该算法的设计，代码如下：

```
viod ScoreConVer(float fScore)
{
    if(fScore<60)
      printf("不及格");
    else
    {
        if((fScore>=60)&&(fScore<70))
            printf("及格");
        else
        {
            if((fScore>=70)&&(fScore<80))
                  printf("中等");
            else
            {
```

```
                    if((fScore>=80)&&(fScore<90))
                        printf("良好");
                    else printf("优秀");
                }
            }
        }
}
```

问题：该算法是不是最优？

分析：根据该算法 0～59 分数段，比较 5 次，60～69 分数段比较 30 次，70～79 分数段比较 120 次，80～89 分数段比较 120 次，90～100 分数段比较 50 次，完成这次考试成绩的转换共比较次数为：5+30+120+120+50=325 次。

按照分数段人数构建分数段最优树如图 8.15 所示。

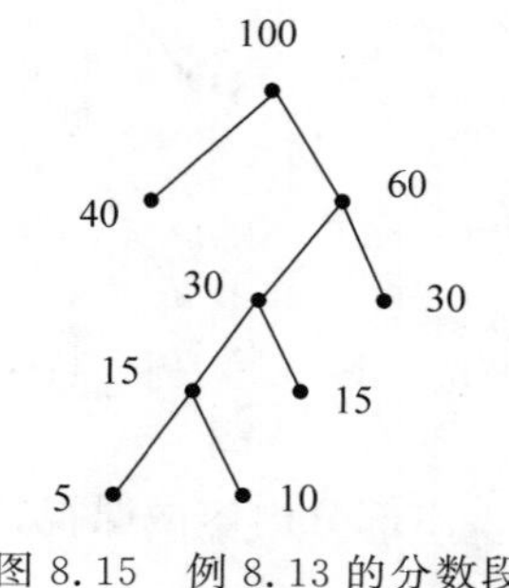

图 8.15　例 8.13 的分数段最优树

考试成绩的转换共比较次数即为树权：$W(T)=40\times1+30\times2+15\times3+(5+10)\times4=205$。那么，此转换程序可以优化为如下形式：

```
viod ScoreConVer(float fScore)
{
    if((fScore>=70)&&(fScore<80))
        printf("中等");
    else
    {
        if((fScore>=80)&&(fScore<90))
            printf("良好");
        else
        {
            if((fScore>=60)&&(fScore<70))
                printf("及格");
            else
            {
                if((fScore>=90)&&(fScore<=100))
                    printf("优秀");
                else printf("不及格");
            }
        }
    }
}
```

应用二：哈夫曼编码。

哈夫曼编码(Huffman Coding)，又称霍夫曼编码，是一种编码方式，哈夫曼编码是可变字长编码的一种。Huffman 于 1952 年提出一种编码方法，该方法完全依据字符出现概率来构造异字头的平均长度最短的码字，有时称为最佳编码，一般就叫作 Huffman 编码。

例 8.14　如果需传送的电文为 ABACCDA，它只用到四种字符，用两位二进制编码便可分辨。假设 A,B,C,D 的编码分别为 00,01,10,11，则上述电文便为 00010010101100(共 14 位)，译码员按两位进行分组译码，便可恢复原来的电文。能否使编码总长度更短呢？

实际应用中各字符的出现概率不相同，用短(长)编码表示概率大(小)的字符，使得编码序列的总长度最小，使所需总空间量最少，这里我们要考虑两个问题：

1. 数据的最小冗余编码问题

例 8.15 在例 8.14 中，若假设 A，B，C，D 的编码分别为 0，00，1，01，则电文 ABACCDA 便为 000011010（共 9 位），但此编码存在多义性，可译为 BBCCDA、ABACCDA、AAAACCACA 等。

2. 译码的唯一性问题

要求任一字符的编码都不能是另一字符编码的前缀，这种编码称为前缀编码。例 8.15 中 A 的编码 0 就是 B 的编码 00 的前缀，也是 D 编码的前缀，因而出现编码在译码过程中出现多义性的问题。

利用最优二叉树可以很好地解决上述两个问题。

以电文中的字符作为叶子结点构造二叉树。然后将二叉树中结点引向其左孩子的分支，标“0”，引向其右孩子的分支标“1”；每个字符的编码即为从根到每个叶子的路径上得到的 0、1 序列。如此得到的即为叶子结点的二进制前缀编码。

例 8.16 前缀码最优二叉树如图 8.16 所示。

编码为 A——000，B——001，C——01，D——1。

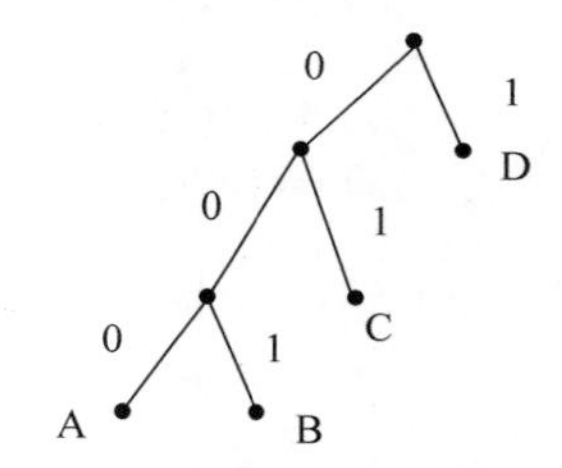

图 8.16 例 8.16 的前缀码最优二叉树

8.2.4 最优三叉树求法（三小结合溯根法）

设 T 为带权 $w_1 \leqslant w_2 \leqslant w_3 \leqslant \cdots \leqslant w_t$ 的最优树，若将以带权 w_1, w_2, w_3 的树叶为儿子结点形成的权值为 $w_1 + w_2 + w_3$ 的父亲结点 w_1'，然后再将 w_1' 与 $w_3, w_4, \cdots, w_t$ 从小至大再次排序产生上一级父亲结点，依此方法进行，直至形成树的根结点。按此方法构造的树若为完全三叉树，则算法终止，否则增加一个权值为 0 的叶子结点，使得叶子节点总数 $t = 2i + 1$（i 为分枝点数），然后再按照以上方法进行构造即可。

例 8.17 已知叶子结点权重为 4，5，9，16，25，36，49，61，81，100，试构造最优三叉树。

解 叶子节点数为 10 个，构造的三叉树不是完全三叉树，故增加一个叶子结点权重为 0，按照最优三叉树的算法，构造的最优三叉树如图 8.17 所示。

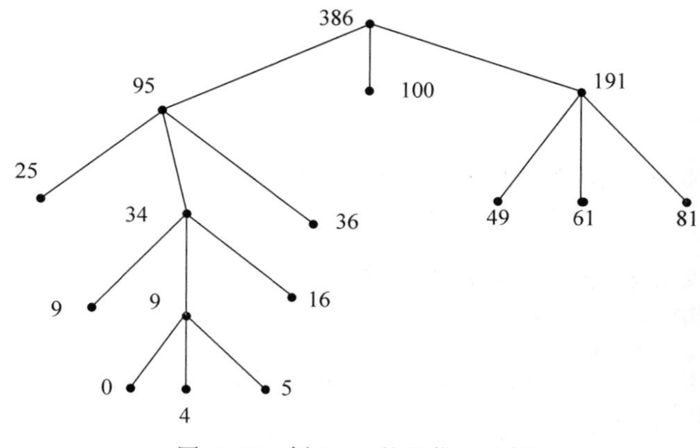

图 8.17 例 8.17 的最优三叉树

8.2.5 最优二叉树及哈夫曼编码代码实现

```
#include<stdlib.h>
#include<stdio.h>
#include<string.h>
typedef struct                    //哈夫曼树结点结构
{
    int weight;                   //结点权重
    int pc,lc,rc;                 //父结点、左孩子、右孩子在数组中的位置下标
}HTNode, *HuffmanBTree;
//动态二维数组,存储哈夫曼编码
typedef char **HufCode;
//HT数组中存放的哈夫曼树,end表示HT数组中存放结点的最终位置,a1和a2传递的是HT数组
//中权重值最小的两个结点在数组中的位置
void Select(HuffmanBTree HBT, int end, int *a1, int *a2)
{
    int min1, min2;
    //遍历数组初始下标为 1
    int i = 1;
    //找到还没构建树的结点
    while(HBT[i].pc != 0 && i <= end)
      i++;
    min1 = HBT[i].weight;
    *a1 = i;
    i++;
    while(HBT[i].pc != 0 && i <= end)
        i++;
    //对找到的两个结点比较大小,min2为大的,min1为小的
    if(HBT[i].weight < min1)
    {
        min2 = min1;
        *a2 = *a1;
        min1 = HBT[i].weight;
        *a1 = i;
    }
    else
    {
        min2 = HBT[i].weight;
        *a2 = i;
    }
    //两个结点和后续的所有未构建成树的结点做比较
    for(int j = i+1; j <= end; j++)
    {
        //如果有父结点,直接跳过,进行下一个
        if(HBT[j].pc != 0)
              continue;
        //如果比最小的还小,将min2=min1,min1赋值新的结点的下标
        if(HBT[j].weight < min1)
        {
```

```
                min2 = min1;
                min1 = HBT[j].weight;
                *a2 = *a1;
                *a1 = j;
            }
            else if(HBT[j].weight >= min1 && HBT[j].weight < min2)
                                //如果介于二者之间,min2 赋值为新的结点的位置下标
            {
                min2 = HBT[j].weight;
                *a2 = j;
            }
        }
}
//HT 为地址传递的存储哈夫曼树的数组,w 为存储结点权重值的数组,n 为结点个数
void CreateHuffmanBTree(HuffmanBTree *HBT, int *w, int n)
{
    if(n<=1)
        return;                 //如果只有一个编码就相当于 0
    int m = 2*n-1;              //哈夫曼树总结点数,n 就是叶子结点
    *HBT = (HuffmanBTree)malloc((m+1) * sizeof(HBTNode)); //0 号位置不用
    HuffmanBTree p= *HBT;
    //初始化哈夫曼树中的所有结点
    for(int i=1; i<=n; i++)
    {
        (p+i)->weight = *(w+i-1);
        (p+i)->pc = 0;
        (p+i)->lc = 0;
        (p+i)->rc = 0;
    }
    //从树组的下标 n+1 开始初始化哈夫曼树中除叶子结点外的结点
    for(int i=n+1; i<=m; i++)
    {
        (p+i)->weight = 0;
        (p+i)->pc = 0;
        (p+i)->lc = 0;
        (p+i)->rc = 0;
    }
    //构建哈夫曼树
    for(int i=n+1; i<=m; i++)
    {
        int a1, a2;
        Select(*HBT, i-1, &a1, &a2);
        (*HBT)[a1].pc = (*HBT)[a2].pc = i;
        (*HBT)[i].lc = a1;
        (*HBT)[i].rc = a2;
        (*HBT)[i].weight = (*HBT)[a1].weight + (*HBT)[a2].weight;
    }
}
//HBT 为哈夫曼树,HC 为存储结点哈夫曼编码的二维动态数组,n 为结点的个数
void HuffmanCoding(HuffmanBTree HBT, HufCode *HC, int n)
{
```

```
    * HC = (HufCode) malloc((n+1) * sizeof(char * ));
    char * cd = (char * )malloc(n * sizeof(char)); //存放结点哈夫曼编码的字符串数组
    cd[n-1] = '\0';           //字符串结束符
for(int i=1; i<=n; i++)
{
        //从叶子结点出发,得到的哈夫曼编码是逆序的,需要在字符串数组中逆序存放
        int start = n-1;
        int c = i; //当前结点在数组中的位置
        int j = HBT[i].pc; //当前结点的父结点在数组中的位置
        while(j != 0) // 一直寻找到根结点
        {
            //如果该结点是父结点的左孩子则对应路径编码为0,否则为右孩子编码为1
            if(HBT[j].lc == c) cd[--start] = '0';
            else cd[--start] = '1';
            //以父结点为孩子结点,继续朝树根的方向遍历
            c = j;
            j = HBT[j].pc;
        }
        //跳出循环后,cd数组中从下标 start 开始,存放的就是该结点的哈夫曼编码
        (* HC)[i] = (char * )malloc((n-start) * sizeof(char));
        strcpy(( * HC)[i], &cd[start]);
    }
    free(cd); //使用 malloc 申请的 cd 动态数组需要手动释放
}
//打印哈夫曼编码的函数
void PrintHufCode(HufCode HBTable, int * w, int n)
{
    printf("Huffman code: \n");
    for(int i=1; i<=n; i++)
        printf(" %d code = %s\n",w[i-1], HBTable[i]);
}
int main(Void)
{
    int w[5] = {2, 8, 7, 6, 5};
    int n = 5;
    HuffmanBTree HBTree;
    HufCode HBTable;
    CreateHuffmanBTree(&HBTree, w, n);
    HuffmanCoding(HBTree, &HBTable, n);
    PrintHufCode(HBTable, w, n);
    return 0;
}
```

运行结果如下:

```
Huffman code:
2 code = 100
8 code = 11
7 code = 01
6 code = 00
5 code = 101
```

8.3 哈夫曼树在文本文件压缩中的应用

文件压缩分为有损压缩和无损压缩。视频、音频等多媒体信息经常进行有损压缩，基于哈夫曼编码的压缩是一种无损压缩。利用哈夫曼编码压缩文件的基本步骤如下：

(1) 扫描原文件，统计各个字符出现的概率。每个西文字符占 1 字节，而且最高位为 0；对于中文字符，将一个字符分为 2 字节，以字节为单位进行统计；

(2) 利用统计结果构造哈夫曼树；

(3) 利用构造好的哈夫曼树对各字符进行哈夫曼编码；

(4) 再次扫描原始文件，利用生成的哈夫曼编码重新编码原文件，即得到一个压缩文件。

8.4 本章小结

树是图论的重要内容之一，在计算机领域有广泛的应用背景。本章首先介绍无向树和有向树的定义及性质，然后分别介绍无向边权图的最小生成树问题求解、最优二叉树问题求解算法和应用，最后介绍了哈夫曼树在文本文件压缩中的应用。

8.5 习题

一、选择题

1. 下列关于无向树定义及性质的理解错误的是(　　)。

A. 连通的没有回路的无向图，$e=v-1$

B. 连通的没有回路的无向图，每一条边都是割边

C. 任意一对结点之间有且只有一条路

D. 连接其中两个结点，则该两个结点之间有两条回路

2. 设 e 为边数，v 为结点数，则下面关于无向树的说法不正确的是(　　)。

A. 连通无回路　　B. 任意两点间只有一条路

C. $e=v+1$　　D. 任意边为割边的连通图

3. 一棵树有 2 个 2 度结点，1 个 3 度结点，3 个 4 度结点，则其 1 度结点数为(　　)。

A. 5　　B. 7

C. 8　　D. 9

4. 设 T 为完全二叉树，有 e 条边，t 片树叶，n 个分枝点，则有(　　)。

A. $t=2(n+1)$　　B. $t=2(n-1)$

C. $e=2n-1$　　D. $t=n+1$

5. 完全 m 叉树 T 中有 t 片树叶，i 个分枝点，则有关系式(　　)。

A. $i=t-1$　　B. $(m-1)*i+1=t$

C. $(m-1)*i=t$　　D. $(m-1)*t=i-1$

6. 设有 33 盏灯，拟共用一个电源，则至少需要五插头的接线板数为(　　)。

A. 7　　B. 8

C. 9　　D. 14

7. 64 支足球队，每两队一组进行淘汰赛，竞争一个冠军，共需进行(　　)场比赛。

A. 32　　B. 48

C. 63　　D. 64

8. 一棵完全二叉树，其外部通路长度为 16，内部通路长度为 6，则其分枝点有(　　)个。

A. 4　　B. 5

C. 9　　D. 10

二、解答题

1. 利用克鲁斯克尔(Kruskal)算法，求下面赋权图 8.18 的最小生成树，并计算它们的权值。

2. 对于赋权图 8.19，利用普里姆(Prim)算法求一棵最小生成树。

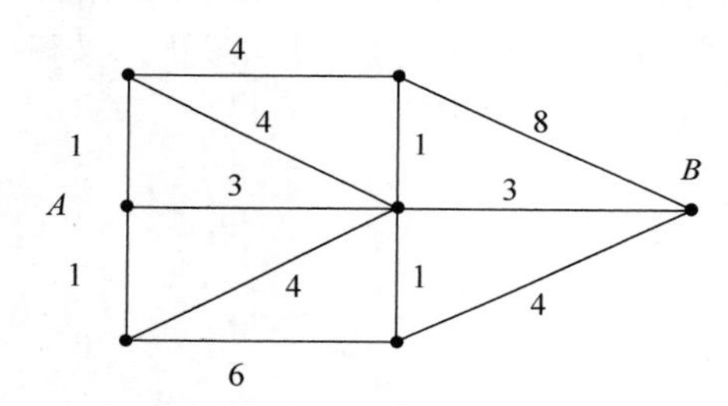

图 8.18　解答题题 1 的赋权图

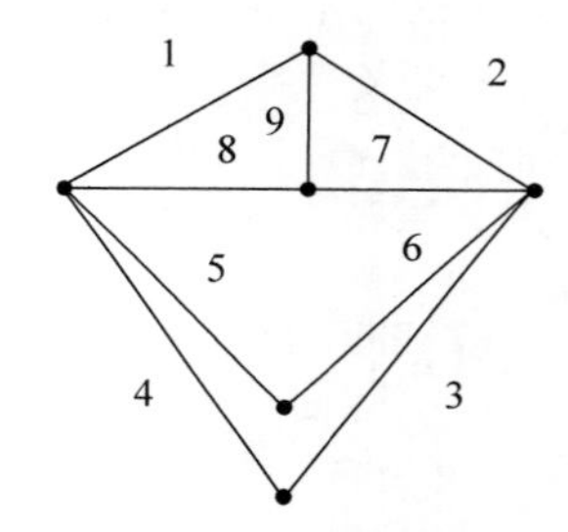

图 8.19　解答题题 2 的赋权图

3. 根据图中的树(如图 8.20 所示)。

(1) 找出从根结点 a 开始的子树；

(2) 找出 f 和 h 的父亲结点；

(3) 找出 g 和 i 的祖先结点；

(4) 找出 b 的后代结点；

(5) 找出 d 的兄弟结点。

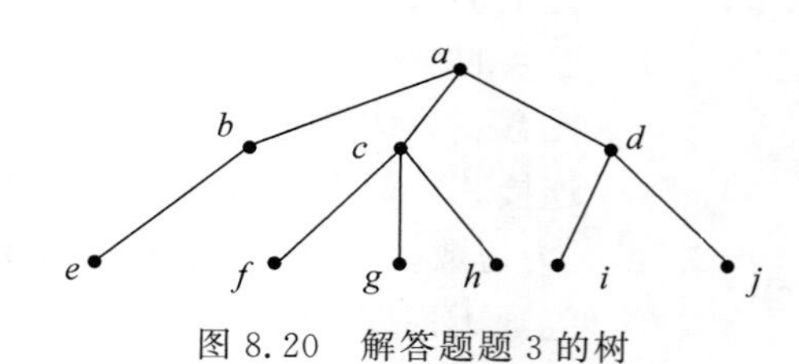

图 8.20　解答题题 3 的树

4. 下面哪些是前缀码？

(1) a：11，e：00，t：10，s：01

(2) a：0，e：1，t：01，s：001

(3) a：101，e：11，t：001，s：011，n：010

(4) a：010，e：11，t：011，s：1011，n：1001，i：10101

5. 如何由无向图 G 的邻接矩阵确定 G 是不是树？

6. 设叶子权值为 1，2，3，7，9，11，13，构造最优二叉树和三叉树，并求权值。

7. 假设在通信中，十进制数字出现的概率分别是：

0：20%；1：15%；2：12%；3：8%；4：10%；5：5%；6：10%；7：6%；8：10%；9：4%

(1) 求传输它们的最佳前缀码；

(2) 用最佳前缀码传输1000个按上述概率出现的数字需要多少个二进制码？

(3) 它比用等长的二进制码传输1000个数字节省多少个二进制码？

8. 一棵树有 n_2 个2度结点，n_3 个3度结点，…，n_k 个 k 度结点，求其叶子结点数目 n_1。

三、证明题

1. 设 e 是连通图 G 的一条边，证明 e 是 G 的割边当且仅当 e 含于 G 的每个生成树中。

2. 证明：在完全 m 叉树中 $(m-1)i=t-1$，其中 i 为分枝点，t 为树叶。

第四篇知识结构总结

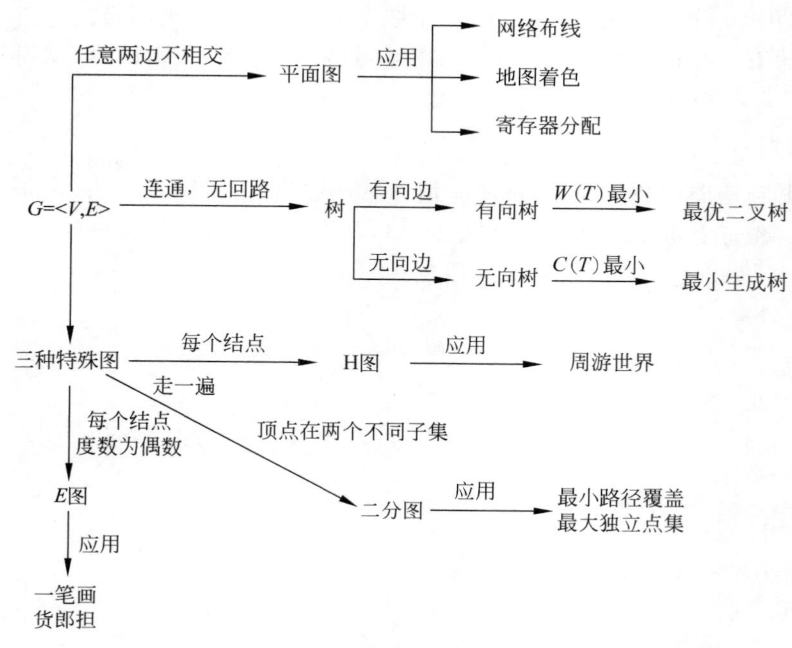

图论部分知识结构图

参考文献

[1] 左孝凌,李为鑑,刘永才.离散数学[M].上海:上海科学技术文献出版社,1982.

[2] 王瑞胡,罗万成,胡章平,等.离散数学及其应用[M].北京:清华大学出版社,2014.

[3] 屈婉玲,耿素云,张立昂.离散数学及其应用[M].北京:高等教育出版社,2011.

[4] 董晓蕾,曹珍富.离散数学[M].北京:机械工业出版社,2009.

[5] 孙吉贵,杨凤杰,欧阳丹彤,等.离散数学[M].北京:高等教育出版社,2006.

[6] ROSEN K H.离散数学及其应用[M].徐六通,杨娟,吴斌,译.8版.北京:机械工业出版社,2011.

[7] 屈婉玲,耿素云,张立昂.离散数学题解[M].北京:清华大学出版社,2011.

[8] 王卫红.分层分类精细化、多元化、立体化计算机类人才培养模式的思考[J].高教与经济,2012(9):12-19.

[9] WING J M. Computational thinking[C]. Communication of the ACM,2006,49(3):33-35.

[10] 吴岩.遵循"两性一度"标准,倾力打造五大"金课"[R].广州:第十一届"中国大学教学论坛"大会报告,2018.

[11] 张剑妹,李艳玲,吴海霞.结合计算机应用的离散数学教学研究[J].数学学习与研究,2014(1):2-4.

[12] 屈婉玲,王元元,傅彦,等."离散数学"课程教学实施方案[J].中国大学教学,2011(1):39-41.

[13] 蔡天新.数学简史[M].北京:中信出版社,2017.

[14] 梁宗巨,杜瑞芝,王青建,等.数学家传略词典[M].济南:山东教育出版社,1989.

[15] 《数学辞海》编辑委员会.数学辞海.二卷[M].北京:中国科学技术出版社,2002.

[16] 王元,文兰,陈木法.数学大辞典[M].北京:科学出版社,2010.